图像概论

朱文博　朱　珍　编

机 械 工 业 出 版 社

本书从历史文化、思维机制和信息科学、工程应用等不同角度阐释图像的前世、今生与未来，建立图像知识与应用的全景图。全书共分七章：第1章介绍符号与文字；第2章介绍图像与图像化；第3章介绍图像构成与功用；第4章介绍图像思维与想象；第5章介绍图像传承与知识构建；第6章介绍图像处理与应用；第7章介绍未来与图像。

本书内容宽泛，不仅可以作为高校相关专业的选修课程或通识课程教材，还可以作为相关领域研究人员的参考用书，以及图像相关知识的大众科普书籍。

图书在版编目（CIP）数据

图像概论 / 朱文博，朱珍编 .—北京：机械工业出版社，2022.9
ISBN 978-7-111-71467-5

Ⅰ. ①图…　Ⅱ. ①朱…②朱…　Ⅲ. ①图像–概论　Ⅳ. ① TP391.413

中国版本图书馆 CIP 数据核字（2022）第 158226 号

机械工业出版社（北京市百万庄大街22号　邮政编码 100037）
策划编辑：路乙达　　　　　　责任编辑：路乙达
责任校对：肖　琳　张　薇　　封面设计：王　旭
责任印制：任维东
北京中兴印刷有限公司印刷
2022年10月第1版第1次印刷
184mm×260mm · 15.5印张 · 374千字
标准书号：ISBN 978-7-111-71467-5
定价：49.80元

电话服务　　　　　　　　　　网络服务
客服电话：010-88361066　　机　工　官　网：www.cmpbook.com
　　　　　010-88379833　　机　工　官　博：weibo.com/cmp1952
　　　　　010-68326294　　金　　书　　网：www.golden-book.com
封底无防伪标均为盗版　　　机工教育服务网：www.cmpedu.com

从古代先人结绳与契刻记事开始，图像就成了人类历史上最古老也是最普遍的信息记录与传达方式，虽然文字在信息交流中具有更强的描述和表达能力，但文字脱胎于图像且容易受到地域和语言的限制，给信息的传达带来不便，而图像具有可以超越地域和语言的优于文字的传达能力。因此，无论是古代传统文化寓于图像之中的传承，还是今天的信息交流与传播，人们似乎更乐于接受图像形式，而且现代社会经济各领域几乎都有图像应用的存在。图像之所以能得到广泛应用，其主要原因是人类感知系统对图像信息的感知能力远远大于对简单文字的处理能力，人类可以从图像或视频中快速地锁定对象，抽取出所需要的信息，而现代的图像处理及相关技术的巨大进步更为人类这一潜能的发挥提供了历史性机遇。

在现代社会，人们从出生，到幼儿园、中小学、大学教育，直到参加工作，通过系统教育培养与自身工作生活实践相结合，逐渐构建起了人类个体较完善的图像知识体系，拥有了对图像的基本的感知力和理解力。但无论如何，围绕图像这一模态信息产生的理论研究与技术应用正在改变人类交互活动的样貌和原有的生态建构模式，这种趋势将不可逆转。而且在未来的社会重构和技术变革进程中，图像将被赋予更多属性，功用将更加多样化，应用范围也将更加广袤。因此，人类文化起源于图像，就更应理智地对待人类未来生存要求下的图像应用，更加需要从自然科学、社会科学和思维科学的不同角度展望图像的未来。

本书编者朱文博、朱珍来自佛山科学技术学院，一直在从事与图像有关的教学与科研工作，同时也深感图像知识系统性整理的重要性。从 2019 年初开始构思，在查阅大量的相关书籍资料的基础上，历时近三年才完成本书的编写工作。

本书从历史文化、思维机制和信息科学、工程应用等不同角度阐释图像的前世、今生与未来，建立图像知识与应用的全景图。全书共分七章：第 1 章介绍符号与文字；第 2 章介绍图像与图像化；第 3 章介绍图像构成与功用；第 4 章介绍图像思维与想象；第 5 章介绍图像传承与知识构建；第 6 章介绍图像处理与应用；第 7 章介绍未来与图像。其中，朱文博编写第 3、4、5、6 章，朱珍编写第 1、2、7 章。本书内容宽泛，不仅可以作为高校相关专业的选修课程或通识课程教材，还可以作为相关领域研究人员的参考用书，以及图像相关知识的大众科普书籍。

在编写过程中编者参考了大量书籍、期刊文章和网上公开资料，在此向各位著作者致谢！另外，由于时间紧迫，内容错漏难以避免，请各位读者提出宝贵的意见和建议，我们将在未来的版本中逐一改正。

编　者

前 言

第1章 符号与文字 …… 001

1.1 刻划与图形符号 …… 001
1.1.1 结绳与契刻 …… 001
1.1.2 仰韶文化 …… 002
1.1.3 良渚古城 …… 002
1.1.4 甲骨文 …… 003
1.2 汉字首创与演变 …… 003
1.2.1 仓颉造字 …… 003
1.2.2 汉字演变 …… 004
1.2.3 汉字改革 …… 004
1.3 书画与文字 …… 004
1.3.1 书法与绘画 …… 005
1.3.2 图画与文字 …… 005
1.3.3 广义的图画 …… 006
1.4 图画与文字之争 …… 006
1.4.1 读图 …… 007
1.4.2 图文关系 …… 008
1.5 文字与图画的数字化 …… 009
1.5.1 文字的数字化 …… 009
1.5.2 图画的数字化 …… 011
思考题与习题 …… 014
参考文献 …… 014

第2章 图像与图像化 …… 015

2.1 图与图像的概念 …… 015
2.1.1 图像的定义 …… 015
2.1.2 图像相关术语 …… 016
2.2 图像承载与存储介质 …… 018
2.2.1 传统载体 …… 018

2.2.2　胶卷…………018
2.2.3　录像带…………020
2.2.4　数字存储器…………021
2.3　图像传播与呈现…………024
2.3.1　人类阅读变迁史…………025
2.3.2　摄像与电影电视…………025
2.3.3　计算机图像与网络视频…………026
2.3.4　虚拟现实与增强现实…………027
2.4　图像转向与图像化…………028
2.4.1　三次转变…………028
2.4.2　人类文化…………028
2.4.3　文字转向与图像转向…………029
2.4.4　视觉文化与视觉文化素养…………030
2.5　形形色色的一张图…………031
2.5.1　工作中的一张图…………031
2.5.2　生活中的一张图…………032
2.5.3　学习中的一张图…………033
2.5.4　互联网大脑…………033
思考题与习题…………034
参考文献…………035
第 3 章　图像构成与功用…………036
3.1　图像主题与主体…………036
3.1.1　艺术主题变迁…………036
3.1.2　图像主体选取…………037
3.1.3　构图与画面取景…………038
3.1.4　图像主体与陪体…………039
3.2　图像色彩与颜色模型…………040
3.2.1　色彩三要素…………040
3.2.2　色彩的主观感受…………041
3.2.3　色彩的联想…………042
3.2.4　三原色与颜色模型…………044
3.3　图像视觉特性与图像语言…………047
3.3.1　图像符号与视觉特性…………047
3.3.2　文字语言的层级体系…………048
3.3.3　图像语言的层级体系…………049
3.4　图像的六大功用…………051
3.4.1　历史传承…………051
3.4.2　艺术欣赏…………052

3.4.3 知识传播……054
3.4.4 叙事记实……055
3.4.5 隐喻幻想……057
3.4.6 规划设计……059
思考题与习题……061
参考文献……062
第 4 章 图像思维与想象……063
4.1 图像记忆……063
4.1.1 记忆模型……063
4.1.2 记忆方式……064
4.1.3 自拍图像……066
4.1.4 自拍分享……067
4.2 视觉思维……068
4.2.1 古代图像思维缘起……068
4.2.2 我国古代思维方式……069
4.2.3 视觉思维……070
4.2.4 标识与思维导图……072
4.3 图像观看……074
4.3.1 为何看……074
4.3.2 谁去看……076
4.3.3 在哪看……077
4.3.4 看什么……079
4.3.5 如何看……080
4.4 图像与想象力……082
4.4.1 视觉形象与想象……082
4.4.2 梦境与想象……083
4.4.3 科幻与现实……085
4.4.4 奇幻与玄幻……088
思考题与习题……089
参考文献……090
第 5 章 图像传承与知识构建……091
5.1 图像传承与应用……091
5.1.1 中国传统民居外形……091
5.1.2 古代器皿造型样式……096
5.1.3 汉族民间服饰纹样……098
5.1.4 椅类家具吉祥纹样……101
5.2 基础图像知识构建……103

5.2.1 古代小学几何算题……104
5.2.2 现代幼儿图像认知……108
5.2.3 小学初中图形与几何……110
5.2.4 高中图形与几何知识……113
5.3 专业图像知识构建……115
5.3.1 通识图像知识……115
5.3.2 进阶图像知识……118
5.3.3 专业图像知识……122
5.4 几何学知识体系……123
5.4.1 欧式几何与解析几何……124
5.4.2 球面几何与非欧几何……125
5.4.3 射影几何与微分几何……126
5.4.4 向量张量分析与拓扑学……127
5.4.5 直观几何与几何直观……129
思考题与习题……130
参考文献……130
第 6 章 图像处理与应用……132
6.1 科学技术与生物识别……132
6.1.1 科学技术发生与发展……132
6.1.2 图像识别与分类检索……134
6.1.3 身份验证与生物识别……138
6.1.4 生物识别技术应用……142
6.2 医学图像与医疗诊断……144
6.2.1 X 光与 X 光诊断设备……144
6.2.2 心电图与超声诊断……148
6.2.3 CT 与磁共振成像……152
6.2.4 影像归档和通信系统……156
6.3 机器视觉与感知应用……158
6.3.1 机器感知与机器视觉……158
6.3.2 机器视觉应用场景……161
6.3.3 无人驾驶汽车与视觉感知……164
6.3.4 消防机器人与视觉感知……167
6.4 数据可视化及应用……169
6.4.1 数据可视化基础……170
6.4.2 数据可视化工具……173
6.4.3 社交媒体数据可视化……176
6.4.4 教育大数据可视化……178
6.5 虚拟现实与增强现实……183

6.5.1 虚拟现实基础……183
6.5.2 虚拟现实硬件……187
6.5.3 增强现实基础……191
6.5.4 VR/AR 应用……196
6.6 知识图谱与应用……199
6.6.1 知识图谱基础……199
6.6.2 知识图谱生命周期……204
6.6.3 艺术图像知识图谱……207
6.6.4 鸟类知识图谱……210
思考题与习题……213
参考文献……213
第 7 章 未来与图像……215
7.1 智能科学与技术……215
7.1.1 智能科学与技术学科……215
7.1.2 现代信息技术之间关系……217
7.1.3 智能科学与技术展望……221
7.2 思维科学之图像……223
7.2.1 部分国家和地区脑计划……223
7.2.2 脑科学与认知科学……225
7.2.3 思维科学图像应用远景……226
7.3 社会科学之图像……227
7.3.1 图像时代童年审思……228
7.3.2 图像时代社会变革……229
7.3.3 社会科学图像应用远景……231
7.4 自然科学之图像……233
7.4.1 图像语义标注与应用……233
7.4.2 图像语义描述与理解……235
7.4.3 自然科学图像应用远景……237
思考题与习题……239
参考文献……240

第 *1* 章
CHAPTER 1

符号与文字

人类记录历史、表征世界和传播文明的方式主要有两种：一种是以语文（语言、文字、抽绎性符号等）为主要载体的线性、历时、逻辑的记述和传播方式；另一种是以图像（图形、图绘、影像、结构性符码等）为主要载体的面性、共时、感性的描绘和传播方式。在人类发展的历史长河中，语文与图像都是人们用来承载和传播信息的常用工具。但追根溯源，语文与图像均源于远古人类创造的刻划、符号，这也是为什么现代社会的儿童多从"看图识字"开始学习语言文字，为什么一部分人重文字轻图像而另一部分人轻文字重图像（文字与图像之争），又为什么会出现诸如图像思维、视觉思维等时尚概念的原因。

1.1 刻划与图形符号

语文和图像是人们在长期的生产生活实践中，根据记载和传播信息、交流沟通的需要而创造出来的，而且经历了漫长的自然而又必然的演变过程。

1.1.1 结绳与契刻

在探讨文字的起源时，人们通常会自然而然地从结绳、契刻和图画符号开始谈起。在文字产生之前，古代先人为了帮助记忆，采用过各种各样的记事方法，其中使用较多的是结绳和契刻。中国古籍文献中结绳记事的记载较多，其中比较有代表性的如《周易·系辞下传》："上古结绳而治，后世圣人易之以书契"；《周易注》："古者无文字，结绳为约，事大，大结其绳；事小，小结其绳"。而契刻的目的主要用来记录数目，《释名·释书契》中记载："契，刻也，刻识其数也"，清楚地说明契就是刻，契刻的目的是帮助记忆数目。数目是人们订立契约关系时最重要的，也是最容易引起争端的因素之一。于是，人们就用契刻的方法将数目用一定的线条作为符号，刻在竹片或木片上，形成双方的"契约"。实际上，从考古中也可以发现契刻、符号对文字形成的影响。

贾湖遗址，C14、释光测年结果显示其距今约 9000 年至 7500 年，位于河南省舞阳县北舞渡镇西南 1.5 公里的贾湖村，始发现于 20 世纪 60 年代初，保护区面积约 5.5 万平方米，是一处规模较大、保存完整、文化积淀极为丰厚的新石器时代早期遗存。

贾湖遗址出土的 14 件龟甲、骨器、石器、陶器上发现了 16 例契刻符号，这些符号分为三类：一类是从形状看具有多笔组成的组合结构，承载着契刻者一定的意图，具有原始文字的性质；一类是戳记类，做戳印之用，表示所有权或有标记的作用；第三类是一些横或竖的一道或两道直刻痕，明显为有意所为，具有记数的性质。

1.1.2 仰韶文化

图 1-1 仰韶文化陶器上的符号

仰韶文化首先在河南省渑池县仰韶村遗址发现，是黄河中游地区一种重要的新石器时代彩陶文化，代表性的遗址包括仰韶村遗址和半坡遗址等。仰韶文化大约在公元前 5000 年至公元前 3000 年，即距今约 7000 年至 5000 年，持续时长 2000 年左右。

在考古发掘中发现，仰韶文化陶器主要包括泥质红陶、夹砂红陶、泥质灰陶，也有一些泥质黑陶和夹砂灰陶器等。器表多饰以绳纹、线纹、锥刺纹、指甲纹和弦纹等，而且在部分陶器上刻画或者绘写一些图形符号，如图 1-1 所示，这些符号被很多研究者看成是具有文字性质的符号。

1.1.3 良渚古城

良渚古城（公元前 3300 年至公元前 2300 年）位于浙江省杭州市余杭区瓶窑镇内，其外围水利系统是迄今所知我国最早的大型水利工程，也是世界最早的水坝，距今已经有 4700 年至 5100 年。古城略呈圆角长方形，正南北方向，东西长 1500 米至 1700 米，南北长 1800 米至 1900 米，总面积达 290 多万平方米。普通居民住在城的外围，贵族住在城中央 30 万平方米的莫角山土台上。

良渚古城以规模宏大的古城、功能复杂的水利系统、分等级墓地（含祭坛）等一系列相关遗址，以及具有信仰与制度象征的系列玉器，揭示了我国新石器时代晚期在长江下游环太湖地区曾经存在过一个以稻作农业为经济支撑的、出现明显社会分化和具有统一信仰的区域性国家。《良渚文化刻画符号》收录了良渚古城带有刻画符号的器物 554 件，符号总数为 656 个，符号载体为陶、石、玉器三大类，部分示例如图 1-2 所示。

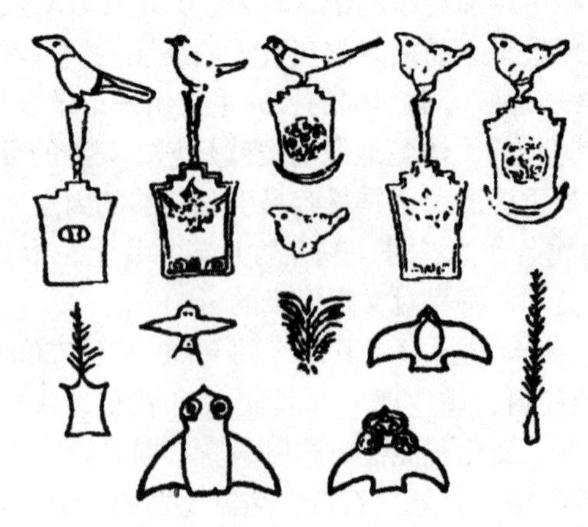
图 1-2 良渚古城玉器上的刻画符号示例

2019 年 7 月 6 日，“良渚古城遗址”正式列入《世界遗产名录》，为中华 5000 多年文明史提供了又一个有力的实证。

1.1.4　甲骨文

图 1-3　甲骨文例

甲骨文被公认为是我国的一种古老文字，又称“契文”“甲骨卜辞”“殷墟文字”或“龟甲兽骨文”，是我国商朝时期（约公元前 17 世纪至公元前 11 世纪，距今约 3600 多年）的一种较成熟的文字，最早出土于河南省安阳市殷墟。

甲骨文具有对称的、稳定的格局，汉字的“六书”原则在甲骨文中已经有所体现。“六书”即为象形、指事、形声、会意、转注、假借，其中象形、指事、形声、会意主要是“造字法”，转注、假借是“用字法”。从字的数量和结构来看，甲骨文已经发展成了有较严密构造与应用体系的文字。但是，原始图画文字的痕迹还比较明显，如图 1-3 所示。

1.2　汉字首创与演变

汉字又称中文、中国字、方块字，是汉语的记录符号，属于表意文字的词素音节文字。汉字是世界上最古老的文字之一，已有 6000 多年的历史。

1.2.1　仓颉造字

仓颉（图 1-4），世称苍颉，姓侯刚，号史皇氏，黄帝时史官。《荀子》《河图玉版》《策海》《史记》《路史》《述异记》《辞海》《中国通史》《白水县志》《洛南县志》等文献史料对仓颉在洛南造字均有记载，据此通常认为仓颉是汉字的首创人。

《策海・六书》《陕西金石志》等史料记载：仓颉随轩辕黄帝南巡于洛南之西北四十五里黑潭，登阳虚之山，临于玄扈洛汭之水，遇灵龟负书，丹甲青文，遂穷天地之变，仰观奎星圆曲宇宙之势，俯察龟纹鸟虫之迹，指掌而创二十八字，曾镌刻于玄扈山阴，从此石破天惊，字引人类，终止结绳，天降谷雨，鬼哭龙藏。

史料记载的大致释意如下：某年某日，仓颉随皇帝到南方巡狩，登上一座阳虚之山（位于现陕西省洛南县），临于玄扈洛邙之水，忽然看见一只大龟，龟背上面有许多青色花纹。仓颉看了觉得稀奇，就取来细细研究。他看来看去，发现龟背上的花纹竟然是有意义可通的。他想花纹既能表示意义，如果定下一个规则，岂不是人人都可用来传达心意，记载事情吗？仓颉日思夜想，到处观察，囊括了天上星宿的分布情况、地上山川脉络的样子、鸟兽虫鱼的痕迹、草木器具的形状，通过描摹绘写造出种种不同的符号，并且定下了每个符号所代表的意义。他按自己的心意用符号拼凑成几段拿给别人看，经他解说，倒也看得明白。仓颉就把这种符号叫作“字”，如图 1-5 所示。

图 1-4　仓颉像

图 1-5　仓颉造二十八字

二十八字释文：戊己甲乙、居首共友、所至列世、式气光明、左互从家、受赤水尊、戈干斧芾。

1.2.2 汉字演变

事实上，在汉字发展的历史长河中，仓颉应该只是创造汉字的代表性人物。在鲁迅看来，人民群众才是文字的真正创造者，文字在民间萌芽，后来被收揽、整理。鲁迅《门外文谈》："但在社会里，仓颉也不止一个，有的在刀柄上刻一点图，有的在门户上画一些画，心心相印，口口相传，文字就多起来了，史官一采集，就可以敷衍记事了。中国文字的来由，恐怕逃不出这例子的"。鲁迅的这一观点，是符合历史实际的。

汉字从甲骨文以来发生了许多变化，其演变过程为：甲骨文、金文、大篆、小篆、隶书、草书、楷书、行书。汉字演变的动因大致可以归结为改革和自然流变。汉字的变化就像道路的变化一样，路是人们走出来的，之后人们隔一段时间就得修缮一次。修缮之后，路渐渐发生了一些变化，如变宽、变直、损毁或者出现新的分支，需要再次修缮。随着时代的发展，以前的路渐渐不能满足时代发展的要求，需要建设新的道路，如铁路、高速公路等。修路相当于汉字的改革，而路的自然变宽、变直、损毁、分支等变化，相当于汉字的自然流变。

今天所使用的现代汉字与汉朝的汉字一脉相承，但与西汉之前的古汉字有着巨大的差异。不仅是汉字造字本意上的丢失，而且在汉字的表意功能上也发生了很大的变化。为什么有人看不懂西汉之前的古汉字？为什么不认识甲骨文、金文，甚至连篆文和中期隶书也不认识？这是因为今天的汉字已经不是古汉字的延续，而是在古汉字的基础上发展出来的一种新的汉字。

1.2.3 汉字改革

20 世纪初，在外国政治、经济和文化的冲击下，一些知识分子将矛头指向中国传统文化的主要载体——汉字，围绕汉字的"废与存""繁与简"展开了激烈的争论。汉字"废灭"者认为汉字在音形义上存在难读、难识、难记的缺点，振兴中华文化必须要废灭或简化汉字；反对者认为汉字作为文化传承的载体和桥梁，废除汉字会造成文化断层和缺失；中立者认为应当结合新旧文字的优缺点来适应社会发展。汉字改革在我国语言学史上占有重要的地位，历经百余年，目前世界范围内使用的汉字有两种字体形式：繁体中文和简体中文。

繁体中文即小篆演变为隶书（之后又出现楷书、行书、草书等书法）后产生的中文书写体系，已有两千年以上的历史，直到 20 世纪初一直是世界各地通用的中文书写标准。20 世纪 50 年代开始中华人民共和国官方在繁体中文的基础上做简化形成了新的中文书写标准，即简体中文。简体中文主要在我国内地以及东南亚（如马来西亚、新加坡）使用，而繁体中文主要在我国台湾地区、香港特别行政区、澳门特别行政区使用。

1.3 书画与文字

在我国，书法与绘画是紧密关联的概念，一幅优秀的书法作品就是一幅优美的图画，同样可以给人以美的享受。

1.3.1 书法与绘画

书法是我国及深受我国文化影响的周边国家或地区特有的一种文字艺术表现形式，指按照文字的特点及其含义，以一定的笔法、结构和章法书写，使之成为富有美感的艺术作品。我国汉字经过几千年的发展演变成了当今的文字，又因祖先发明了毛笔书写，产生了书法。因此，古往今来书法均以毛笔书写汉字为主，虽然也出现了其他非主流的书写形式，如硬笔、指书等，但其书写规律与毛笔字是基本相通的。

绘画是指用笔、板刷、刀、墨、颜料等工具材料，在纸、纺织物、木板、墙壁等平面（二度空间）上塑造形象的艺术形式。在现代社会，可以通过计算机软件用鼠标、手写板或专用算法工具进行数码绘图，实现数字化保存，这样既避免了纸张等传统绘画载体资源的浪费，又使得绘画作品（图像）的传播、观看更加方便、快捷。

在我国的传统艺术中，往往把书法和绘画放在一起讨论，使得书画艺术成了我国传统艺术独特性的主要表现。那么，书与画何时产生？何时被人们认知？何时开始分支、并置？又是如何相互融合、发展的呢？从古到今，众多大家、学者从不同角度关注了这些问题，并从使用的笔墨纸砚等工具的属性与运用方法、从“碑学”与“帖学”（运笔方法不同：碑多用力于肘臂，帖多用力于手腕）的影响等多个方面给出了解答。

1.3.2 图画与文字

可以从以下几个方面讨论图画（书画）与文字，以及它们之间的关系。

第一，契刻与自然界图画孕育了文字，因此应该是先有画后有字。为了记事、会意、指示的明确、易懂，从古老的结绳记事到契刻记事，从最初的甲骨文到大篆、金文、小篆，我国汉字的诞生与演变都是沿着“象形”的道路发展，因此可以毫不避讳地说：先有画后有字。图 1-6 所示为鱼、鸡、鸟、马四个汉字的甲骨文、小篆、楷书以及繁体的演变示例。

图 1-6　汉字演变示例

自然界的图画孕育了人类使用的文字。虽然文字经过了几千年的发展变化，在字形字体、运用传播、书法艺术等方方面面取得了长足的进展，但文字有其表意上的局限性，难以用文字清晰全面地描述自然界的丰美画卷。

第二，图画与文字均是信息重要载体，但图画所能承载的信息更丰富。众所周知，多媒体技术是现代信息社会的基础支撑技术，其以数字化为基础，对多种媒体信息进行采集、加工处理、存储和传递，并使各种媒体信息之间建立起有机的逻辑联系，集成为一种具有良好交互性的系统技术。多媒体信息是指以文字、图像、影像、声音和动画等为表现形式的媒体信息。显然，文字、图像、声音（本书不重点讨论声音）是现代人类常用来承载信息的最重要载体（影像、动画等多媒体信息是文字、图像、声音的有机合成），而文字、图像（图画）很早就被人类所认知，用来记录事实、传播知识和艺术欣赏，其承载的信息被众多后人所传承和感知。

例如，《清明上河图》描绘了北宋时期都城汴京（今河南开封）以及汴河两岸的自然风光和繁荣景象，全图大致分为汴京郊外春光、汴河场景、城内街市三部分。清明上河是当时的民间风俗，如同今天的节日集会，人们借此参加商贸活动。虽然用短短的一段文字描述了《清明上河图》的主题和主体内容，使人们大致明了此画所描述的景象。但是，这段文字未能清晰描绘《清明上河图》所承载的丰富信息，更不能表达出不同观者的心灵感受，或者说这段文字能给出的信息远不及该图所承载信息。

第三，图画与文字在传递信息的同时，也带给人以艺术享受。实际上，不仅靓丽的图画可以给人以美的享受，书法也是一种文字美的艺术表现形式，就汉字书法而言（除汉字书法外，还有蒙古文书法、阿拉伯书法和英文书法等），主要包括五种主要书体：篆书体（大篆、小篆）、隶书体（古隶、今隶）、楷书体（魏碑、正楷）、行书体（行楷、行草），草书体（章草、小草、大草、标准草书）。按照不同的执笔、运笔、点画、结构、布局（分布、行次、章法）等书写方法和规律，形成各种不同的动人形态，成为富有美感的艺术作品，被誉为无言的诗、无行的舞、无图的画、无声的乐，给人以文字美的享受。而且，书法大家群星璀璨、层出不穷，如“草圣”张芝、张旭、怀素，“书圣”王羲之、王献之，“楷书四大家”唐朝欧阳询（欧体）、唐朝颜真卿（颜体）、唐朝柳公权（柳体）、元朝赵孟頫（赵体）。

1.3.3 广义的图画

广义的图画不仅包括各种画像（素描、写生、水彩画、油画、版画、广告画、宣传画和漫画等），还包括摄影作品、电影电视画面，电脑制作的图形、视频、动画、VR/AR 画面，以及医疗监控等设备采集的影像、音视频等。图画在传递信息的同时，也会带给人们以精神上的愉悦，拓宽视野，陶冶情操，提升人文素养。

例如，看电视已经成为人们日常生活中消遣娱乐的不可或缺的方式，通过画面和音响为媒介产生的视听效果，感受电视艺术作品所表达的主体内容和故事情节，以及所蕴含的思想感情。随着现代网络技术发展，电视出现了新形态，如网络电视（Internet Protocol TV，IPTV），其基于宽带高速 IP 网，以网络视频资源为主体，将电视机、个人计算机及手持设备作为显示终端，通过机顶盒或自带网络接口接入宽带网络，实现数字电视、时移电视、互动电视等服务，给人们带来了一种全新的电视观看方式。

1.4 图画与文字之争

20 世纪初电影的诞生推动了视觉文化的兴起，20 世纪中叶出现的电视更是加速了视觉文化的普及，使其触角逐渐拓展到人类文化的各个领域，于是，德国哲学家马丁·海德格尔（Martin Heidegger）在 20 世纪 30 年代提出了"世界图像时代"的概念。尤其近年来，受现代科学技术、工业文明、市场经济等因素的影响，视觉图像有取代语言文字符号成为人类文化艺术信息的主要载体之势，也由此而产生了"图像"与"文字"之争。

1.4.1　读图

在图像时代，阅读不再局限于文字，而且还包括了图像，或者说人们更加热衷于"阅读"图像，这种"读图"趋势正在改变着人们的阅读习惯，从单调、枯燥和抽象的文字阅读转向看图。由此导致"图配文"出版物非常流行，这些读物与其说是图像"注释"文字，不如说是文字"注释"图像。或者说，在视觉文化时代，文字正在慢慢沦为图像的注脚，即图像是主角，文字是配角。

随着科学技术的进步，人类获取知识的渠道越来越多元化，除了传统意义上的"读书"，还可以从电影、电视、互联网等各种图像传播中获取，即"读图"。很显然，与书刊、报纸等以往的单一文字传播相比，图像传播（包括静态图画和动态影像）具有天然的优势，因为图像传播是一种直观的形象传播，不仅人人都能观看欣赏（与是否文盲无关），而且它比文字更加赏心悦目，更能凝练简洁地表情达意。往往洋洋数千言、数万言的文字，有时只需一两幅画面就能表达，而一幅图画所携带的信息，可能需要大量的文字才能解释清楚。

"读图"具有直观、形象、快捷、省时的特点，比长时间地咬文嚼字要轻松省力许多，因而它更适合现代快节奏的生活，更适合紧张工作和极度疲劳的现代人在心理和生理两方面的需求。从这个意义上说，现在"读书"的人越来越少，是被"读图"的人分流了，而"读图"其实也是现代人获取知识和资讯的一种重要手段，它应该归入广义的"读书"范围之内。

在没有创造文字之前，古代先人们先是通过图画来传播有关信息。有了文字后，人类从"读图"时代进化到"读书"时代。而每个人类个体也是如此，孩提时代先看图后识字，随后在"读书"中慢慢长大成熟，这是人类发展和进步的普遍规律。在人类文明高度发展的今天，如果因为某些主客观的原因，慢慢养成了只会"读图"而不喜"读书"的习惯，久而久之，如果哪一天人类丧失了"读书"的功能和兴趣，那到底是意味着人类的进化还是退步呢？

不仅如此，文字更是人类进行思维的工具。文字的阅读和接受需要读者的感悟和思考，它本身就是一项复杂的高级脑力劳动，是人类训练和提高自身思维思辨能力的最重要手段。文字写就的作品，不仅可以达到"如闻其声""如见其人"的艺术效果，而且更能给读者提供想象和再创造的空间。一百个读者欣赏一部影视作品中的林黛玉，看到的都是一位演员扮演的林黛玉；而一百个读者阅读一部文字版的《红楼梦》，可能就会幻想出一百个不同的林黛玉，文字传播的魅力超过图像传播之处正在于此。

由此可以看出，虽然"读图"有它存在的价值，但它不能也不应该替代"读书"，否则，人类的阅读功能和思维能力都会因之而退化。生活节奏的加快和大众文化的兴起，使得诉诸视觉快感的"快餐文化"和获取"眼球效应"的娱乐文化风靡社会，人们获取信息逐渐碎片化。然而，文化"图像转向"并不意味着文字的弱势走向，图像与文字也不是一方取代另一方，而应该是互存共生的关系。

1.4.2 图文关系

我国自古以来就有“图经书纬”的说法，认为书（文字）和图（图画）是相辅相成的。但后人们往往专注于书而忽略了图，或过于强调图的作用。在《通志略·图谱略》中，郑樵（字渔仲，宋代史学家，1104 ～ 1162 年）详细阐述了图对认识事物所起到的重要作用，讨论了“图像”与“文字”两者相辅在学习、认知、记录、说明、阐释中的必要性和重要性，并提出“左图右书”“索象于图，索理于书”的治学方法。

郑樵用《索象》《原学》《明用》三篇不仅说明了图与书的关系，而且深入浅出地论述了图谱的作用、价值及意义，创建了图谱学的理论体系，是对我国古代图学认识功能的第一次全面总结，也是世界上最早进行图学研究的系统性理论，由此确立了郑樵在图谱学的历史地位。

古今中外，绘画一直在以独特的方式记载着历史，反映不同时期的历史事件或社会特征。例如，《渭水访贤》：商纣暴虐，周文王（公元前 1152 ～公元前 1056 年）决心推翻暴政。太公姜子牙受师傅之命，下界帮助文王。但姜子牙觉得自己半百之龄，又和文王没有交情，很难获得文王赏识。于是在文王回都途中，在一河边，用没有鱼饵的直钩钓鱼且不用鱼饵，却钓到了很多鱼。文王见到了，觉得这是奇人，于是主动跟他交谈，发现他真是个大有用之才，遂招入帐下。后来姜子牙帮助文王和他的儿子推翻商纣统治，建立了周朝。《老子授经》：老子（公元前 571 ～公元前 471 年），姓李名耳，字聃，今河南鹿邑人，曾长期任“周守藏室之史”，孔子曾多次向他请教。后见周将乱退隐，乘青牛西出函谷关，关令尹喜先见其真气，知真人将过，果见老子，尹喜请其著书，遂得《道德经》五千言，《老子授经图》正是尹喜拜见老子的场面。唐代画家张萱的《虢国夫人游春图》描绘了唐玄宗的宠妃杨玉环的三姊虢国夫人及其眷从盛装出游的情景。明代画家仇英的《汉宫春晓图》以春日晨曦中的汉代宫廷为题，用长卷的形式描绘后宫佳丽百态。

尽管图画可以记载传承历史与事实，但在不同领域被认可与使用的程度有很大差异，或者在不断的求索过程中被慢慢地认知和利用。彼得·伯克《图像证史》：“很可能，目前的状况依然是历史学家没有足够认真地把图像当作证据来使用……即使有些历史学家使用了图像，在一般情况下也仅仅是将它们视为插图，不加说明地复制于书中。历史学家如果在行文中讨论了图像，这类证据往往也是用来说明作者通过其他方式已经做出的结论，而不是为了做出新的答案或提出新的问题”。

《图像证史》所研究的内容正是不同类型的图像在不同类型的历史学中如何被当作律师们所说的那种“可采信的证据”来使用。其所支持并力图说明的一个基本论点是图像如同文本和口头证词一样，也是历史上证据的一部分。随着时间的推移，人们逐渐认识到图像是历史的遗留，同时也记录着历史，是解读历史的重要证据。伴随着《图像证史》的观点渐被史学界接受，图像不仅被作为历史留存的证据，也早已覆盖社会生活的各个角落，成为社交和视觉传播的主要工具，图像比以往任何时候都影响着人们现在和未来的理解方式，以及生存和生活方式。

1.5　文字与图画的数字化

1946 年诞生了世界上第一台电子数字计算机 ENIAC，其只能识别 0、1 形式的数字符号，而且被传送、存储和运算的数据都以电磁信号形式表示。电子数字计算机（简称计算机）之所以采用二进制，主要是因为二进制运算规则简单、易于技术实现、适合逻辑运算，而且用二进制表示数据具有抗干扰能力强、可靠性高等优点。

随着计算机应用的快速普及，计算机需要处理的信息形式越来越多，既有数字、文字、图形、图像等静态信息，也有声音、动画、视频等动态信息。计算机逐渐发展成为现代社会的主要信息处理工具，无论哪种形式的信息，都能被方便、快捷地转换成为 0、1 数字组合的数据形式输入计算机，由计算机进行存储、处理和传播。

1.5.1　文字的数字化

在信息技术领域，字符是各种文字和符号的总称，而字符集是多个字符的集合。计算机要准确地处理各种字符集文字，就需要对字符进行编码，以便计算机能够识别和存储各种文字。常见的字符集包括各个国家的文字、标点符号、图形符号、数字等。常用的字符集包括：ASCII 字符集（美国信息互换标准代码）、GB2312 字符集（信息交换用汉字编码字符集）、GB18030 字符集（信息技术　中文编码字符集）以及 Unicode 字符集（通用多八位编码字符集）等。

计算机中汉字的表示也需用二进制进行编码，根据应用的目的不同，汉字编码可分为外码、交换码、机内码和字形码。

（1）外码　外码也叫输入码，是用来将汉字输入到计算机中的一组键盘符号。常用的输入码有拼音码、五笔字型码、自然码、表形码、认知码、区位码和电报码等，可根据需要进行选择。

（2）交换码　交换码也叫国标码或区位码，是计算机内部处理和交换汉字信息时使用的汉字二进制代码，中国国家标准总局 1980 年发布，1981 年 5 月 1 日开始实施的 GB2312（或称 GB2312—1980）即为交换码。

鉴于交换码采用四位十六进制表示，而多数人不熟悉十六进制，所以常用的是四位十进制的交换码。国标汉字与符号可以组成一个 94 × 94 的矩阵，每一行称为一个“区”，每一列称为一个“位”，如此就构成了一个有 94 个区（区号 1 ~ 94），每个区内有 94 个位（位号 1 ~ 94）的汉字字符集。而一个汉字所在的区号和位号组合在一起就构成了该汉字的“区位码”，高两位为区号，低两位为位号，如图 1-7 所示。

例如，“啊”字的区位码为 1601，“叁”字的区位码为 4094。在区位码中，01 ~ 09 区为 682 个特殊图形字符，16 ~ 87 区为汉字区，包含 6763 个汉字。其中 16 ~ 55 区为一级汉字（3755 个最常用的汉字，按拼音字母的次序排列），56 ~ 87 区为二级汉字（3008 个汉字，按部首次序排列）。94 × 94 共 8836 个位，其中 7445 个汉字和特殊图形字符中的每一个占一个位置后，还剩下 1391 个空位留作备用。

（3）机内码　根据国标码的规定，每一个汉字都有确定的二进制代码，在计算机内部表示汉字时都用机内码，在磁盘、光盘等存储介质上记录汉字代码也使用机内码。

区＼位	01	…	19	20	21	22	23	…	94
01	…	…	…	…	…	…	…	…	…
…	…	…	…	…	…	…	…	…	…
16	啊	…	吧	笆	八	疤	巴	…	剥
17	薄	…	鄙	笔	彼	碧	蓖	…	炳
…	…								
40	取	…	瘸	却	鹊	榷	确	…	叁
…	…								
94	…								

图 1-7　汉字区位码表

（4）字形码　汉字的字形码又称汉字字模，用于汉字在显示屏或打印机的输出。汉字字形码通常有两种表示方式：点阵表示和矢量表示。

点阵是常用的表示方式。简易型汉字通常用 16×16 点阵来表示，无论汉字的笔画是多少，每个汉字都写在 16×16 点阵（方块）整体框架中，所有黑点（方块）组成汉字的笔画。汉字字形经过点阵数字化后的一串二进制数即为汉字的字形码。例如，“汉”字的 16×16 点阵表示如图 1-8 所示。

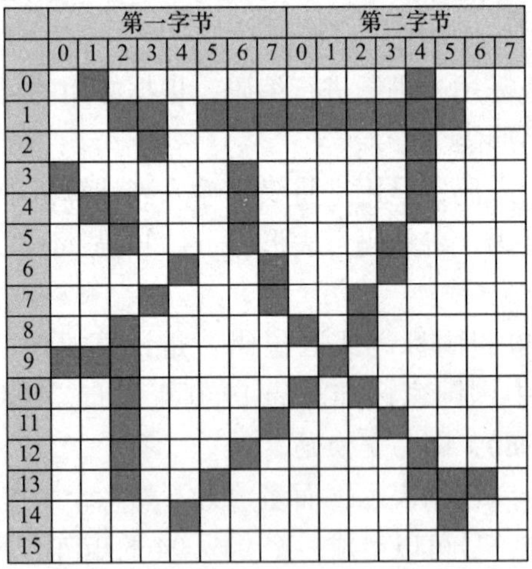

图 1-8 “汉”字的 16×16 点阵

例如，“汉”字的十六进制字形码为：4008、37FC、1008、8208、6208、2210、0910、1120、20A0、E040、20A0、2110、2208、220E、0804、0000。

除简易型汉字用 16×16 点阵表示外，还有提高型汉字，可表示为 24×24 点阵、32×32 点阵、48×48 点阵等。点阵规模越大，字形越清晰美观，但所占存储空间也越大。

矢量表示方式存储的是描述汉字字形的轮廓特征，当要输出汉字时，通过计算机的计算，由汉字字形描述生成所需大小和形状的汉字点阵。矢量化字形描述与最终文字显示的大小、分辨率无关，因此可以产生高质量的汉字输出。

（5）地址码　汉字地址码是指汉字库中存储汉字字形信息的逻辑地址码，一般来说，汉字地址码与汉字内码有着简单的对应关系，可以简化内码到地址码的转换，加快了汉字字模数据的存取速度。

1.5.2　图画的数字化

传统的图画（包括书法作品）要输入到计算机中进行存储和处理，需要使用数字化仪、扫描仪、摄像头等设备经采样和量化过程转化为数字图像。

采样的实质就是要确定用多少点来描述图像，例如，一幅 640×480 的图像表示这幅图像横向 640 个点，纵向 480 个点，总共由 307200 个点组成，如图 1-9 所示。可见，想要得到更加清晰的图像，就需要使用更多的点来表示图像，也就是说这幅图像需具有较高的分辨率。

量化是指要使用多大范围的数值来表示图像采样之后的每一个点，这个数值范围决定了图像所能使用的颜色值总数。例如，对于灰度图像，若以 8 位（bits）（二进制位）存储一个点，就表示图像有 256 级灰度。对于彩色图像，可用 RGB（红绿蓝）三原色表示，每种颜色用 8 位二进制表示，则可以表示 256×256×256 种颜色。显然，数值范围越大，表示图像可以拥有的颜色种类就越多，自然可以产生更为细致的图像。

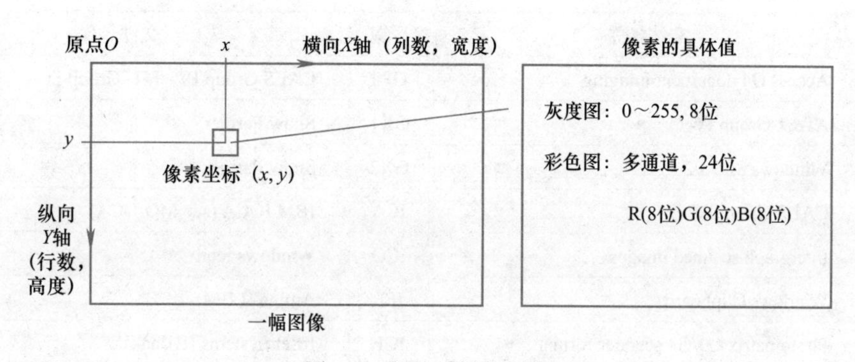

图 1-9　图的采样与量化

图形矢量表示由矢量的数学对象定义的线条和曲线组成。例如，用矢量表示一个圆只需要圆心坐标（x, y）和半径 r 这三个参数。矢量图主要用于描述一幅画中所包含的基本图形，如直线、圆、圆弧、矩形等，也可用于更为复杂的形式，矢量图的优点是放大时不会失真。

对数字图像进行存储、处理、传播，必须采用一定的图像格式，也就是把图像的像素按照一定的方式进行组织和存储，把图像数据存储成文件就得到了图像文件。图像文件格式决定了应该在文件中存放何种类型的信息，文件如何与各种应用软件兼容，文件如何与其他文件交换数据等。常用的图像格式如下。

（1）BMP 格式　BMP（Bitmap，位图、栅格图或点阵图）是 DOS 和 Windows 兼容计算机系统的标准 Windows 图像格式，支持 RGB、索引颜色、灰度和位图颜色模式，但不支持 Alpha 通道。BMP 格式支持 1、4、24、32 位的 RGB 位图，对图像信息不压缩，占用磁盘空间较大。

（2）TIFF 格式　TIFF（Tag Image File Format，标记图像文件格式）是一种灵活的图

像格式，被大多数绘画、图像编辑和页面排版应用程序支持。几乎所有的桌面扫描仪都可以生成 TIFF 图像，而且 TIFF 格式还可加入作者、版权、备注以及自定义信息，可存放多幅图像。

（3）JPEG 格式　JPEG（Joint Photographic Experts Group，联合图片专家组）支持多种压缩级别，适用于对图像的精度要求不高而存储空间又有限的场合。JPEG 格式支持 CMYK、RGB 和灰度颜色模式，保留了 RGB 图像中的所有颜色信息，通过选择性地去掉数据来压缩文件。

（4）PNG 格式　PNG（Portable Network Graphic Format，流式网络图形格式）图片以任何颜色深度存储单个光栅图像，与平台无关。优点是支持高级别无损耗压缩，支持 Alpha 通道透明度，并支持伽马校正。

（5）GIF 格式　GIF（Graphic Interchange Format, 图像交换格式）常用来最小化文件大小和传递时间，可分为静态 GIF 和动态 GIF，占用空间较小，背景可透明，也可做成动画图片。

除了上面所介绍的 5 种常用格式之外，还有其他图像格式，为便于查阅，将其列于表1-1 和表 1-2。

表 1-1　位图 / 光栅图格式

后缀	文件名称	后缀	文件名称
AG4	Access G4 document imaging	GP4	CALS Group IV - ITU Group IV
ATT	AT&T Group IV	GX1	Show Partner
BMP	Windows & OS/2	GX2	Show Partner
CAL	CALS Group IV	ICA	IBM IOCA (see MO:DCA)
CIT	Intergraph scanned images	ICO	Windows icon
CLP	Windows Clipboard	IFF	Amiga ILBM
CMP	Photomatrix G3/G4 scanner format	IGF	Inset Systems (HiJaak)
CMP	LEAD Technologies	IMG	GEM Paint
CPR	Knowledge Access	JFF	JPEG (JFIF)
CT	Scitex Continuous Tone	JPG	JPEG
CUT	Dr. Halo	KFX	Kofax Group IV
DBX	DATABEAM	MAC	MacPaint
DX	Autotrol document imaging	MIL	Same as GP4 extension
ED6	EDMICS (U.S. DOD)	MSP	Microsoft Paint
EPS	Encapsulated PostScript	NIF	Navy Image File
FAX	Fax	PBM	Portable bitmap
FMV	FrameMaker	PCD	PhotoCD
GED	Arts & Letters	PCX	PC Paintbrush
GDF	IBM GDDM format	PIX	Inset Systems (HiJaak)
GIF	CompuServe	PNG	Portable Network Graphics

（续）

后缀	文件名称	后缀	文件名称
PSD	Photoshop native format	SGI	Silicon Graphics RGB
RAS	Sun	SUN	Sun
RGB	SGI	TGA	Targa
RIA	Alpharel Group IV document imaging	TIF	TIFF
RLC	Image Systems	WPG	WordPerfect image
RLE	Various RLE-compressed formats	XBM	X Window bitmap
RNL	GTX Runlength	XPM	X Window pixelmap
SBP	IBM StoryBoard	XWD	X Window dump

表 1-2　矢量图格式

后缀	文件名称	后缀	文件名称
3DS	3D Studio	GEM	GEM proprietary
906	Calcomp plotter	G4	GTX RasterCAD - scanned images into vectors for AutoCAD
AI	Adobe Illustrator	IGF	Inset Systems (HiJaak)
CAL	CALS subset of CGM	IGS	IGES
CDR	CorelDRAW	MCS	MathCAD
CGM	Computer Graphics Metafile	MET	OS/2 metafile
CH3	Harvard Graphics chart	MRK	Informative Graphics markup file
CLP	Windows clipboard	P10	Tektronix plotter (PLOT10)
CMX	Corel Metafile Exchange	PCL	HP LaserJet
DG	Autotrol	PCT	Macintosh PICT drawings
DGN	Intergraph drawing format	PDW	HiJaak
DRW	Micrografx Designer 2.x, 3.x	PGL	HP plotter
DS4	Micrografx Designer 4.x	PIC	Variety of picture formats
DSF	Micrografx Designer 6.x	PIX	Inset Systems (HiJaak)
DXF	AutoCAD	PLT	HPGL Plot File (HPGL2 has raster format)
DWG	AutoCAD	PS	PostScript Level 2
EMF	Enhanced metafile	RLC	Image Systems "CAD Overlay ESP" vector files overlaid onto raster images
EPS	Encapsulated PostScript	SSK	SmartSketch
ESI	Esri plot file (GIS mapping)	WMF	Windows Metafile
FMV	FrameMaker	WPG	WordPerfect graphics
GCA	IBM GOCA	WRL	VRML(Virtual Reality Modeling Language)

表 1-1 和表 1-2 所列为到目前为止被采用的位图 / 光栅图格式、矢量图格式，随着时间的推移以及相关技术的发展，新的图像存储格式将不断涌现，而有些图像格式因不再使用而被淘汰。

思考题与习题

1-1　古代契刻的作用是什么？

1-2　何为汉字“六书”？

1-3　如何理解“人民群众才是文字的真正创造者”？

1-4　如何理解汉字的改革和流变？

1-5　查阅资料，了解 20 世纪初开始的汉字改革。

1-6　广义的图画包括哪些表现形式？

1-7　如何理解“先有画后有字”？

1-8　如何理解“图像”与“文字”之争？

1-9　文字的数字化本质是什么？

1-10　图画的数字化本质是什么？

参考文献

[1] 韩丛耀．中国图像科学技术简史 [M]．北京：科学出版社，2018.

[2] 中文百科专业版．贾湖遗址 [EB/OL].（2015-02-24）[2021-09-26]. http://zy.zwbk.org/index.php?title= 贾湖遗址．

[3] 中国新闻网．浙江发现世界最早水坝距今约 5000 年 [EB/OL].(2016-03-15)[2021-09-26]. http://www.chinanews.com/cul/2016/03-15/7798490.shtml.

[4] 澎湃新闻．浙江良渚古城遗址正式申遗：将中国文字向前推进了一千多年 [EB/OL].(2018-01-26)[2021-09-26]. https://www.thepaper.cn/newsDetail_forward_1969934.

[5] 张炳火．良渚文化刻画符号 [M]．上海：上海人民出版社，2015.

[6] 董琨．中国汉字源流 [M]．北京：商务印书馆国际有限公司，2018.

[7] 百度百科．门外文谈 [EB/OL].[2021-09-30]. https://baike.baidu.com/item/ 门外文谈 /8988884?fr=aladdin.

[8] 童滢．探究 20 世纪初期关于汉字改革的争论 [J]. 漯河职业技术学院学报，2020，19（3）: 8-10.

[9] 杨洋．“书画一体”小考：兼论文本集合对书画融合的影响 [J]. 艺苑，2015（5）: 22-27.

[10] 任犀然．汉字王国 [M]．北京：中国华侨出报社，2017.

[11] 陈大德．视觉文化时代下的“图像”与“文字”之争 [J]．文艺生活，2018（5）: 265-266，268.

[12] 汤黎，李跃平．从视觉文化时代的图文关系论文学的未来 [J]．西南民族大学学报（人文社科版），2012，33（7）: 165-169.

[13] 伯克．图像证史 [M]. 杨豫，译．北京：北京大学出版社，2008.

第2章 CHAPTER 2 图像与图像化

在刚出生婴儿的世界里，他们只能看到两种颜色：黑色和白色，黑色是夜晚，白色是光亮。出生后的几周时间里，母亲反复哺乳使婴儿获得了愉快的体验，这种愉悦经常与同时出现的人脸联系在一起，一再重复就会在婴儿的记忆中逐渐描绘出来这张人脸，这就是婴儿记忆的最初图像。

显然，婴儿的记忆并非仅仅基于图像，还源自于通过吃奶而建立起来的心理上的愉快体验。在幼儿 2 ~ 3 岁会看简单的识物图片时，就可以通过“看图识字”学习文字，接受一些简单知识。随着年龄的增长，人所拥有的知识和技能不断增长。有研究表明，人类个体所获取的信息和知识中有 75% 以上来自于图像。因此，非常有必要搞清楚图像的概念。

2.1 图与图像的概念

“图”是物体反射或透射光的分布，“像”是人的视觉系统所接受的图在人脑中所形成的印象或认识。从人类视觉角度看，图像是自然 / 人造景物、社会事件在人类视觉系统的客观反映，是人类社会活动中最常用的信息载体。

2.1.1 图像的定义

《中国图像科学技术简史》：图像，是图形与影像的总称，这种面性、共时、感性的描述方式构建了人类视觉文明的基础，也形成了视觉文化的基本样态。也有人认为，图像一词中的“图”是指图形，而“像”指图形中的含义，“像”是以“图”为媒体的形而上的文化概念。

广义上，图像是所有具有视觉效果的画面，包括各种器物上的、纸介质上的、摄像 / 摄影底片上的、照片上的、电影 / 投影幕上的、电视 / 计算机显示屏上的。照片、绘画、剪贴画、地图、书法作品、手写汉字、卫星云图、影视画面、监控画面、X 光片、脑电图、心电图等都是图像。

正如《中华图像文化史：原始卷》中所强调的，“图像必须是人为的，是加注了人的精神和意识的”，因此，这里所讨论的图像是人类认识世界与人类本身的重要手段，不是自然界所固有的，而是人类精神、情感和认知的表达，是人类描述世界和把握世界的常用工具，也是承载和传播人类历史、文化与知识的基本介质。

回归到现代的信息处理环境，根据记录方式的不同，图像可分为两大类：模拟图像和数字图像。模拟图像通过某种物理量（如光、电等）的强弱变化来记录图像亮度信息，如模拟电视图像；而数字图像则是用计算机等数字化工具存储的数据来记录图像上各点的亮度信息，如数码照片。

2.1.2　图像相关术语

鉴于目前信息处理工具绝大部分采用计算机，所处理的图像也都是经过采样量化的数字图像，下面介绍一些与数字图像清晰度和色彩等有关的概念。

（1）图像像素　图像像素指一个数字序列表示的图像中的一个最小单位，一个像素对应图像中的一个点（小方格），每一像素点（小方格）都有明确的位置和色彩值，位置和颜色决定了该像素所呈现出来的样式。每一幅数字图像都包含了一定数量的像素，这些像素决定了图像呈现的大小和视觉效果。

（2）图像尺寸　以图像的宽度（横向）× 长度（纵向）来衡量图像的尺寸（大小），单位可以采用厘米或英寸等，也可以采用像素数目。

（3）图像分辨率　图像的分辨率有多种衡量方法，典型的是以每英寸的像素数（Pixels Per Inch，PPI），可读作像素每英寸。图像的分辨率决定了图像中存储的信息量，也决定了图像的清晰度。图 2-1 中的两个图像的尺寸大小（长宽）是一样的，图 2-1a 所示图像的分辨率是 10 × 10，图 2-1b 所示图像的分辨率是 20 × 20。

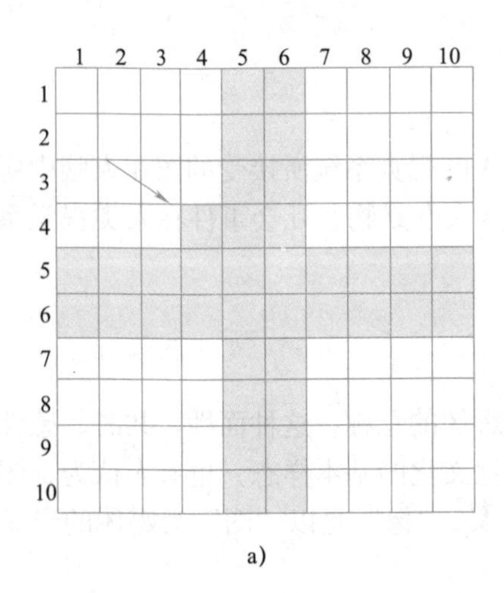

a)

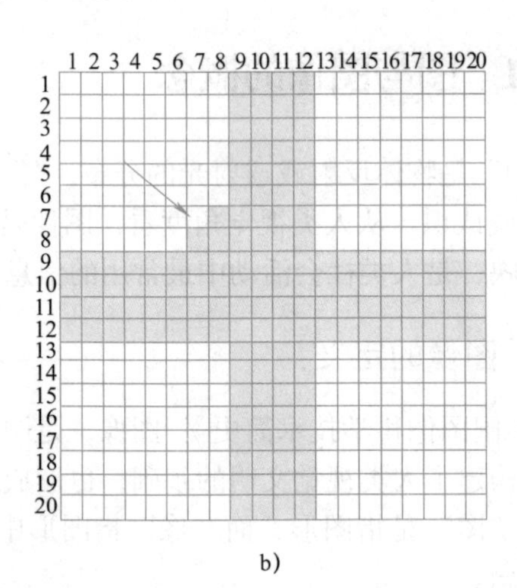

b)

图 2-1　图像的分辨率

a）分辨率 10 × 10　b）分辨率 20 × 20

对比两幅图像可以看出，图 2-1b 所示图像的分辨率较高，可以表示出更细腻的细节，如箭头所示。但相对来说，图 2-1b 所示图像所占的存储空间会更大。

（4）图像的位分辨率　图像的位分辨率（Bit Resolution）又称位深（像素深度），是用来衡量每个像素储存信息的位数。位分辨率决定了可以标记为多少种灰度 / 色彩等级的可能性，有时也将位分辨率称为颜色深度。所谓“位”，实际上是指 2 的平方位数，8 位即是 2 的 8 次方，等于 256。所以，一幅 8 位深度的灰度图像，所能表现的灰度等级是 256 级。

（5）显示分辨率　显示分辨率指显示器在显示图像时的分辨率，其数值是指整个显示器所有可视面积上水平像素和垂直像素的数量。例如，800×600 的分辨率是指在整个屏幕上水平方向显示 800 个像素，在垂直方向显示 600 个像素。常用的显示分辨率见表 2-1。

表 2-1　显示分辨率

标屏（4∶3）	分辨率	宽屏（16∶9）	分辨率
QVGA	320×240	WQVGA	400×240
VGA	640×480	WVGA	800×480
SVGA	800×600	WSVGA	1024×600
XGA	1024×768	WXGA	1280×720/1280×768/1280×800
XGA+	1152×864	WXGA+	1366×768
SXGA	1280×1024/1280×960	WSXGA	1440×900
SXGA+	1400×1050	WSXGA+	1680×1050
UXGA	1600×1200	WUXGA	1920×1200
QXGA	2048×1536	WQXGA	2560×1600

（6）图像的像素总数　图像的像素总数是指数字图像的宽度（横向）和长度（纵向）方向上的像素数目之积，例如，XGA 1024×768=786432≈0.77MP。其中，MP（Mega Pixel）为百万像素。对于手机或相机的照相分辨率而言，常提到的 800 万、2000 万或 4000 万是指像素总数。

（7）扫描分辨率　扫描分辨率指扫描仪在实现扫描功能（图像采样量化）时，通过光学元件将图像每英寸可以转换成的点数，单位 dpi（或 DPI，Dots Per Inch），dpi 值越大，扫描的效果也就越好。通常用垂直分辨率和水平分辨率相乘表示，例如，某款扫描仪分辨率标识为 600×1200dpi，表示它可以将每平方英寸的图像转换成水平方向 600 点、垂直方向 1200 点，共计 720000 个点。

注意，DPI 中的点（Dot）与图像分辨率中的像素（Pixel）是容易混淆的两个概念，点是硬件设备最小的显示单元（与元件相对应），而像素则既可以是一个点，又可以是多个点的集合。在扫描仪扫描图像时，扫描仪的每一个点都是和所形成图像的每一个像素相对应的。因此，扫描时设备的 DPI 值与扫描形成图像的 PPI 值是相等的，此时两者可以划等号。但在多数情况下，两者的区别是相当大的。例如，分辨率 1 PPI 的图像，在 300DPI 的打印机上输出，此时图像的每一个像素，在打印时对应了 300×300 个点。

（8）彩色图像 / 灰度图像 / 二值图像　按所能呈现的色彩和灰度等级，可以将图像（模拟的和数字的）分为二值图像、灰度图像和彩色图像。

1）二值图像，又称黑白图像，图像的每个像素只能是黑或白，没有中间的过渡，二值图像的像素值为 0 或 1，如图 2-2 所示。

图 2-2　黑白图像的像素值

2）灰度图像，指灰度级数大于 2 的图像，但它不包含彩色信息，如图 2-3 所示。

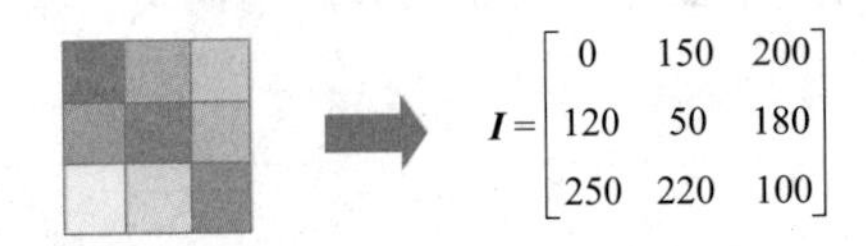

图 2-3 灰度图像的像素值

3）彩色图像，指每个像素由 R、G、B（红、绿、蓝）分量构成的图像，其中 R、B、G 分别由不同的级别值来描述（也可用其他的颜色空间来描述彩色图像）。若 RGB 三个分量分别由 8 位二进制表示，那么一个像素共用 24 位表示，可以说图像的位分辨率（或像素深度）为 24 位。每个像素可取 2^{24}=16777216 种颜色中的一种，习惯上认为此图像的颜色已经达到了真彩色的水平。

2.2 图像承载与存储介质

从古至今，人们把在生产生活中几乎所有能看到、得到的东西都用来作为图像的载体，并充分运用科学技术创造更实用、更先进的图像载体。

2.2.1 传统载体

古代先民利用陶器、甲骨、羊皮、丝织物等承载所认知的景物世界，记载和传承历史、信息和知识，或作为自己的精神寄托（图腾）。

2200 年前，西汉初期已经有了纸张，但因为很粗糙，未能广泛应用。公元 105 年，东汉蔡伦在总结前人造纸技术的基础上不断尝试，终于造出了不太粗糙的纸，并被广泛使用。鉴于此，蔡伦被认为是现代造纸术的鼻祖。值得提出的是，公元前 3000 年古埃及人开始使用的“莎草纸”并不是现今概念的“纸”，它是对纸莎草这种植物做一定处理而做成的书写介质。而我国所发明的造纸术，打破了植物纤维的原有排列，使之重新无规则交叉排列，只有这样制作出来的纸质成品，才能叫作“纸”。

纸的发明不仅结束了古代简牍（竹简、木简、竹牍和木牍）笨媒介的历史，大大地促进了文化的传播与发展，也因此而催生了大量以纸为媒介的书画作品。随着科学技术的发展，图像的创作、生产、处理、传播、呈现、复制方法和工具不断得到改进，图像的载体也有了巨大变化。胶卷和录像带曾是拍照和摄影最常用的图像载体，而在数字化处理技术普及应用之后，各种类型的数字型存储器普遍作为图像的载体。

2.2.2 胶卷

胶卷又名底片或菲林（Film），是一种成像器材。被广泛应用的胶卷是将卤化银涂覆在聚乙酸酯及类似的软性基片上，卷成整卷封装以方便使用。当有光线照射到卤化银上时，卤化银转变为黑色的银，经显影定影后固定在基片上，成为常见的照相底片。

按尺寸分类，常见的有 120 胶卷和 135 胶卷两种。120 胶卷长度一般为 81 ~ 82.5 厘米，宽度为 6.1 ~ 6.5 厘米。120 胶卷能拍摄几张底片，取决于相机的型号而各不相同：16 张、

12 张、10 张与 8 张。135 胶卷长 160 ~ 170 厘米，宽 35 毫米，一般可拍摄 3.6 厘米 ×2.4 厘米的底片 36 张，如图 2-4 所示，也有可拍摄 20、24、72 张的 135 胶卷。一般来说，影楼专用相机所用底片为平板型。

图 2-4　135 胶卷

若以感光速度 (ISO 标准) 来分别，最低速为 ISO25 而高速为 ISO3200，一般来说感光度越低，画质越细腻。当以感光类型来划分时，则有黑白底片、彩色底片、红外线底片等之分。而彩色底片对应不同的光源而调整相片的色调，又可分为日光片与灯光片。

黑白胶卷按其感色性能可分为全色片、分色片、色盲片、红外线片、X 光片等，常用的是全色片，全色片是对自然界各种色彩，如红、橙、黄、绿、青、蓝、紫都能以不同深浅的色调显示出来。彩色胶卷有彩色负片和彩色反转片之分，彩色负片经过冲洗后，负片（底片）上的颜色是原被摄物颜色的补色负像。而彩色反转片经过反转冲洗后，就能获得与被摄物一样的彩色正像。

事实上，胶卷除了有直译名“菲林”外，也被称为胶片，可以有不同的形态，不同的制作方法。它被广泛应用于多个领域，如电影胶片、缩微胶片、医用胶片、工业胶片等。

（1）电影胶片　电影是根据视觉暂留原理，运用照相以及录音手段把外界事物的影像及声音摄录在胶片上（电影胶片），通过放映同时还原声音，用电的方式将活动影像投射到银幕上（及同步声音）以表现一定内容的现代技术。电影胶片是将感光的卤化银明胶乳剂层涂抹在透明柔韧的片基上制成的，包括电影摄影用的负片、印拷贝用的正片、复制用的中间片和录音用的声带片等。

按照胶片规格分类，常用的有 65mm 胶片（有时也叫 70mm 胶片，成本非常高，多见于早期的高成本电影以及 IMAX 影片）、35mm 胶片（135 胶片，最常见）、16mm 胶片（纪录片常用）、8mm 胶片（早期娱乐以及家庭摄影机常用）。按照色彩进行分类，可分为黑白电影胶片和彩色电影胶片。电影胶片常以卷式形式出现，放在盒内保存和运输，如图 2-5 所示。

图 2-5　电影胶片

（2）缩微胶片　缩微技术是把原始信息原封不动地以缩小影像的形式摄影记录在感光材料（通常是胶片）上，经加工制作成缩微品保存、传播和使用。缩微胶片是用来把书籍、报纸、杂志等出版物上的文字和图像之类的内容利用缩微技术制作成的胶片，该类胶片有 16mm 和 35mm 两种型号。微缩胶片通常用聚酯制成，也可用乙酰代替。微缩胶片最长可以保存 500 年，便于查阅，方便分类，一度大量地应用于图书馆、档案馆等机构中。

（3）医用胶片　医用胶片也属于银盐感光材料中的一种，用于承载医疗的影像信息。按胶片用途可分为：感蓝 X 光胶片、感绿 X 光胶片、CT 胶片、激光胶片、乳腺胶片、红外激光胶片、氦氖激光胶片、干式胶片、干式热敏打印胶片等。人们去医院看病需要做各种身体检查，如 X 光、CT、彩超、B 超等，而检查结果（病状）通常需要通过医用胶片来呈现。因此，医用胶片在临床诊断病情上发挥了重要作用。

（4）工业胶片　工业胶片是“工业用射线胶片”的简称，被广泛应用于黑色金属、有色金属及其合金或其他衰变系数较小的材料制作的器件型材零件或焊缝的非破坏性射线（如锅炉、压力容器、压力管线（如石油、液化气等））探伤。所谓的射线探伤是利用某种射线来检查焊缝内部缺陷的一种方法，常用的射线有X射线和γ射线两种。X射线和γ射线能不同程度地透过金属材料，对胶片产生感光作用。利用这种性能，当射线通过被检查的焊缝时，因焊缝缺陷对射线的吸收能力不同，使射线落在胶片上的强度不一样，胶片感光程度也不一样，这样就能准确、可靠、非破坏性地显示缺陷的形状、位置和大小。

X射线透照时间短、速度快，检查厚度小于30mm时显示缺陷的灵敏度较高，但设备复杂、费用高，穿透能力比γ射线小。γ射线能透照300mm厚的钢板，透照时不需要电源，方便野外工作，环缝时可一次曝光，但透照时间长，不宜用于小于50mm构件的透照。

2.2.3　录像带

摄像机和录像机等设备通过摄像头、磁鼓光电转化、电磁转化设备以及其他元件，将景象和声音以视频和音频信号的方式记录下来，而存储视频和音频信号的早期物理存储器就叫录像带。

录像带是磁带的一种。磁带是一种用于记录声音、图像、数字或其他信号的载有磁层的带状材料，是用途最广的一种磁记录材料。通常是在塑料薄膜带基（支持体）上涂覆一层颗粒状磁性材料或蒸发沉积上一层磁性氧化物或合金薄膜而成，并采用线性式（linear）的储存方式。

一般来说，录像带可分为VHS型、Beta型、V2000型和8毫米等，家庭使用的录像带一般为VHS型，如图2-6所示。

图2-6　VHS录像带

VHS型录像带按性能划分可分为标准型录像带、高级录像带和高保真录像带等。标准型录像带有ST（标准型）、HS（高标准型）、SP（超高标准型）和FR（优质分辨型）等，适用于普通型录像机。高保真录像带标有Hi-Fi标记，适合于具有高保真伴音功能的录像机使用，可以用来录制具有保存价值的电视节目。

国内有一种习惯叫法，将3/4英寸宽盒式录像带称为广播级，小1/2录像带称为专业级，而把大1/2录像带称为家庭级。大1/2录像带被广泛应用于普通家庭录像机，TDK、JVC、SONY、日立、松下、万胜等品牌当时几乎垄断了全部市场。录像机利用录像带记录电视图像及伴音，也可将录像带上的音视频信号传送到电视机上显示，当时流行的家用录像机品牌有 SONY、日立、松下等。

录像带由于不能避免磁粉脱落现象，使得保存时间非常短，保存周期大概是 10 年，每 10 年必须翻录一次，并且对保存的环境要求比较苛刻。另外，录像带的寿命与使用的次数成反比，录像带每翻录一次，画面质量就会有所下降。因此，在实际使用过程中，录像带若反复编辑、录播，画面会受到损害。

随着数字技术发展，录像带记录格式也从模拟格式转向数字格式。数码摄像机（Digital Video，DV）使用 6.35mm 带宽的录像带，采用数码信号录制影音，录影时间通常为 60 分钟，采用 LP 模式可延长拍摄时间至带长的 1.5 倍。市面上的 DV 录像带有两种规格，一种是标准的 DV 带，另一种则是缩小的，一般家用的摄影机所使用的录像带都是属于 miniDV 带，如图 2-7 所示。另外，同为 6.35mm 带宽的录像带，还有专业等级的 DVCAM 和 DVCPRO。

图 2-7　miniDV 带

2.2.4　数字存储器

图像数字化后，多种数字存储器（如软盘、硬盘、光盘、U 盘、存储卡等）均可以作为图像载体，并作为计算机的外部存储器，方便计算机对图像的存储和传播。

（1）软盘　软盘（Floppy Disk，FD）是计算机最早使用的可移动存储介质，适用于一些需要存储或被物理移动的小文件，软盘的读写需利用软盘驱动器完成。软盘有 8 英寸、5.25 英寸、3.5 英寸之分，其中，5.25 英寸和 3.5 英寸（俗称 5 寸、3 寸软盘）是个人计算机（Personal Computer，PC）常用的软盘，如图 2-8 所示。

图 2-8　软盘（8 英寸、5.25 英寸、3.5 英寸）

较早期的单面 5.25 英寸软盘容量为 180KB，双面为 360KB，后来出现了 5.25 英寸的双面高密度软盘，容量为 1.2MB。3.5 英寸软盘双面容量为 720KB，双面高密度容量为 1.44MB，虽然也出现过 3.5 英寸 2.88MB 软盘，但只是昙花一现，未得到大范围应用，常用的仍然是 3.5 英寸双面高密度 1.44MB 的软盘。不过，随着计算机接口技术的发展和 U 盘的兴起，软盘已经逐渐从人们视野中淡出。

（2）硬盘　硬盘（Hard Disk，HD）是计算机最主要的存储设备，硬盘驱动器主要由盘体、控制电路和接口部件等组成。盘体是一个密封的腔体，里面密封着电机、磁头、定位系统、盘片（磁片、碟片）等部件。而盘片由一个或者多个铝制或者玻璃制的圆形碟片组成，碟片外（上下两面）涂覆铁磁性材料。绝大多数硬盘都是固定硬盘，被永久性地密封固定在硬盘驱动器中（除了一个过滤孔，用来平衡空气压力），如图 2-9 所示。

早期的 PC 无硬盘，PC/XT/AT 仅配 10MB 或 20MB（$1KB=2^{10}B$，$1MB=2^{10}KB$）硬盘。随着硬盘理论与制造技术的不断发展，个人计算机所配硬盘容量大幅度增加，目前已经到 GB（$1GB=2^{10}MB$）级、TB（$1TB=2^{10}GB$）级。

为满足用户物理存储或移动大文件的需求，出现了可移动硬盘，而且越来越普及，种类越来越多，容量也越来越大。另外，一些高档 PC 还配置一定容量（128GB/256GB）的固态硬盘，用来存放操作系统、常用的软件和数据，以此来加快计算机初始启动速度和硬盘读写速度，提升计算机的整体性能。

固态驱动器（Solid State Drive，SSD），俗称固态硬盘，是用固态电子存储芯片阵列而制成的硬盘。固态硬盘在接口的规范和定义、功能及使用方法上与普通硬盘完全相同，在产品外形和尺寸上也完全与普通硬盘一致。新一代固态硬盘常常采用 SATA-2 接口、SATA-3 接口、SAS 接口、MSATA 接口、PCI-E 接口、NGFF 接口、CFast 接口、SFF-8639 接口和 M.2 NVME/SATA 协议等。

（3）光盘 光盘是利用激光原理进行读、写的存储介质，是曾经常用的一种辅助存储器，可以存放各种文字、声音、图形、图像和动画等多媒体数字信息，如图 2-10 所示。光盘分成两类，一类是只读型光盘，包括 CD-Audio、CD-Video、CD-ROM、DVD-Audio、DVD-Video、DVD-ROM 等；另一类是可烧录（记录）型光盘，包括 CD-R、CD-RW、DVD-R、DVD+R、DVD+RW、DVD-RAM、Double layer DVD+R 等。

图 2-9 硬盘

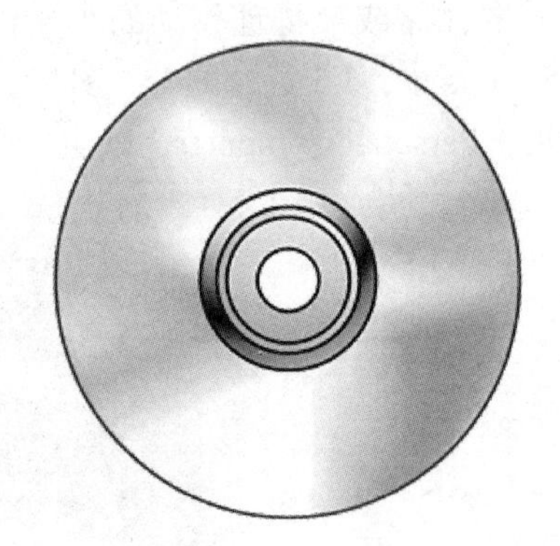

图 2-10 光盘

可烧录型光盘在圆形基板上涂覆专用的有机染料，以供激光记录信息。由于烧录前后的反射率不同，通过反射率的变化形成 0 与 1 信号，借以读取信息。一次性记录的 CD-R 光盘主要采用有机染料（酞菁），当此光盘进行烧录时，激光就会对基板上涂覆的有机染料进行烧录，烧蚀成一个一个“坑”，这样有“坑”和没有“坑”的状态就形成了“0”和“1”的信号，但这一个一个的“坑”是不能恢复的。

可重复擦写的 CD-RW 所涂覆的不是有机染料，而是某种碳性物质，当激光烧录时，不是烧蚀一个接一个的“坑”，而是改变碳性物质的极性。通过改变碳性物质的极性，来形成特定的“0”“1”代码序列。这种碳性物质的极性是可以重复改变的，这也就表示此光盘可以重复擦写。

按尺寸划分，常用的是普通标准 120 型光盘，其外径为 120mm、内径为 15mm，厚度为 1.2mm，DVD 容量一般为 4.7GB，典型 CD 容量为 650MB/700MB/800MB/890MB；还有一种小圆盘 80 型光盘，外径为 80mm、内径为 21mm，厚度也为 1.2mm，典型 DVD 容量为 1.46GB，CD 容量为 215MB/220MB。

（4）U 盘　U 盘全称 USB 闪存盘（USB Flash Disk），又名优盘，是一种使用 USB 接口的无须物理驱动器的微型高容量移动存储产品，通过 USB 接口与计算机连接，实现即插即用，如图 2-11 所示。U 盘主要由外壳和机芯组成，其中，机芯主要包括主控电路、Flash（闪存）芯片和 USB 接口等；外壳按材料划分可分为 ABS 塑料、竹木、金属、皮套、硅胶、PVC 等。U 盘有卡片、笔形、迷你、卡通、商务、仿真等风格，可拥有加密、杀毒、防水、智能等功能。

U 盘小巧便于携带，性能可靠，容量分为 2G、4G、8G、16G、32G、64G、128G、256G、512G、1T 等，而且采用的 USB 标准依次有 1.1、2.0、3.0、3.1，USB 标准版本越高，速度越快。

（5）存储卡　存储卡是用于手机、数码照相机、数码摄像机、计算机和其他数码产品上的独立存储介质，一般是卡片的形态，故统称为存储卡，也可称为数码存储卡、数字存储卡、储存卡等。

SD 卡（Secure Digital Card，安全数字卡）是使用最普遍的存储卡，如图 2-12 所示。SD 卡容量目前有三个级别，分别是 SD（上限至 2GB）、SDHC（2GB 至 32GB）和 SDXC（32GB 至 2TB）。Mini SD 卡是 SD 卡的衍生产品，其初衷是为拍照手机而设计，通过附赠的 SD 转接卡也可当作一般 SD 卡使用。

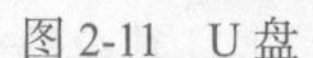

图 2-11　U 盘

图 2-12　SD 卡

除 SD 卡外，市场上还有其他类型存储卡。例如，MMC（MultiMedia Card）主要应用于数码相机、手机和一些 PDA 产品；Sony 公司专用的记忆棒（Memory Stick，MS）；遵从最新总线和接口标准的 PCI-e 闪存卡（PCI-Express），以及 CF（Compact Flash）卡、XD（eXtreme Digital，尖端映像记忆技术）图像卡、SM（Smart Media）卡等。

（6）磁带库　磁带库属专业存储设备，通常作为基于磁带的备份系统，一般由自动加载磁带机（多个驱动器、多个槽、机械手臂）和磁带匣组成。机械手臂实现磁带的自动拆卸和装填，多个驱动器可并行工作，存储容量可达 PB 级，提供自动备份、数据恢复、自动搜索、监控、统计等功能，被广泛应用于银行、广播电视、档案、图书馆与文献检索、国土资源等领域，用于备份存储文字、数字和图像等数据信息。磁带库中使用的磁带构成与普通录音、录像磁带类似，只是存储数字信息的格式不同，而且有各种不同规格和存储记录格式，而且有更加严格的数据校验功能。

（7）磁盘阵列（库） 磁盘阵列是采用 RAID（Redundant Arrays of Independent Drives）技术的专业存储设备，有时也称为磁盘库。RAID 有“独立磁盘构成的具有冗余能力的阵列”之意。磁盘阵列由多块独立的磁盘组合成一个容量巨大的磁盘组，可将逻辑上为一个整体的数据切割成许多区段分别存放在不同磁盘上。RAID 技术主要有三个基本功能：

1）通过对磁盘上的数据进行条带化，实现对数据成块存取，减少磁盘的机械寻道时间，提高数据存取速度。

2）通过对一个阵列中的几块磁盘同时读取，减少磁盘的机械寻道时间，提高数据存取速度。

3）通过镜像或者存储奇偶校验信息的方式，实现对数据的冗余保护。

目前，RAID 技术分为若干不同的等级，分别提供不同的速度、安全性和性价比，目前经常使用的是 RAID5 和 RAID（0+1）。磁盘阵列作为独立系统在主机外直连或通过网络与主机相连，常用的应用方式有如下三种：

1）直接访问存储设备（Direct Access Storage，DAS）：DAS 以服务器为中心，将 RAID 硬盘阵列直接连接到服务器上。

2）网络附加存储设备（Network Attached Storage，NAS）：NAS 以数据为中心，RAID 硬盘阵列 NAS 不再通过 I/O 总线附属于某个特定的服务器或客户机，而是通过接口与网络直接相连，用户通过网络访问 NAS 存储设备。

3）存储区域网（Storage Area Networks，SAN）：SAN 以网络为中心，是一种类似于普通局域网的高速存储网络，提供与现有 LAN 连接的简易方法，可扩展性高、易管理、容错能力强。SAN 主要用于存储量大的工作环境，如 ISP（互联网服务提供商）、银行、医院等。

（8）云存储 云存储（Cloud Storage）是在云计算（Cloud Computing）概念的基础上延伸和衍生发展出来的一个新的概念，是一种新的存储技术。云存储通过集群应用、分布式处理和虚拟化等技术，将网络中大量不同类型的存储设备通过软件集合起来协同工作，共同对外提供数据存储和业务访问服务。用户可在任何时间、任何地点，通过任何可联网装置方便地存取数据，在节约存储空间的同时保证数据的安全性。

随着科学技术的进步，新的存储材料和存储技术将不断涌现，其存储效率更高、使用更加便捷、安全性更好。

2.3 图像传播与呈现

图像的意义，在于传播效果的体现，在于受众对图像的认知与诠释。图像需要通过某些具体的载体或媒介来产生和传播，这些图像载体或媒介可以是图像的呈现手段，如绘画、摄像、摄影，可以是具体的硬件器件或设备，如胶片、磁盘、U 盘、照相机、电视机、计算机，也可以是基于现代网络环境的交流互动方式，如微信、微博、QQ、电子游戏等。

2.3.1　人类阅读变迁史

自文字产生以后，人类的阅读行为（包括读图）都是建立在一定阅读媒介基础之上的，媒介形态不同，其所赋予的信息和知识载体形式各异，阅读的行为方式也就有所差别。在漫漫的历史长河中，人类阅读变迁史经历了笨媒阅读时代、纸媒阅读时代和现代阅读时代。

在笨媒阅读时代，从最初的口耳相传、结绳记事到造纸术出现之前，人类祖先先后将符号和文字记录在陶片、龟甲、树皮、竹简、羊皮和丝绢上。这些传播媒介要么很笨拙，要么很昂贵，因此阅读普及度不高。而且所承载的多为宗教统治类信息，只有少数贵族或从事特殊职业的人群才能享受到阅读权利，阅读范围受到极大的限制。

在纸媒阅读时代，以植物作为原料的纸逐渐替代了笨媒体。纸质媒介加工简单、容易携带等特点让大量的出版物面世，阅读从少数人垄断走向普通大众，纸质媒介阅读逐渐成为人们获取信息的主要形式。但是，在纸媒阅读时代，虽然有很多种形态的阅读物（书籍、杂志、报刊等）可供选择，但是读者所能接触到的阅读物都是经过筛选和加工的，读者没有权利选择出现在纸质媒介上的内容，只有读与不读的决定权。

在现代阅读时代，以信息技术、多媒体技术和通信技术为支撑的互联网为大众提供了前所未有的内容呈现形式，将人类带入了以数字化阅读为主的现代阅读时代。数字化阅读有两重含义，一是阅读对象的数字化，阅读内容以数字化的方式呈现，如电子书、网络小说、电子地图、数码照片、博客、网页等；二是阅读方式的数字化，阅读终端是带屏幕显示的电子设备，如 PC、PDA、笔记本计算机、手机、电子书等。

不可否认，数字化阅读将成为一种重要的、常见的阅读方式，但是纸质书仍然拥有广泛的受众群，它所提供的阅读舒适性仍是独一无二的。因此，在现代阅读时代，数字化阅读和纸质阅读将会并存，为人们的阅读提供更多的选择空间。

2.3.2　摄像与电影电视

摄像始于 1938 年，最初是一项非常复杂的技术，并且成本非常昂贵，当时只是少数上层社会人群的玩具。30 年后，摄像被广泛用于档案记录、新闻报道等方面。直到 1988 年，面向大众使用的摄像机出现，摄像技术才真正在大众中获得普及，普通民众也可以成为一个摄像者。

数码照相机的出现使得图像的获取更加容易和便利，而且除数码相机本身，几乎不需消耗任何成本，只是按动快门而已。平民化的“傻瓜式”摄像模式完全摆脱了摄像诞生之时的繁杂专业技术，一张张相片真实记录下了普通民众日常生活的一个个瞬间。

电影是以摄像为基础的，其是一系列连续的图片（图像），由此形成一个完整的故事。电影的动态性以及背景音乐和对话，使得电影比摄像更具有视觉和听觉冲击力。当然，与摄像一样，电影作为一门叙事的艺术，自诞生以来也经历了一系列的转型发展历程。

传统电影故事多来自于人们的现实生活，再加以艺术化的再现，注重情节的完整、符合逻辑，注重人物的对白语言和心理刻画。而在当代的电影中，题材不再局限于艺术化地再现现实生活，可以完全凭借想象力虚拟出现实并不存在的内容，这种电影形式迎合了部分观众的兴趣。

电视（Television，TV）指运用电子技术接收活动的图像画面和音频信号的设备，即电视接收机。同电影相似，电视也是利用人眼的视觉暂留效应显现一帧帧渐变的静止图像，形成视觉上的活动图像。

世界上主要使用的电视广播制式有PAL、NTSC、SECAM三种，我国大部分地区使用PAL制式，日本、韩国及东南亚地区与美国等欧美国家使用NTSC制式，而俄罗斯则使用SECAM制式。

按照清晰度（分辨率）来区分，有普通电视（典型分辨率为640×480）、标清电视（典型分辨率为1280×720）、高清电视2K（典型分辨率为1920×1080）、超高清电视4K（典型分辨率为3840×2160）以及未来的8K、16K等。

从使用效果和外形进行分类，大致可分为五类：平板电视（等离子、液晶和一部分超薄壁挂式DLP背投）、CRT显像管电视（纯平CRT、超平CRT、超薄CRT等）、背投电视（CRT背投、DLP背投、LCOS背投、液晶背投）、投影电视、3D电视。电视机尺寸是一个衡量电视机可能的最小显示画面的参数，它以电视机屏幕对角线的长度来标记，单位通常是英寸。

随着互联网技术与电视信号播送技术的融合，逐渐出现了一些带有网络标签的电视机名称：网络电视（Web TV）、数字电视（Digital TV）、互联网电视（IPTV）、移动电视、车载电视、户外电视、卖场电视等。

对于机顶盒（Set Top Box），从广义上说，凡是与电视机连接的网络终端设备都可称为机顶盒。从过去基于有线电视网络的模拟频道增补器、模拟频道解码器，到将电话线与电视机连接在一起的“维拉斯”上网机顶盒、数字卫星的综合接收解码器（Integrated Receive Decoder，IRD）、数字地面机顶盒以及有线电视数字机顶盒等都可称为机顶盒。从狭义上说，按主要功能可将机顶盒分为上网机顶盒、数字卫星机顶盒（DVB-S）、数字地面机顶盒（DVB-T）、有线电视数字机顶盒（DVB-C）以及IPTV机顶盒等。

IPTV是一种基于宽带网络，以计算机或“普通电视机＋网络机顶盒（TV+IPSTB）”为主要终端设备，向用户提供视频点播、Internet访问、电子邮件、游戏等多种交互式数字媒体个性需求服务的崭新技术。

2.3.3 计算机图像与网络视频

随着计算机软件、硬件技术日新月异的发展和普及，人类已经进入了一个高速发展的信息化时代，不仅人类75%以上的信息来自于图像，而且计算机图像应用也渗透到了人们的日常生活、科学研究及技术应用的各个领域。从辅助人们进行简单的图形绘制、照片处理，到复杂的工程制图、视频编辑、动画设计、大片制作，也遍及工业、农业、交通、军事、医疗、教育等各行各业，图像处理技术越来越成为不可缺少的手段。

在计算机系统中，把图像的像素按照一定的方式组织成数字图像数据，并把图像数据存储成文件就得到了图像文件。图像文件格式是对数字图像进行存储、处理、传播必须采用的图像格式，而且图像文件格式决定了应该在文件中存放何种类型的信息，文件如何与各种应用软件兼容，文件如何与其他文件交换数据。

网络视频是在网络上以WMV、RM、RMVB、FLV及MOV等视频文件格式传播的动态影像，包括各类影视节目、新闻、广告、FLASH动画、自拍DV、聊天视频、游戏视频、监控视频等。

中国互联网络信息中心（CNNIC）发布的第 49 次《中国互联网络发展状况统计报告》显示：截至 2021 年 12 月，我国网络视频（含短视频）用户规模达 9.75 亿人，占网民（10.32 亿人）整体的 94.5%。网络视频市场呈现出精品迭出、新业务与技术加速探索应用、环境日益清朗的态势。

网络游戏（Online Game）又称在线游戏，简称“网游”，是指以互联网为传输媒介，以游戏运营商服务器和用户计算机为处理终端，以游戏客户端软件为信息交互窗口的，旨在实现娱乐、休闲、交流和取得虚拟成就的具有可持续性的个体性多人在线游戏。截至 2021 年 12 月，我国网络游戏用户规模达 5.54 亿人，占网民（10.32 亿人）整体的 53.6%。

网络视频技术使用户能够收集到其所关心地点的相关视频和音频信息，并能够进行实时观看与干预，不仅可以用于智能交通，还非常适用于安全监视类的应用场景，例如智能家居与智能建筑、小区或校园监控、平安城市和乡村建设等，可有效提高保护人员、房屋及财产的能力。

随着云计算、大数据、人工智能技术对网络视频技术的加速渗透与融合，网络视频的应用场景将更加丰富，视频聊天、视频会议、远程医疗、远程教育等主流视频技术应用功能将更趋完善，用户体验更加完美，网络视频服务也将更加凸显个性化与多元化。

2.3.4　虚拟现实与增强现实

从理论上来讲，虚拟现实技术（Virtual Reality，VR）是一种可以创建和体验虚拟世界的计算机仿真系统，它利用计算机生成一种模拟环境，使用户沉浸到该环境中。因为该环境不是人们直接所能看到的，而是通过计算机技术模拟出来的现实中的世界，故称为虚拟现实。

虚拟现实具有一切人类所拥有的感知功能，如听觉、视觉、触觉、味觉、嗅觉等。而且具有超强的仿真功能，真正实现了人机交互，使人在操作过程中，可以随意操作并且得到环境最真实的反馈。也正是虚拟现实技术的存在性、多感知性、交互性等特征使它受到了越来越多的认可。

由于研究对象、研究目标和应用需求各不相同，致使 VR 理论与技术涉及学科众多，应用领域广泛，应用系统种类繁杂。从不同角度出发，可对 VR 系统做出不同角度的分类。

（1）根据体验分类　根据体验不同，VR 系统可分为非交互式体验、人 - 虚拟环境交互式体验和群体 - 虚拟环境交互式体验等。非交互式体验中的用户较为被动，所体验内容均为提前规划好的，即便允许用户在一定程度上引导场景数据的调度，但没有实质性交互行为，如场景漫游。在人 - 虚拟环境交互式体验系统中，用户可利用诸如数据手套、数字手术刀等设备与虚拟环境进行交互，此时的用户可感知虚拟环境的变化，进而也就能产生在相应现实世界中可能产生的各种感受。若将 VR 系统网络化、多机化，使多个用户共享一套虚拟环境，便得到群体 - 虚拟环境交互式体验系统，如大型网络交互游戏等，此时的 VR 系统与真实世界更加相似。

（2）根据功能分类　根据功能分类，VR 系统可分为规划设计、展示娱乐、训练演练等。规划设计系统可用于新设施的实验验证，大幅度缩短研发时长，降低设计成本，提高设计效率，如 VR 模拟给排水系统，可大幅减少原本需用于实验验证的经费。展示娱乐类系统适用于给用户提供逼真的观赏体验，例如，VR 技术早在 20 世纪 70 年代便被 Disney 用于拍摄特效电影。训练演练类系统则可应用于各种危险环境及一些难以获得操作对象或实操成本极高的领域，如外科手术训练、空间站维修训练等。

增强现实（Augmented Reality，AR）技术是一种将虚拟信息与真实世界巧妙融合的技术。AR 将计算机生成的文字、图像、三维模型、音乐、视频等虚拟信息在真实世界中加以有效应用，使真实环境与虚拟物体之间相互叠加，并在同一个画面或空间中同时呈现，并能够被人类感官所感知，获得超越现实的感官体验，从而实现对真实世界的“增强”。随着理论与技术的逐渐成熟，AR 越来越多地应用于各个行业，如教育、培训、医疗、设计、广告等。

2.4 图像转向与图像化

随着科技的发展，人类社会步入了以视觉图像为主导的时期。在信息技术的推动下，人类文化日益摆脱以语言文字为主导的文化形态，面向图像文化转变。

2.4.1 三次转变

从古至今，人类社会的交流沟通与信息传播方式经历了三次转变：读图时代、文字时代、图像化时代。

（1）读图时代　在人类文明的发展历史上，几乎各个民族都是从“读图时代”开始的。各地出土的新石器时代陶器上的图案，以及遍布世界各地由原始人类绘制的岩画遗迹都是最好的佐证。史前人类社会依靠绘、刻等图形以及肢体语言和物体进行沟通，这一时期可称作“读图时代”。

（2）文字时代　这一时代的主要特征是以文字为主要的沟通手段。图案逐渐发展成象形文字，再发展成表意文字。从文字的运用开始，人类在两千多年里以语言和文字为主体的方式进行交流，是人类文明的重要发展阶段。几千年来，图形与文字共同发展，各有所长，完成它们各自的使命。

（3）图像化时代　随着影像技术的出现以及数字技术的发展，图像正在越来越多地侵入文字的领域，挑战长期由文字占据的传统地位。这种“图像化时代”，或者更准确地称为“图像化传播时代”，作为文化载体的图像与现代通信和传播技术紧密结合，使人们获取信息和交流思想的主要媒介已从“语言文字型”转为“图像型”，人类已经迈入了一个崭新的“图像化时代”。

2.4.2 人类文化

给人类文化下一个准确或精确的定义，的确是一件非常困难的事情，但东西方的辞书或百科中却有一个较为共同的解释和理解：文化是相对于政治、经济而言的人类全部精神活动及其活动产品。

对于文化的定义、内涵和外延，众多国内外学者都给出了自己的认知。有两分说，即分为物质文化和精神文化；有三层次说，即分为物质、制度、精神三层次；有四层次说，分为物质、制度、行为、心态；有六大子系统说，即物质、社会关系、精神、艺术、语言符号、风俗习惯等。其中，广义的文化四层次说将文化概念解释得更为透彻。

一是物质文化层，由物化的知识力量构成，是人的物质生产活动及其产品的总和，是可感知的、具有物质实体的文化事物。

二是制度文化层，由人类在社会实践中建立的各种社会规范构成，包括社会经济制度、婚姻制度、家族制度、政治法律制度，以及家族、民族、国家、经济、政治、宗教社团、教育、科技、艺术组织等。

三是行为文化层，以民风民俗形态出现，见之于日常起居动作之中，具有鲜明的民族、地域特色。

四是心态文化层，由人类社会实践和意识活动中经过长期孕育而形成的价值观念、审美情趣、思维方式等构成，是文化的核心部分。

鉴于本书所涉及的是人类认知与精神层面，故采用狭义的文化定义，排除人类社会历史生活中关于物质创造活动及其结果的部分，专注于精神创造活动及其结果，即主要讨论心态文化层面。

2.4.3　文字转向与图像转向

实际上，世界本来就以图像的形式呈现在人们的面前。从古至今，人类通过眼、耳、鼻、舌、手等感觉器官来感受这个世界，而且在整个感觉器官中居于主导地位的就是人的视觉。因此，长期以来，“观察法”是人类认识世界进而改造世界的最基本方法，人类用自己的感官和辅助工具去直接观察被研究对象，从而获得第一手资料。

人类将感受到的世界复制为图像的形式存储在脑海中，也可以采用绘画、雕塑等形式表现出来，实现人类之间的沟通交流与信息传播。而文字诞生后，图像作为交流信息的手段渐居其次，这就是人类文化发展史上的“文字转向”。文字相对于图像来说，书写简洁，不需要有书画天赋，更易于手工复制传播。

随着科学技术的进步，图像符号逐渐取代文字符号成为当代文化的主导。即便是传统的印刷媒介，也日益注重图片、照片等图像符号的传播，图像阅读方式已经成为感知事物和认识事物的常见方式，预示着人类社会正在发生着“图像转向”。图像转向是由通过语言文字把握世界转换到通过图像把握世界，其实质是从语言文字范式向图像范式的转变，其核心是视觉图像化。

从以上论述可以看出，人类文化的发展是从图像→文字→图像演进的轨迹。显而易见，第一个图像文化时代跟第二个图像文化时代有着本质的区别。

从技术层面，人类早期社会的器物刻划、洞穴壁画是对现实事物的模仿，而且这种模仿是纯手工的。伴随着照相机、摄像机的发明，对现实世界对象的复制变得简单、高效。而且，计算机的出现使这种复制可以满足任意数量的要求，可以创造出更加复杂、美炫的图像作品。

从内容层面，一般来说，图像包括影像和图画，影像是现代摄影摄像技术发展的产物，是事物直接的物理和化学作用而形成的；图画则是手工或者机械绘制的事物的摹本，并不是由事物直接作用形成的。因此，第一个图像文化时代的图像与其说是图像，不如说是图画，是由人手工创作的，数量是有限的；而第二个图像文化时代的图像内容更丰富、更多彩、更能迎合人们的需求。

从接收层面，技术进步引起的图像制作技术的改变还带来了人们接收图像信息方式的巨大变化。早期，为了得到图像上的信息，只有亲临画像现场才能得到相关信息。而现在足不出户就能看到所需要的图片、电影。

由此可以看出，正在发生的“图像转向”并不是一种简单返祖或重新回到幼年启蒙时期的读图现象，而是从技术先进性上、内容丰富性上、接收方便性上的必然选择。

从人类思维角度进行分析。人们用文字进行思考时常把对象从整体的、具体的事物中割取出来，从变化的、动态的情景中固定下来，使无限变成有限，使过程变成片段，使具体变成一般，抛弃了对象存在的丰富性与运动的多变性。如此一来，语言文字抽象的结果就使得符号与实物之间发生了错动，产生了假言现象。而图像思维是运用图解的方式对思维过程进行表达，使用的基础材料和结果具有感性、直观、动态的特点，有人称之为“短路符号系统”，因为图像思维对象与它所指的那个事物现象几乎是重叠的，即能指和所指是重叠的。而且当代科学也证明，图像思维极有利于开发人的右半脑。如果说人类寻找失落的感觉的努力需要什么方式的话，那么图像文化的发展运用就是最好的途径，这也是很多人在积极倡导采用图像思维方式的原因。

实质上，图像文化与语言文字文化是平行不悖的两种文化，谁也离不开谁。语言文字文化、图像文化的出现与发展是社会发展的必然。语言文字文化的出现丰富了人类沟通交流的工具，拓展了信息传播范围。而图像文化再次焕发活力，在某种程度上摆脱了语言文字文化释义与解释的重负，从轻松的感性层面上冲淡了繁重的理性思维。而且，图像文化在轻松感官、愉悦感官、冲击人们视知觉等方面更是语言文字文化无法替代的。

2.4.4 视觉文化与视觉文化素养

匈牙利的电影理论家巴拉兹在《电影美学》中定义“视觉文化”是通过可见的图像或形象（image）来表达、理解和解释事物的文化形态。按照这一定义,“图像”是“视觉文化”研究对象已经成为人们的基本共识。

但从人类的感官角度，可以把人类整个文化形态大致分为以口语为主导的听觉文化，以书面文字、图像为载体的视觉文化，以及通过电影、电视、网络等电子媒介进行图文传播的视听文化。如此一来，倘若以人的感官为标尺来对人类文化进行划界，就会导致此层面上的视觉文化既包括以文字、图像为媒介的书面印刷文化，也包括以影像为主导进行图文传播的视听文化。换句话说，视觉文化不仅包括了以图像为主要表征的文化形态，而且也包括以语言文字为主导的书面印刷文化。

那么，“视觉文化”是否包括“书面印刷文化”呢？这是当前视觉文化研究中存在的巨大分歧及争议的焦点。对此问题的解决可以采取两种方法，一种方法是把“视觉”锚定为“图像”，将“书面印刷文化”排除在外，这样更符合巴拉兹的“视觉文化”定义。第二种方法是用“图像文化”替代“视觉文化”的提法，以避免歧义。

现代科学技术的发展给人类的生产和生活带来了极大便利，普通民众在尽情享受现代科技带来的物质文化生活时，并不需要了解和掌握机器能够自动运行的原因和图像能够生动呈现的原理。对于很多人来说，他们获得信息的主要方式已经由“语言文字”转型为“图像”或者“视觉”。美国学者威廉·米歇尔就指出，一种以形象尤其以影像为中心的视觉文化不经意间形成并壮大起来，而以概念性语言为中心的文化形态则逐渐式微，这同时也标志着人类生活方式和认知范式的转变。

照相机、手机、电影、电视、计算机中生动的声音和图像逐渐取代了语言文字的功能，以智能手机和网络为代表的视觉文化蒸蒸日上，视觉文化或者图像文化的兴起已是不争的事实，这就使培养良好的视觉文化素养成为当务之急。

视觉文化素养是指人们通过“看”的方式来获取、识别和思考各种信息以提高自身综合素质、解决实际问题的一种能力素养，是一种通过“看”来思考和行动的能力。培养和提高人们的视觉文化素养，首要的是培养人们正确的世界观、人生观和价值观。有了正确的人生观、世界观和价值观，人们无疑会具有持续而稳定的对自己、家人和社会的强烈责任感。也正因为接受了系统的人文教育的熏陶，人们才能理性地认识自己人生的起伏，正确看待外部世界的风云变幻，也才能如其所是地审视事物的价值和意义，而不会被事物外在的表象所迷惑甚至控制，从而理性地对待接触到的庞杂的视觉信息。

良好视觉文化素养的培养还须提高人们辨别视觉信息的能力。视觉文化时代是图像狂潮喧嚣的时代，在漫天飞舞的图像世界中，鱼龙混杂、泥沙俱下，其中不乏以生动形象的方式传递的正能量，但也充斥着低俗负面的伪信息。在多元文化交融冲突的今天，人们每天都会接触到不同的世界图像，其中有真有假，对人们的生活和工作的影响有好有坏。在复杂的视觉文化时代，“眼见为实”不再是颠扑不破的正确观点。

应该如何看待一张图片、一段视频、一个游戏呢？也许不同的人会有不同的认识。面对海量的视觉信息，如果决定人们看还是不看，看什么和不看什么仅是人们自身的兴趣、习惯和本能，那么，这样一种基于兴趣和本能的视觉信息接收方式往往会因为其中的负能量信息而严重影响人们对自我、他人乃至世界的正确判断和认知。因此，提高人们对于视觉信息的辨别能力，才能有效地过滤那些负能量的伪信息，为人们提供一个健康的、洁净的生活与工作环境。

视觉文化教育的倡导者认为：具备良好视觉文化素养者应既能理解图像符号传达的意义，又能运用它的各项要素传递信息。通过对图像的设计、组合、序列安排等来表达思想，既能用文字传递图像意境，又能用图像体现文字含义。

2.5　形形色色的一张图

百度百科：“一张图”指国土资源“一张图”工程，是遥感、土地利用现状、基本农田、遥感监测、土地变更调查以及基础地理等多源信息的集合，与国土资源的计划、审批、供应、补充、开发、执法等行政监管系统叠加，共同构建统一的综合监管平台，实现资源开发利用的“天上看、网上管、地上查”，从而实现资源动态监管的目标。实质上，在当今世界，形形色色的“一张图”充斥着人们的工作与生活空间，随时随地指导人们工作、学习、办事与娱乐，辅助人们理解新知识、新事物。

2.5.1　工作中的一张图

人们常在各种“一张图”的指引下工作，如“工艺流程图”“操作流程图”“处理流程图”“业务流程图”“训练流程图”等。例如，工艺流程图是各类企业工厂最常用的“一张图”。

工艺流程图是用图表符号形式，表达产品通过工艺过程中的部分或全部阶段所完成的工作，在分析产品、人员的运动中，工艺流程图提供了有价值的图解。典型的流程图中标有数量、移动距离、所做工作的类别以及所用的设备，也可以包括工时等。为了使工艺流程图标准化、规范化，更加便于理解使用，一般均采用国际通用的标识图形符号来代表生产实际中的各种活动和动作，用图形符号表明工艺流程所使用的加工设备及其相互联系的系统图。不同行业不同领域所用的标识图形符号有所区别，但工艺流程图一般有如下几种：

（1）总工艺流程图　图上各车间（工段）用细实线画成长方框来示意，流程线只画出主要物料，用粗实线表示，流程方向用箭头画在流程线上。图上注明车间名称，各车间原料、半成品和成品的名称，以及来源、去向等。

（2）物料流程图　在总工艺流程图基础上表达各车间内部工艺物料流程，需标注出各物料的组分、流量（数量）以及设备特性、数据等。

（3）工艺管道及仪表流程图　其是以物料流程图为依据，内容较为详细的一种工艺流程图，在管线和设备上标示出配置的某些阀门、管件、自控仪表等的有关符号和数据。

当人们初次接触一台新设备时，会按照“装配示意图”进行安装调试，按照“操作示意图”启动使用设备，以确保操作无误。在处理某一种业务时，“业务处理流程图”会使工作中的业务处理更加标准、规范。因此，工作中的每种“一张图”都有存在的价值，值得认真对待、熟记于心，并善加利用。

2.5.2　生活中的一张图

在日常生活中，会时常感觉到各种“一张图”的存在。例如，到了一个新的区域或建筑物，有“布局图”或“分布图”的指导会使人们更快找到目的位置。去行政服务中心或某政府部门单位办事时，按照指南或流程图办事就会更加快捷方便。

在现实世界中，一条条道路、一幢幢建筑、一片片草原、一座座山川、一条条河流、一片片森林、一个个村庄、一座座城市构成了一幅完美“一张图”。之所以可以看作是一张图，宏观上划入图像的范畴，是因为道路、村庄、城市等完全是按照人的意愿建设，而草原、山川、河流、树木、森林大多带有人工雕琢的痕迹，加上了人类的某种标志。

另外，随着信息技术的快速发展，人们利用计算机技术通过数字化已经在虚拟世界建立了电子地图。而且，电子地图种类很多，如地形图、栅格地形图、遥感影像图、高程模型图等，可方便地用于城市规划建设、交通、旅游、汽车导航等许多领域。例如，生活在这“一张图”中的每一个人，都可以借助各种地标（如地名）找到希望去的地方，在导航电子地图和各种交通标志的指引下一路前行，即使实时路况与导航电子地图有所差异，或者遇到塞车等特殊情况，导航电子地图也可以给出合理的规划路线。

导航电子地图是人们目前常用的一类“一张图”，主要的功能包括定位显示、路径规划、路线引导和信息查询等。当人们外出时，无论是步行、乘坐公交还是驾车，百度或高德等导航电子地图都会规划好路线，指引人们顺利出行。事实上，除经常使用的导航电子地图外，还有很多有特殊用途的电子地图可供人们查询使用。例如，将房地产信息与电子地图叠加形成房地产地图，使人们可对正在开发或正在销售的房地产情况一目了然。还有诸如美食地图、旅游地图、购物地图、疗养地图等。

2.5.3　学习中的一张图

在人们的日常学习中，无论是在校内还是在校外，总会遇到要学习使用各种图形标志，或者通过“一张图”学习某种知识。例如，IT 专业的学生，要学习程序流程图、系统结构图、功能架构图、E-R 图、数据流图等的画法和使用。毕业后，学生就可以利用这些图形知识清晰地展示自己的设计思路，开发出各种应用信息管理系统。

英语语法对母语是汉语的中国人来讲是比较难熟练掌握的，山东孔子学府的秦潇将各种语法知识组织成了一颗颗语法树（图），使学习者能够发挥读图的本能，快速理解并记住相关知识点。图 2-13 所示为非谓语动词的变形。

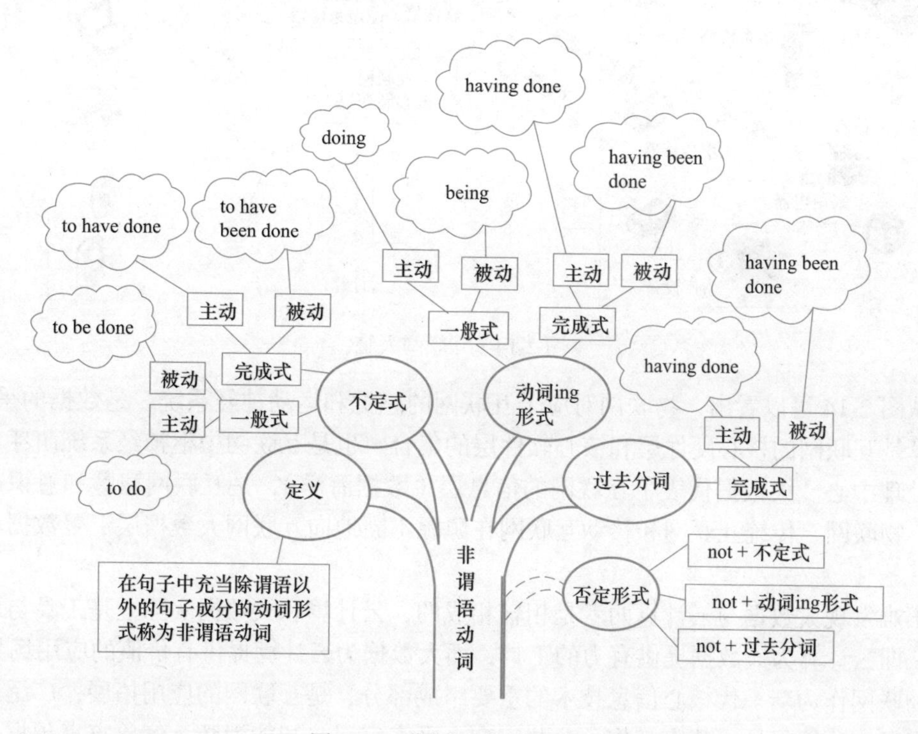

图 2-13　非谓语动词的变形

实际上，现在经常会遇到类似于“一张图读懂……”的图形，帮助人们了解新生事物、学习新知识。例如，一张图读懂政府工作报告，一张图读懂世界货币及市场，一张图看懂区块链，一张图读懂房地产税，一张图看懂半导体产业链，一张图读懂生活垃圾分类，一张图看懂信息化和数字化的本质区别等。

2.5.4　互联网大脑

近年来，移动互联网、物联网、云计算、大数据等新一代信息技术逐渐成熟，并已渗透应用于各行各业各领域。那么，移动互联网、物联网、云计算、大数据与互联网之间有什么关系？《互联网进化论》一书中指出：互联网的未来功能和结构将与人类大脑高度相似，也将具备互联网虚拟感觉、虚拟运动、虚拟中枢、虚拟记忆神经系统，并绘制了一幅互联网虚拟大脑结构图。其用一张图的形式既展示出了互联网与人类大脑相似的功能，也简单形象地描绘了大数据、物联网、云计算等新一代信息技术与互联网之间的关系，如图2-14所示。

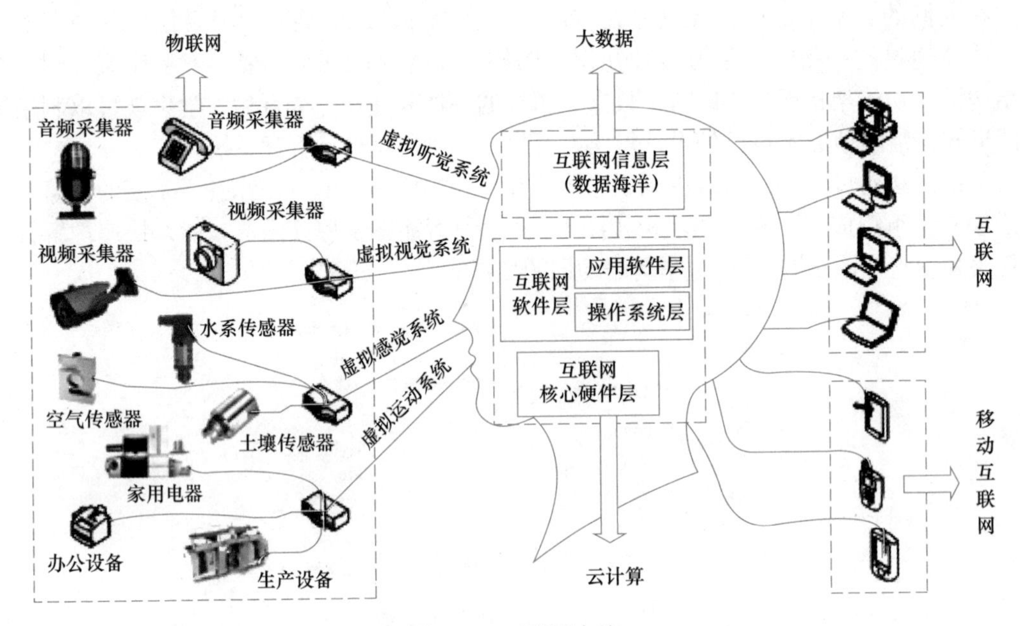

图 2-14 互联网大脑

从图2-14可以看出，物联网对应了互联网的感觉和运动神经系统，是数据的采集端。云计算是互联网的核心硬件层和核心软件层的集合，也是互联网中枢神经系统萌芽，是数据的处理中心。大数据代表了互联网的信息层（数据海洋），是互联网智慧和意识产生的基础。物联网、传统互联网和移动互联网在源源不断地向互联网大数据层汇聚数据和接收数据。

不难发现大数据与云计算两者是相辅相成的，云计算和大数据实际上是工具与用途的关系，即云计算为大数据提供有力的工具，而大数据为云计算提供有价值的应用场景。

物联网作为新一代核心信息技术的重要组成部分，是互联网的应用拓展，广泛应用于智能交通、环境保护、政府工作、公共安全、平安家居、智能消防、气象灾害预报、工业监测、个人健康、照明管控、情报收集等诸多领域。

物联网、移动互联网和传统互联网，每天都在产生海量数据，为大数据提供数据来源，而大数据则通过云计算的形式，将这些数据分析处理，提取有用的信息和知识。

思考题与习题

2-1 广义的图像是指什么？

2-2 简述图像的像素和尺寸概念，两者之间有联系吗？

2-3　如何理解图像的位分辨率？

2-4　简述 DPI 和 PPI 概念，以及两者之间的联系与区别。

2-5　简述自己常用的图像载体及其特点。

2-6　人类阅读方式之三次变迁的主要原因是什么？

2-7　简单描述人类社会交流沟通与信息传播方式的三次转变。

2-8　简述广义的文化四层次说。

2-9　如何理解人类文化从图像→文字→图像演进的发展轨迹。

2-10　什么是视觉文化？什么是图像文化？

2-11　简单描述自己使用过的“一张图”。

参考文献

[1] 韩丛耀．中国图像科学技术简史 [M]．北京：科学出版社，2018.

[2] 陈兆复．中华图像文化史 • 原始卷 [M]．北京：中国摄影出版社，2017.

[3] 王景艳，戴潭棋，朱珍，等．The Performance Characteristics and Rationality Analysis of Fragmentation Reading[C]．2015 3rd International Conference on Education Reform and Management Innovation (ERMI 2015), 2015.9.

[4] 刘伟斌．图像的狂欢与幻境的超越 – 现代性理论视域中的视觉文化研究 [M]．北京：人民出版社，2018.

[5] 中国互联网络信息中心（CNNIC）．第 49 次中国互联网络发展状况统计报告 [R/OL].（2022-02-15）[2022-07-16]. http://www.cnnic.net/hlwfzyj/hlwxzbg/hlwtjbg/202202/t20220225_71727.htm.2.

[6] 蔡丽芬．读图时代图形与图像文化的特征 [J]．美术大观，2009（9）：194-195.

[7] 朱存明．论视觉文化的历史范型 [J]．文学前沿，2002（1）：1-22.

[8] 郭红．论视觉文化的传播及其影响 [J]．新闻界，2011（4）：66-67.

[9] 巴拉兹 . 电影美学 [M]．何力，译．北京：中国电影出版社，1986.

[10] 肖伟胜．视觉文化还是图像文化——对巴尔反视觉本质主义之批判 [J]．社会科学战线，2011（6）：125-132.

[11] 张今杰．视觉文化的兴起及其挑战 [N]．光明日报，2018-12-24（15）.

[12] 张祖忻．视觉文化的概念、背景、理论、内容 [J]．外语电化教学，1988（3）：14-16.

[13] 刘锋．互联网进化论 [M]．北京：清华大学出版社，2012.

第3章
CHAPTER 3

图像构成与功用

《图像：主题与构成》：图像是对视觉界面的技术性称谓。作为研究、了解社会的文化形态和人类发展历史的工具，视觉界面既保有最古老的文化基因，又充满着与现代共生的文化元素。人们探讨视觉界面或说图像构成的根本目的，就是要搞清楚视觉界面本身到底集中了什么，弄清楚视觉界面的制作过程、技术筹划和组织安排，将这种人造物品、象征力量的工具的核心问题“白化”。这里的所谓“白化”就是把图像本身及其所承载的信息解读出来，即便不完全清楚图像的制作过程、技术筹划和组织安排。

3.1 图像主题与主体

通俗讲，主题是指艺术作品或者社会活动中所要表达的中心思想，泛指主要内容。对于图像这种人造物品来说，主题关涉人或事物的再现，也涉及图像创作者的经验，经验也是图像创作灵感的来源。图像创作者要向受众传播一种信息，就要使图像创作服从于一个主题，该主题又必然由视觉的主体来承担，而视觉的主体又是由各种视觉元素所构成的。

3.1.1 艺术主题变迁

艺术（当然包括书法绘画、电影电视）是一个融合了形形色色的主题、风格、技巧、选材、形式、目的和审美传统的广阔舞台。从浩瀚不朽到转瞬即逝，从耳熟能详到古怪迥异，不一而足。简 • 罗伯森和克雷格 • 迈克丹尼尔在《当代艺术的主题：1980 年以后的视觉艺术》一书中聚焦 20 世纪 80 年代初至 21 世纪前十年的七个艺术主题——身份、身体、时间、场所、语言、科学和精神性，这些虽然不能包络所有的重要主题，但这些主题至关重要、广为流传，并经得起时间的考验。

世界如何观看你，你如何审视自身，又如何看待他人，或者说想弄清楚作为独一无二的个体的自己到底是谁的问题，都会对艺术家的思想、感情和富于创意的表示手法产生影响。在悠悠艺术史发展长河中，人物肖像画和自画像这两种题材源远流长，直接与身份主题的探索息息相关，而且至今仍有不少艺术家在运用传统的人物肖像画和自画像继续创造着图像和艺术物品。

虽然历史上艺术与身份间的联系始终存在，然而人们理解自身、建构自身身份的方式却屡经变迁。例如，可以通过观察诸如发型、衣着、姿势和动作等一些视觉线索来学会识别一个人的性别和身份，当然也可以运用各种道具（衣帽、背景等）和表示手法（拍照、摄影等），从性别、个性、民族和国家等维度去表征个体的身份或群体的身份。

当各种体表特征超越性别、人种或物种界限而混合在一起时会产生什么效果呢？20世纪 80 年代，摄影师南希·柏森利用图层处理技术，基于六男六女照片创造了一个合成面孔，使得人们无法确定这张合成面孔的性别。如果按照 20 世纪 80 年代初统计的每个“人种”在世界总人口百分比，将三位男性容貌特征进行合成，结果是这位“代表性的”新人类看起来更像中国人。基于这种思路，南希·柏森还联手计算机科学家共同开发了面孔“老化”软件和“美丽”合成图像。面孔“老化”软件在成年人的面孔上添加皱纹和松垮的肌肉，或拉长儿童的面孔并在图像上叠加其父母的容貌特征；“美丽”合成图像则把 20 世纪 50 年代或 80 年代的明星照片进行合成、对比。后期也出现了一些互动装置，有的可以邀请观众把自己的容貌和名人的容貌合二为一，也可以将情侣的面孔进行融合。

身份的日益多样化能够让人们欣赏到更加丰富多彩艺术的同时，也促使每个人随时随地要清醒地认识到自己是谁，必要时能有效地证明自己的身份和自己的存在。例如，在视频聊天出现之前，为了确认某退休职工还在世，可以正常领取退休金，原工作单位往往会要求其手拿某日的某报纸，或到某个地标性建筑物前，照相加以佐证。然而，随着科学技术进步及服务场景的普及化和便利化，各种数字化身份证明及身份验证技术层出不穷，方便快捷，几乎每天都会用到。

从以上对身份主题的阐述可以看出，不仅不同年代的艺术主题在流变，而且在不同时期同一主题的表现手段、呈现方式、社会需求也在不断变化，由此推动艺术的不断发展和繁荣。因此，有学者认为“主题”是艺术史学中的一条暗线——艺术变迁与演变的文化脉络路径，主张将主题学引入到艺术史学研究中，从“主题”变迁的角度，梳理、分析、探讨与解决艺术史演变的内在动因。

3.1.2　图像主体选取

图像大多数取材于现实世界，看起来也貌似现实世界，但实际上并不完全等同于现实世界，只相当于图像边界范围内（取景框里）的现实世界，而且是图像作者想表达的“有限世界”。为了表达一定意义的主题，传达一种信息，图像作者往往会精简图像元素，使得视觉主体得以确立。例如，画家会忽略一些无关紧要的元素，摄像师会将不必要的背景置于取景框之外，借此来凸显主体。

图像作者在建构图像时，若图像主体能够成功确立并得以凸显，则传播的主题也就确定了；如若图像主体确立不成功，则传播主题必然会受到损害。对于主体的构成，说起来很简单，微观上无非就是画家笔下的点、线、面、色彩等图像元素，宏观上就是摄像机取景框中的人、动物、建筑物、树木、花草等。这些简单的图像元素和人物等就构成了承载主题意义的主体形象。

一般来说，图像一刻也不能脱离物质而存在，比如：远古时代的石斧、石锛、黏土、岩石等；后来的纸、笔、颜料等；现代的镜头、照相机、胶卷、摄影机、摄像机、磁带、CD、DVD 等。不同的图像媒材，有着不同的工具性，不同的工具在不同的媒介上又会生成不同的图像。

中国古代作画的工具材料为我国特制的笔、墨、纸、砚和绢素等，多以山水、花鸟、人物为主体，形成了历朝历代精工细致、不同流派、风格迥异的山水画、花鸟画、人物画，借以表达不同时代的主题。五代南唐赵干所作《江行初雪图》表现朔风凛冽、雪花飘飘的冬日江岸，渔夫们冒着严寒张网捕鱼的情景，全图布置以芦苇、寒树、坡岸、板桥，渔民活动其间，或撑舟，或撒网，或于芦棚中避寒，或在船上炊食，江岸有骑驴之行旅，寒冷畏缩之状极为生动感人。

X 光片是 X 光机利用 X 光穿透照射拍摄在胶片上形成的图片，常说的胸片就是胸部的 X 光片，在临床上应用广泛。例如，心血管的常规胸片检查包括后前正位、左前斜位、右前斜位和左侧位照片。正位胸片能显示出心脏大血管的大小、形态、位置和轮廓，能观察心脏与毗邻器官的关系和肺内血管的变化，可用于心脏及其径线的测量；左前斜位片显示主动脉的全貌和左右心室及右心房增大的情况；右前斜位片有助于观察左心房增大、肺动脉段突出和右心室漏斗部增大的变化；左侧位片能观察心、胸的前后径和胸廓畸形等情况，对主动脉瘤与纵隔肿物的鉴别及定位尤为重要。拍摄胸片时要求受检者取站立位，在平静吸气下屏气投照。显然，在胸片中，图像的主体是受检者的胸腔内各器官。如果检查其他部位，如颈部，X 光片拍摄的主体就会随之变为颈部。

视频监控是安全防范系统的重要组成部分，通常包括前端云台、摄像机、传输线缆和视频监控平台等。前端摄像机画面的背景通常是固定的，但监控的对象或者说是监控主体是不确定的，而且监控画面中的主体就是视频监控要捕捉的对象。视频监控平台可以对监控图像进行实时观看、录入、回放、调出、储存和联网共享等操作，可以通过控制云台的上、下、左、右动作调整摄像机的监控背景画面，也可以控制镜头进行调焦变倍等操作。

从上述几个实例可以看出，不同的图像有不同的用途，即使是相同的工具在相同的媒介上产生的图像，用途不同时其主题和主体也会有所差异。

3.1.3 构图与画面取景

所谓构图，是指图像创作者在某种观念的指导下，以特定的表现手段和材料建构、记录客观对象，表达思想情感，产生传播意义的过程，其表现的手段包括用光、造型、色彩、影调、资讯、情感等要素。

可以说，构图对于图像创作者（画家、摄像师、摄影师等，也包括拿起相机拍照的每一个人）来讲就是一种画面呈现，对于图像本身来讲就是一种意义表达，对于图像受众来讲就是一种传播效果。

构图实质上是一个思维过程，画家面对纷繁复杂的客观世界，需要筛选并组织重要视觉要素，忽略那些可有可无的因素以精简画面，使用大众（或者懂得欣赏的人）熟悉的符号标志或视觉元素，向受众传达一种意义，以及自身所体会的兴奋、崇敬、同情、恐惧、悲伤或困惑等情感。

然而，摄像师或摄影师构图与画家不同，观察取景是其图像构成的特点。摄像师或摄影师往往通过观察先在脑海里形成画面构成，选择适当的拍摄位置将画面主体和背景圈定在摄像框内，必要时可以借助一些道具来强化主题的表达，这一过程可以用图 3-1 所示的图像潜构图来描述。

摄像师或摄影师所用机具图像的取景实质上就是主客体之间的双向交流，作为拍摄对象的客体提供信息，摄像师或摄影师作为主体进行判断选择，以确定图像的构成和取景，

观察 – 构图这一过程可能需要多次尝试，这也就是平常拍照时常常要变换拍摄位置、调整焦距和曝光时间的原因，最终按动快门，形成图像作品。

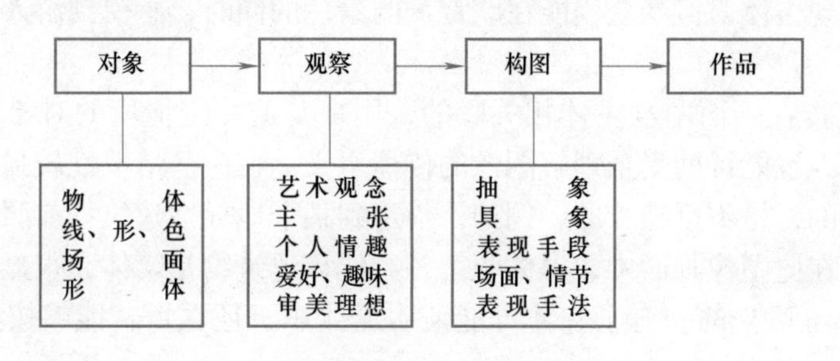

图 3-1　图像潜构图

《图像：主题与构成》中论述了影响机具图像取景的部分因素，包括拍摄位置（方向、距离、高度）和拍摄机具的镜头（标准镜头、短焦距镜头、长焦距镜头）。这里仅讨论距离因素，以使既不是画家也不是摄像师或摄影师的普通人能够理解距离（远、全、近、中、特写）是如何影响画面取景的。

（1）远景　远景范围大，表现的是气势，也可表现一定的情调，着重于对环境进行描写，如山川、河流等。

（2）全景　全景一般用于表现事件，如建筑工地、工农业生产等。

（3）中景　中景以表现现场人物为主，多用于表现人物的动作、姿态以及主要情节，也可用来记录事件，但不会框入过多的环境。如游览名胜、参观展览等。

（4）近景　近景一般可用来着重表现人物的情绪或某物体的细节，如人物上半身及背景或石碑字迹等。

（5）特写　特写可用来表现局部细节或人物的细微表情，例如，通过人物表情表现人物的内心，在视觉上、心理上给受众以强烈的视觉冲击。通过物体的局部细节表现，使受众了解物体的构成细节。

3.1.4　图像主体与陪体

图像主体是表达主题思想的主要对象，是图像画面的主要部分。一般来说，主体不但是内容的中心，也往往是结构的中心。确定了主体，其他陪体都要相呼应、相衬托，形成一个统一协调的图像画面。

前面所讨论的机具图像取景过程就是要从纷繁复杂的现实世界中取舍，找出能够表达意境的主体，只要主体确定了，画面主题就能得以确立。表达主体的方法主要有直接表达和间接表达两种。

（1）直接表达　主体通常在画面中占有较大的面积，或占据较突出的位置，能够产生一种开门见山、一目了然的效果。例如，拍摄一个建筑物，通常会调整取景位置尽量使该建筑物位于画面的中央，在不损害该建筑物整体形象的情况下（不丢掉一些主要细节，如顶端或两侧的修饰），应该使该建筑物占据画面尽可能大的面积。

（2）间接表达　主体在画面中占有的面积不大，位置也不太突出，甚至处于画面的边缘，但它仍然能够吸引受众的眼球，成为图像画面的中心，起到主体应有的表达主题思想的作用。例如，为了摄像记录游览风景名胜的足迹，有时为了凸显风景名胜的广袤、优美，往往会将游人主体置于图像画面的一角，用更大的画面面积来表现背景（陪体）。即使如此间接地表现主体，但受众仍能在欣赏美丽景色的同时，感受到游人（主体）游览风景名胜的主题。

所谓陪体是指在画面中与主体相关联的，用来营造一定情境的对象，其能够帮助主体表达图像主题，也能帮助受众理解图像的传播意义。在一些情境性较强的画面中，陪体往往是十分重要的，是不可缺少的。例如，指定到某个地标性建筑物前照相，以证明某退休职工还在世。在此图像画面中，退休职工是主体，建筑物是陪体，很显然，陪体（指定的建筑物）是必不可少的，有了它才可能证明退休职工还在世，能够按照要求照相加以佐证。

一般来说，对于机具图像的画面来说，除了主体占据的部分，其余的部分均为陪体。陪体有利于突出主体、烘托主体、陪衬主体，可能是某些物体，甚至可能与主体极为相似，也可能是树木、花草、云雾或天空等背景。但无论如何，陪体不能喧宾夺主、给受众有凌驾于主体之上的感觉。因此，为了不影响主体，陪体在画面可以是不完整的，可以是模糊的，或者与主体形成强烈的反差。

这里有一个很实用的经验，希望能给读者以借鉴，能够更好地处理主体与陪体之间的关系。在拍摄会场发言的情境时，取景时尤其要尽量确保与主体（发言人）同排就座的陪体（其他人）是完整的（避免半边脸），否则会给受众以缺乏审美修养的印象，当然，后面其他几排人（陪体）的取景处理就可以比较随意了。这种处理方法也适合于拍摄聚会等场景，此时主体不是一个人，而是几个人，取景时要尽量保证进入画面框内的人都是完整的，至少不出现半边脸现象。

3.2 图像色彩与颜色模型

色彩是能引起人们共同的审美愉悦的、最为敏感的形式要素，在再现艺术中，色彩是最有表现力的要素之一，能真实再现对象，起到创造幻觉空间的效果。

3.2.1 色彩三要素

丰富多样的颜色可以分成无彩色系和有彩色系。无彩色系是指白色、黑色和由白色黑色调和形成的各种深浅不同的灰色。有彩色系是指红、橙、黄、绿、青、蓝、紫等颜色。有彩色系的颜色具有色相、纯度（也称彩度、饱和度）、明度三个基本特性，也称为色彩的三大要素或色彩的三属性。

（1）色相　所谓色相是指能够比较确切地表示某种颜色色别的名称，如玫瑰红、橘黄、柠檬黄、钴蓝、群青、翠绿等。从光学物理上讲，各种色相是由射入人眼的光线的光谱成分决定的。对于单色光来说，色相完全取决于该光线的波长；对于混合色光来说，色相则取决于各种波长光线的相对量。物体的颜色是由光源的光谱成分和物体表面反射（或透射）的特性决定的。

（2）纯度　色彩的纯度是指色彩的纯净程度，它表示颜色中所含有色成分的比例。含有色彩成分的比例越大，则色彩的纯度越高，含有色成分的比例越小，则色彩的纯度也越低。可见光谱的各种单色光是最纯的颜色，为极限纯度。

当一种颜色掺入黑、白或其他彩色时，纯度就产生变化。当掺入的颜色达到很大的比例时，用眼睛看来，原来的颜色将失去本来的光彩，而变成混合的颜色了。当然这并不等于说在这种被掺和的颜色里已经不存在原来的颜色，而是由于大量掺入其他颜色而使得原来的颜色被同化，眼睛已经无法分辨出来了。

有色物体色彩的纯度与物体的表面结构有关。如果物体表面粗糙，漫反射作用将使色彩的纯度降低；如果物体表面光滑，那么，全反射作用将会使色彩比较鲜艳。

（3）明度　明度是指色彩的明亮程度。各种有色物体由于它们的反射光量的区别而产生颜色的明暗强弱。色彩的明度有两种情况：一是同一色相不同明度，如同一颜色在强光照射下显得明亮，弱光照射下显得较灰暗模糊；同一颜色加黑或加白掺和以后也能产生各种不同的明暗层次。二是各种颜色的不同明度，每一种纯色都有与其相应的明度，黄色明度最高，蓝紫色明度最低，红、绿色为中间明度。色彩的明度变化往往会影响到纯度，如红色加入黑色以后明度降低，同时纯度也降低；如果红色加白色则明度提高，纯度却降低。

3.2.2　色彩的主观感受

图像画面的色彩可以起到传播信息、表达情绪的作用，尤其对人的情绪产生的影响更为显著。正如鲁道夫·阿恩海姆所言：色彩能够表现感情。如果将色觉与冷热觉、重量、心情、情绪等相关联，就会有色彩的各种感受产生。

（1）暖色和冷色　色彩的冷暖属性，是色觉与冷热感觉相关联的色彩感觉现象。在图像画面构成的色彩中，有些色，如红、橙、黄色等，会使人联想到燃烧的火焰、灼热的金属、炎热干燥的土地及洒满大地的阳光，这些色彩常被称为“暖色”（或称为“热色”）；而青色、蓝绿色、蓝色及蓝紫色会使人联想到水、冰、树荫或寒冷的夜空等，故常被称为“冷色”（或称为“寒色”）。当然，另外还有一些色彩，如紫色、绿色不能使人有冷暖感觉，因此可称为“中性色”。

（2）轻色和重色　一般来说，黑色、暗褐色、暗青色容易让人联想到生活中的煤炭、矿石和金属的色彩，深赭红色、暗灰色又是潮湿土地的色彩，这些色彩总是与那些沉重的物体（质）联系在一起，故常被称为“重色”；而有些色彩，如白色、淡青色、亮黄色、淡绿色，容易让人联想到生活中的白云、晴空、光线和随风而动的嫩树枝，这些色彩总是与那些重量轻的物体（质）联系在一起，故常被称为“轻色”。总体来说，明度高的色彩使人感觉到轻，明度低的色彩使人感觉到重；如果明度相同，则冷色感觉较轻，而暖色感觉较重。

（3）柔和的色和坚硬的色　对色彩产生柔和或坚硬的感觉与色相没有太大的关系，而是由色彩的明度和纯度所决定的。一般来说，同一色相的色彩会因为明度或纯度的不同而让人产生柔和或坚硬的心理感受，明度较高、纯度较低的色彩会让人感觉柔和（明亮的色彩），而明度较低、纯度较高的色彩会给人以坚硬的感觉（暗淡的色彩）。

（4）喜欢的色和讨厌的色　人们对色彩的情感感受有较大的差异性，每一个国家、每一个民族、每一个人都有不同的喜欢的色彩和讨厌的色彩，即使同一个人在不同时期对同一色彩的感受（喜欢或讨厌）也会有所不同。对色彩的喜好和讨厌，既受现实地域生存环境的影响，也有深刻的历史文化心理渊源，以及消费时尚和经济背景的影响。

（5）兴奋的色和沉静的色　一般来说，当人们看到红、橙、黄等色彩时，心理受到刺激常常会感到兴奋，这些可以使人兴奋的色彩被称为“兴奋色”；当人们看到纯青、青绿、青紫等色彩时，心情会感到平静，这些能使人平静的色彩被称为“沉静色”；但有些色彩，如绿色、紫色，人们看到它们时可能没有明显的“兴奋”或“沉静”的感情倾向，可以称为中性色。

（6）爽朗的色和阴暗的色　人们对爽朗色彩或阴暗色彩的情感感受与色彩的明度和纯度有关，高明度、高纯度的色彩给人的心理感觉是明亮的、爽朗的，而低明度、低纯度的色彩会给人一种暗淡的、阴暗的感觉。当然，色相对人们的爽朗色彩或阴暗色彩的情感感受也会有一定的影响，例如，暖色系会使人有一种爽朗的感觉，而冷色系则会使人有一种暗淡、阴冷的感觉。

3.2.3　色彩的联想

每一个人都拥有自己独特的成长经历、文化教育背景和生活环境经验，平时隐藏在心底，可当看到某种色彩受到刺激后，常常会唤起记忆，而且这种记忆又常常与某些事物联想在一起。而色彩联想是人脑的一种积极的、逻辑性与形象性相互作用的、富有创造性的思维活动过程。因此，当人们看到某一种色彩时，能联想和回忆起某些与色彩相关的事物，进而产生相应的情绪变化。

人们对色彩展开的联想通常可以分为两种：一种是具体的联想，另一种是抽象的联想。具体的联想是指由色彩联想到生活中具体的事物；而抽象的联想是指由所看到的色彩想象到某种富有哲理性或象征性概念的色彩心理联想形式。下面先简单介绍我国大众对各种色彩展开的联想。

（1）红色　红色常常会让人具体联想到红色信号灯、血液、火、太阳、花卉、红旗、西红柿等。而由于红色对人的感觉器官有强烈的刺激作用，能增高血压，加速血液循环，对人的心理产生巨大的鼓舞作用，这就使得红色能让人抽象联想到热情、喜庆、温暖、活力等。如果红色中加入白色成为粉红色，会联想到幸福、甜蜜、娇柔、爱情等；如果红色加入黑色成为暗红色，会联想到枯萎、烦恼、孤僻、憔悴、不合群等。

（2）绿色　绿色常常会让人具体联想到草地、树叶、植物、绿色信号灯、公园、禾苗等。而由于绿色为植物的色彩，对生理作用和心理作用都极为平静，刺激性不大，给人以舒适、温和感觉，这就使得绿色能让人抽象联想到生命、和平、年轻、安全、平静、春天、成长、活力等。如果绿色中加入白色成为浅绿色，会联想到爽快、清淡、宁静、舒畅、轻浮等；如果绿色中加入黑色成为墨绿色，会联想到安稳、自私、沉默、刻苦等。

（3）蓝色　蓝色常常会让人具体联想到大海、天空、水、宇宙、远山、玻璃等。而由于蓝色对视觉器官的刺激较弱，当人们看到蓝色时情绪较安宁，尤其是当人们在心情烦躁、情绪不安时，面对蓝蓝的大海，仰望蔚蓝旷远的天空，顿时心胸变得开阔起来，烦恼便会烟消云散，这就使得蓝色能让人抽象联想到安宁、冷漠、平静、悠远、理智、沉重、悲伤等。如果蓝色中加入白色成为浅蓝色，会联想到清淡、聪明、伶俐、轻柔、高雅、和蔼等；如果蓝色中加入黑色成为深蓝色，会联想到奥秘、沉重、幽深、悲观、孤僻、庄重等。

（4）黄色　黄色常常会让人具体联想到柠檬、菊花、香蕉、向日葵、油菜花、玉米等。而由于黄色是所有彩色中明度最高的色彩，尤其在低明度色彩或其补色的衬托下，十分醒目，这就使得黄色能让人抽象联想到信心、光明、希望、丰收、明快、豪华、高贵、爽朗等。在我国古代传统用色中，黄色是权力的象征，是帝王皇族的专用色。

（5）橙色　橙色常常会让人具体联想到柑橘、秋叶、晚霞、灯光、柿子、果汁、面包、救生衣等。而由于橙色也是对视觉器官刺激比较强烈的色彩，既有红色的热情，又有黄色的光明、活泼的性格，是人们普遍喜爱的色彩，这就使得橙色能让人抽象联想到甜美、温情、华丽、鲜艳、成熟、喜悦、快乐、活泼等。

（6）紫色　紫色常常会让人具体联想到葡萄、茄子、丁香花、紫罗兰等。而由于紫色易引起心理上的忧郁和不安，但又给人以高贵、庄严之感，是女性较喜欢的色彩，这就使得紫色能让人抽象联想到优雅、高贵、庄重、神秘、文静、权威、内向、浪漫等。在我国古代传统用色中，紫色也是帝王的专用色，是较高权力的象征。如紫禁城（北京故宫）、紫袈裟（朝廷赐给和尚的僧衣）、紫诏（皇帝的诏书）等。

（7）黑色　黑色常常会让人具体联想到夜晚、墨、炭、煤等。而由于黑色是无彩色，是明度最低的颜色，这就使得黑色能让人抽象联想到严肃、刚健、重量感、坚实、忧郁等。

（8）白色　白色常常会让人具体联想到白云、白糖、面粉、雪、护士、婚纱等。而且由于白色也是无彩色，是明度最高的颜色，这就使得白色能让人抽象联想到天真、纯洁、明亮、光明、神圣、干净、真诚、纯真、清洁等。

（9）灰色　灰色常常会让人具体联想到树皮、乌云、水泥等，而且灰色介于黑色和白色之间，是无彩色（无任何色彩倾向的灰），其注目性很低，这就使得灰色能让人抽象联想到平凡、示意、谦逊、成熟、稳重等。

不同国家、不同民族对色彩的感受不同，这也就使得色彩联想有很大差异，表 3-1 为日本色彩学者总结的抽象性色彩联想，表 3-2 为西方国家所普遍认知的色彩抽象性联想。

表 3-1　日本色彩学者总结的抽象性色彩联想

色　彩	抽象性色彩联想
红	紧张、欢喜、活动
橙	热闹、喜悦、活泼、精力充沛的
黄	愉快、高兴、爽朗
绿	年轻、平和、安详、新鲜的、有希望的
青	稳重、凉快、寂寞、忠实、深远的
紫	悲哀、忧郁、高贵、神秘、女性化的
黑	不安、死亡、中立、迟钝、阴郁、严肃、不稳定的
白	纯洁、光明、天真、清洁
灰	暧昧、稳重、忧郁、悲哀、暗淡

表 3-2　西方国家普遍认知的色彩抽象性联想

色　彩	抽象性色彩联想
白	启蒙、纯洁、信仰、光荣、救赎（透过光的方位知觉）
黑	死亡、恶魔、悲伤（透过无光的方位知觉丧失）
红	爱情、热情、火、血（极度情感）
蓝	忠实、怜悯、真理
绿	希望、永生

3.2.4　三原色与颜色模型

1666 年，英国物理学家牛顿做了一次非常著名的实验，他用三棱镜将太阳白光分解为红、橙、黄、绿、蓝、靛、紫的七色色带。由此，牛顿推论：太阳的白光是由七色光混合而成，白光通过三棱镜的分解形成色散，雨后彩虹就是许多小水滴被太阳白光照射而形成的色散。另外，按照现代物理学理论，光应属于电磁波，各色光波长如下：红 622 ~ 760nm、橙 597 ~ 622nm、黄 577 ~ 597nm、绿 492 ~ 577nm、靛 450 ~ 492nm、蓝 435 ~ 450nm、紫 390 ~ 435nm。

人的眼睛就像一个三色接收器的完整体系，对红、绿、蓝三色比较敏感。即视网膜存在三种不同频率相应的视锥细胞，分别含有对红、绿、蓝三种颜色光线敏感的视色素，当一定波长的光线作用于视网膜时，以一定的比例使三种视锥细胞分别产生不同程度的兴奋，这样的信息传导至中枢神经，就会产生某一种颜色的感觉。19 世纪初，Young（1809）和 Helmholtz（1824）就根据这种人类眼睛色觉的特殊特性，提出了视觉的三原色学说。

所谓三原色，就是指这三种色中的任意一色都不能由另外两种原色混合产生，而其他色可由这三色按照一定的比例混合出来，故将这三个独立的色称为三原色。对于光色来讲，三原色的原理可解释如下：

1）自然界的任何光色都可以由三种光色按不同的比例混合而成。

2）三原色之间相互独立，任何一种光色都不能由其余的两种光色来组成。

3）混合色的饱和度由三种光色的比例来决定。混合色的亮度为三种光色的亮度之和。

故此，三原色光模式（RGB 颜色模型或红绿蓝颜色模型）被认定为是一种加色模型，将红（Red）、绿（Green）、蓝（Blue）三原色的色光以不同的比例相加，可以产生多种多样的色光（加色混合）。

（1）RGB 颜色模型　早期的彩色电视机或 CRT（Cathode Ray Tube，阴极射线管）显示器就是利用色光三原色工作的。在荧光屏上涂满了按一定方式紧密排列的红、绿、蓝三种颜色的荧光粉点或荧光粉条，称为荧光粉单元，相邻的红、绿、蓝荧光粉单元各一个为一组（一个像素），每个像素中都拥有红、绿、蓝（R、G、B）三基色。电子枪发射的三束电子束受 R、G、B 三个基色视频信号电压的控制，去轰击各自的荧光粉单元。受到高速电子束的激发，荧光粉单元分别发出强弱不同的红、绿、蓝三种光。由于荧光粉点或荧光粉条极小且挨得紧，在发光的时候，用肉眼就无法分辨出每个色点发出的光了，只能看到三种光混合起来的颜色，并根据色光三原色混合原理产生丰富的色彩。用这种方法可以产生不同色彩的像素，而大量的不同色彩的像素就可以组成一张漂亮的图像，而不断变换的画面就形成了可动的电视画面。

在显示器发明之后，从黑白显示器发展到彩色显示器，人们开始使用发出不同颜色的光的荧光粉（如 CRT），或者不同颜色的滤色片（如 LCD），或者不同颜色的半导体发光器件（如 OLED 和大型 LED）来形成色彩，它们都选择 Red、Green、Blue 这三种颜色的发光体作为基本的发光单元。通过控制 RGB 发光强度组合出了人眼睛能够感受到的大多数自然色彩，这就是常见的 RGB 颜色模型。

RGB 颜色模型称为加色混色模型，混色效果如图 3-2 左侧所示。其使用 RGB 三色光互相叠加来实现混色的方法，因而适用于显示器等发光体的显示。

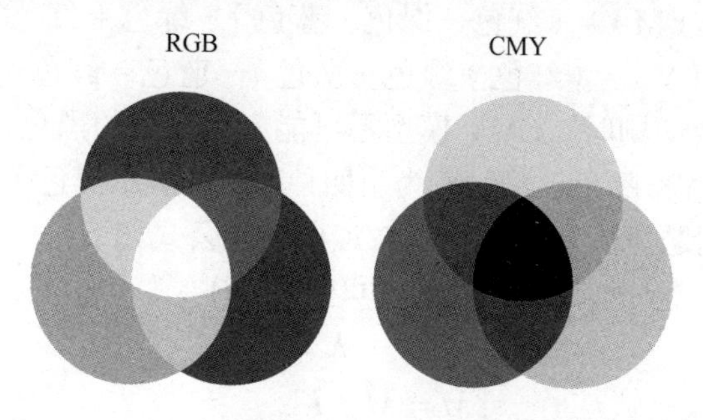

图 3-2　混色效果

RGB 颜色模型也可以看作三维直角坐标系颜色系统中的一个单位立方体，任何一种颜色在 RGB 颜色空间中都可以用三维空间中的一个点来表示，如图 3-3 所示。

计算机显示彩色图像通过控制 Red、Green、Blue 的值来确定像素的颜色，计算机中无法模拟连续的从最暗到最亮的量值，只能以数字的方式表示。于是，结合人眼睛的敏感程度，可使用 2 个字节、3 个字节或 4 个字节来分别表示一个像素里面的 Red、Green 和 Blue 的发光强度数值，如果用 3 个字节 24 位二进制来表示一个像素的颜色值，那么 R、G、B 分别占用一个字节，3 个字节可以显示 $2^8\times2^8\times2^8$=16,777,216 种颜色，虽然数量庞大，也不能囊括自然界的所有颜色，但已经远超人眼睛的分别能力了。

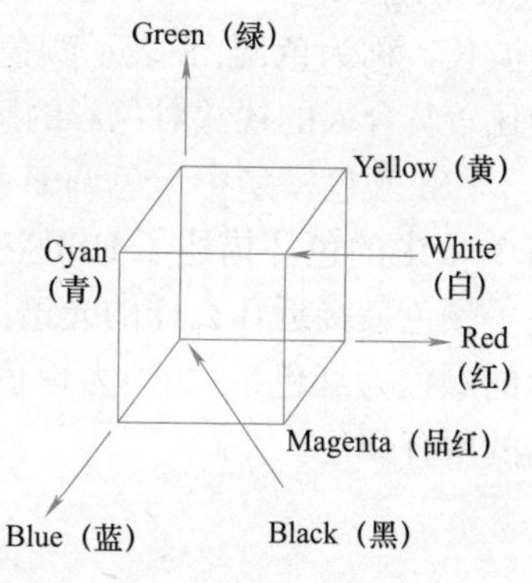

图 3-3　RGB 单位彩色立方体

（2）CMY 颜色模型和 CMYK 颜色模型　CMY 模型是硬拷贝设备上输出图形图像的颜色模型，三原色为青（Cyan）、品红（Magenta）、黄（Yellow），常用于彩色照片洗印、彩色打印、印刷行业等。例如，在彩色照片的成像中，三层乳剂层分别为：底层为黄色、中层为品红，上层为青色。彩色喷墨打印机是以青、品红、黄三色墨盒加黑色墨盒打印彩色图片；而彩色印刷品也是以黄、品红、青三色油墨加黑色油墨印刷而成。

从图 3-3 可以看出，青、品红、黄在单位彩色立方体中分别是红、绿、蓝的补色，称为减基色，而红、绿、蓝称为加基色。因此，CMY 模型常被称为减色混合颜色模型。在笛卡儿坐标系中，CMY 颜色模型与 RGB 颜色模型外观类似，但原点和顶点刚好相反。

RGB 模型的原点是黑色，相对的顶点是白色；但 CMY 模型的原点是白色，相对的顶点是黑色。故而，CMY 颜色模型三种被用来打印在纸上的墨盒颜色可以理解为：

青色（C）= 白色 - 红色

品红色（M）= 白色 - 绿色

黄色（Y）= 白色 - 蓝色

从上可以看出，在 CMY 模型中，颜色是从白色中减去一定成分得到的，而不像 RGB 模型那样，在黑色中增加某种颜色。而白色是由红、绿、蓝三色相加得到的，上面的等式可以还原为常用的加色等式：

青色（C）=（红色 + 绿色 + 蓝色）- 红色 = 绿色 + 蓝色

品红色（M）=（红色 + 绿色 + 蓝色）- 绿色 = 红色 + 蓝色

黄色（Y）=（红色 + 绿色 + 蓝色）- 蓝色 = 红色 + 绿色

由于在彩色打印或印刷时，CMY 模型不可能产生真正的黑色，因此在彩色打印或印刷中实际使用的是 CMYK 颜色模型，K 为第四种颜色，表示黑色（Black，K），弥补这三个颜色混合不够黑的问题。从 CMY 到 CMYK 的转化公式如下：

$$
\begin{cases}
K = \min(C, M, Y) \\
C = C - K \\
M = M - K \\
Y = Y - K
\end{cases}
$$

（3）HSI 颜色模型　HSI（Hue Saturation Intensity）模型是美国色彩学家孟塞尔（H.A.Munseu) 于 1915 年提出的，其用 H、S、I 三个参数描述颜色特性，其中，H 为颜色的波长，称为色调；S 表示颜色的深浅程度，称为饱和度；I 表示轻度或亮度。HSI 颜色模型比较契合人的视觉对色彩的感觉。

HSI 颜色模型中，色调 H 和饱和度 S 包含了颜色信息，而强度 I 则与彩色信息无关，图 3-4a 中的色环描述了 HSI 空间中的色调和饱和度两个参数。色调 H 由角度表示，它反映了颜色最接近什么样的光谱波长，即光的不同颜色，如红、蓝、绿等。通常假定 0° 表示的颜色为红色，120° 为绿色，240° 为蓝色，从 0° 到 360° 的色相覆盖了所有可见光谱的所有颜色。

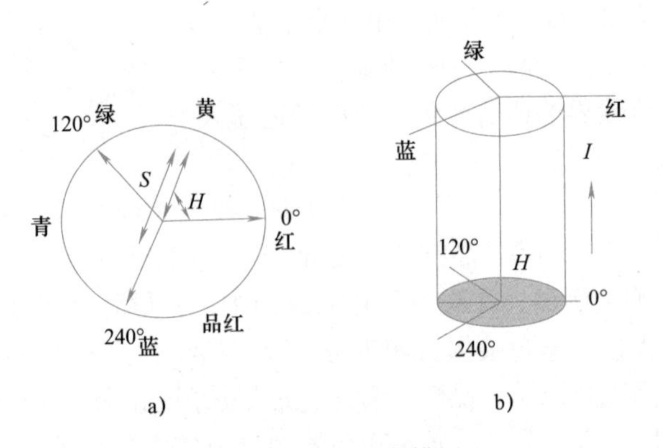

图 3-4　HSI 颜色模型

a）色环　b）HSI 柱形颜色空间

饱和度 S 表示颜色的深浅程度，饱和度越高，颜色越深，如深红、深绿，饱和度是色环的原点（圆心）到彩色点的半径的长度。由色环可以看出，在环的边界上颜色饱度最高，其饱和度值为 1；中心则是中性（灰色），饱和度为 0。

亮度是指光波作用于感受器（如人眼）所发生的反应，其大小由物体反射系数来决定。反射系数越大，物体的亮度越大，反之越小。如果把亮度作为色环的垂线，那么 H、S、I 构成一个柱形彩色空间，即 HSI 模型的三个属性定义了一个三维柱形空间，如图 3-4b HSI 柱形颜色空间所示。灰度阴影沿着轴线自下而上亮度逐渐增大，由底部的黑渐变为顶部的白。圆周顶部的圆周上的颜色具有最高的亮度和最大的饱和度。

对任何三个 [0,1] 范围内的 R、G、B 值，要得到其对应的 HSI 模型中的 H、S、I 分量，可以用如下公式进行计算：

$$\begin{cases} I=\dfrac{1}{3}(R+G+B) \\ S=1-\dfrac{3}{(R+G+B)}[\min(R,G,B)] \\ H=\begin{cases}\theta, G\geqslant B \\ 2\pi-\theta, G<B\end{cases} \\ \theta=\arccos\left(\dfrac{[(R-G)+(R-B)]/2}{[(R-G)^2+(R-B)(G-B)]/2}\right) \end{cases}$$

在不同的行业和图像处理领域，除前面介绍的三种颜色模型外，还有其他的颜色模型，如 HSV、HSL、HSB、Ycc、XYZ、Lab、YUV、CIE、HSK、NTSC、YcbCr 等，在此不再赘述。

3.3　图像视觉特性与图像语言

图像是一种符号，具有多重的视觉特性，图像更是一种语言，是人类承载信息的主要媒介和沟通交流的主要工具。

3.3.1　图像符号与视觉特性

对于图像来说，可以由光学设备获取（如照相机、镜子等），也可以由人创作（如绘画、设计等），但无论来源如何，图像都是一种符号，是用来记录与交流的媒介符号。

检视“图像”一词的来源，英文主要有 Picture、Image 和 Icon 三种译法。在米切尔《图画理论》序的注释中指出：Picture 是物质的、视觉的客体（如一幅画、一幅摄影作品等），译为图画，即“以图载像”；Image 则是指“图像性的整个领域”，译为图形，即“以形表像”；而 Icon 一词，则来源于 Iconology（艺术史中译为图像学），是符号学家皮尔斯的三种符号类型（icon，index，symbol）之一，一般译为“图像”。由此可以看出，“图像”与图画、图形三个词在符号学、视觉文化及美术学等相关领域是存在一定差异的专用术语。而在我国，多数人认为图形、图像以及图画都是同义语，是观察者感受到的一组复杂刺激，即用“图像”这个概念统一了“图画与图形”，可以理解为图像是人们对于客观存在事物的尽量真实的、自然的描述，而图画、图形则是人们根据客观事物而主观形成的、具有形象性特征的人为记录。

从人类文化与文明的发展历程来看，人们先采用简易的图形进行交流与记事，后来经绘画技术的发展，图形一方面越来越丰富与复杂，慢慢演化为图画；另一方面，图形越来越简化与抽象，慢慢演变为文字。与此同时，由于光电技术的进步，照相机和摄影机的诞生，逐渐能真实地再现眼睛能看到的现实世界，即多数人眼里的图像（静态与动态）。所以，图像、图形、图画在本质上都可以认为是对真实对象的模仿与写实，具有的意义相同而只是呈现形式不同而已。故在某种程度上来说，图像、图形与文字具有一定的传承关系，都是人类思维表达的载体和工具，而且视觉性是图像符号的基本特性。

（1）图像的识别性　图像具有无须约定而自然直观的视觉识别特性，导致图像在人类与自然之间存在着必然的联系。《周易・系辞》称伏羲氏“仰则观象于天，俯则观法于地，观鸟兽之文与地之宜，近取诸身，远取诸物，于是始作八卦，以通神明之德，以类万物之情”。可见图像在认识自然中的重要作用。

（2）图像的直观性　超越国家与民族，图像能直接传递信息与内容。如公厕、教堂、车站、指示牌、医院、学校、停车场等公共标识，计算机、手机、智能家电和各种设备的图形化操作界面中的各种图标，以及各种可视化图表、图示，均可以一目了然。

（3）图像的表现性　图像能直接传递人与人之间的情感和内心活动。如借助图像语言进行人与人之间的眉目传情，暗示领会。同时，不同的手形、手势、手语与肢体语言，以及旗语、灯语等都是在利用图像符号传达信息的视觉语言。

（4）图像的语义性　图像的语义既明确具体又含蓄抽象。一方面，例如，在公共厕所门前，以黑与红区分的直观男人与女人形体图形或是用局部代表整体的借代图像——烟斗（男性）与高跟鞋（女性）；另一方面，例如，采用隐喻或借代等修辞手法而形成的象征图像，如玫瑰与爱情、白鸽与和平、枪械与战争，或在民俗文化符号中的象征图像，如马上封侯、喜上登眉、松柏长寿及牡丹富贵等。

（5）图像的语素性　图像既包括视觉表层形式的“点、线、面、形与色”（图像语素）等，又包括深层形式的“对比、节奏、虚实、明暗、动静、时空”等。同时，图像语素构成图像语言的最小单位，图像的语境构成图像的文化内涵等，如图像与社会、民族、人文、历史、地域、情境等。

3.3.2　文字语言的层级体系

任何一种语言都是依靠规则与规律形成的有组织、有条理的层级系统，这里的层级系统一方面包括语言符号与符号之间的层级关系，另一方面包括语言符号之间的构成规则以及运用规则的规律。例如，英语读音：音素（28 个元音、20 个辅音）→音节→单词→语句→篇章；汉语读音：汉字（声母、韵母、声调）→语句→篇章。而且汉字的读音由于区域不同各地的方言也有很大差异，例如，普通话有 21 个声母、35 个韵母、4 个声调，苏州话有 26 个声母、45 个韵母、7 个声调，福州话有 15 个声母、43 个韵母、7 个声调，广州话有 20 个声母、53 个韵母、9 个声调，南昌话有 19 个声母、65 个韵母、6 个声调，烟台话有 21 个声母、37 个韵母、3 个声调等。

另外，语言是一种系统，文字也是一种系统，是记录语言的书写系统，例如，英语书写：字母→单词→语句→篇章，而汉字包括笔画、造字、构词以及各种造句、谋篇等语法规则。汉字符号是方块形文字，不同于西方的线性字母组合文字。

汉字最小的构成单位是笔画，笔画是指在书写汉字时，不间断、连续完成的一个简单线条，传统的汉字基本笔画有八种，即：点、横、竖、撇、捺、提、折、钩。1965 年 1 月 30 日中华人民共和国文化部和中国文字改革委员会发布的《印刷通用汉字字形表》和 1988 年 3 月国家语言文字工作委员会、中华人民共和国新闻出版署发布的《现代汉语通用字表》规定了五大类基本笔画：横类、竖类、撇类、点类、折类。不同的笔画组合在一起就可以形成一个个可以被认知的汉字，而构成汉字的造字方法归纳起来有“象形、指事、形声、会意、转注、假借”六种（古代又称为“六书”）。

为了规范汉字的书写，规定的原则是：“先横后竖、先撇后捺、从上到下、从左到右、先进后关、先中间后两边、从外到内”等。同时，几个汉字按照习惯与规则进行组合可构成词，词是造句时能独立运用的最小一级语法单位。构词结构习惯上可分为：“主谓、动宾、偏正、补充、联合”五种类型，从而形成了“主谓、动宾、偏正、补充、联合”的五种基本句法结构。

当字和词按照一定的规则和秩序组合在一起时，就构成了句子。句子是能完整表达使用者意图与思想的最小单位，是沟通交流的最基本工具。在句子构成中，每个字与词又都具有一定的价值，成为句子的重要组成部分，主要有“主语、谓语、宾语、定语、状语和补语”六种成分。最后，句子与句子结合在一起就可以构成段落，段落与段落组合在一起就形成了篇章。关于汉语篇章的结构，《文章结构》中提出了“句子、句群、节层、段落、全篇”的五级结构。

由上述讨论，可得汉字语言符号系统层级及其规则，如图 3-5 所示。

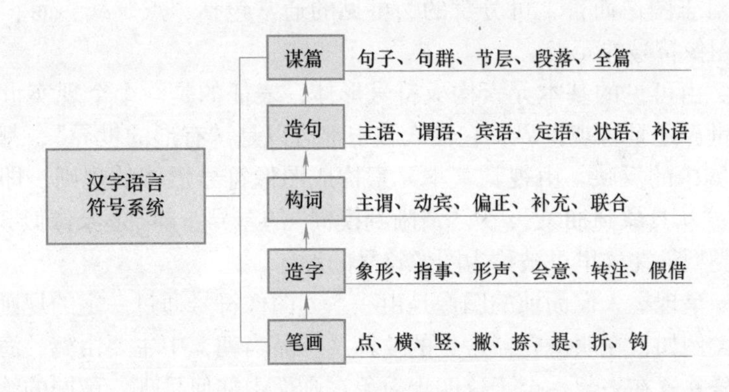

图 3-5　汉字语言符号系统层级及其规则

3.3.3　图像语言的层级体系

图像虽然与文字一样，都是人们用以交流的语言符号，但很难建立一个“有限集合”的视觉字母表，也不可能像文字语言那样区分出简单的、隔离的和独立的视觉语句。所以，人们只有通过图像符号对象自身所展现出来的“迹象性”“类似性”“像似性”“象征性”等诸多内在和外在的属性，来探究图像符号形式要素的表征与建构。

格式塔心理学（Gestalt Psychology）认为：“任何‘形’，都是知觉进行了积极建构的结果或功能，而不是客体本身就有的。‘形’的生成是视觉瞬间‘组织’或‘建构’活动的产物，而不是先感知外部事物的个别成分，然后又由大脑将这些成分加以拼凑或相加而成”。因此，图像符号不仅仅是单个对象的个别图像，而是一系列对象的符号形体构成整体的“图与形”。

根据人的视觉记忆理论，人眼睛前面的万物万象通过眼睛内的视神经传递，到达视觉皮层后被记忆的只有四种视觉元素，即颜色、运动、形状和场深（空间）。而且这四种视觉元素构成了具有理化指标的物质性图像（视觉界面的显性形式），也是受众可以看到的形象。四种视觉元素越齐全，形象就越清晰，给人的造型符号就越完整，承载主题（内容）的能力也就会越强。图 3-6 所示为图像语言符号系统层级及其规则。

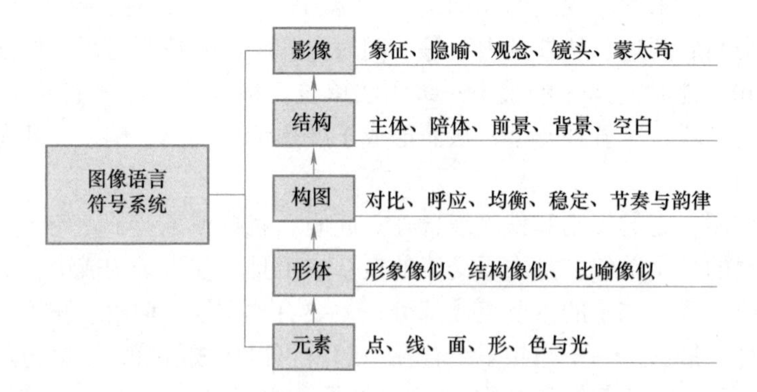

图 3-6　图像语言符号系统层级及其规则

（1）元素　图像语言中，构成图像的最基本单位就是图像的基本元素，它应该是人眼能识别的。而对于图像而言，可分辨的、可见的通常包括“点、线、面、形、色与光”，在这里被称为图像符号的元素。

（2）形体　由可见的基本元素构成符号形体，表征的是一个个现实世界中的事物对象。无论主观世界还是客观世界，它在人脑中都可以是“有形的世界”，都是由一个个具体的事物在人脑中的反映。由视觉基本元素构成图像符号形体的规则，即“符号的像似性”，一般存在“从具象到抽象”，从“清晰到模糊”的差异，即“形象像似”“结构像似”“比喻像似”三种类型，在这里可被称为图像符号的形体。

（3）构图　呈现在人们面前的图像是由一系列图像符号通过一定的规则与规律并置与构成在一起的。例如，在明清瓷器常见的纹饰《一品当朝》中主要由鹤、海潮、太阳、磐石四个图像符号并置在一起，至于这四个对象在画面中如何呈现，不同的绘画者可能会采用不同的规则来构成，但其表达的内容都是反映“执掌朝政”的主题。如此考究，图像形体之间的组合关系可以分为：对比、呼应、均衡、稳定、节奏与韵律等，这实际上就是指图像的构图。

（4）结构　在每一幅图像中，不同的符号对象在整个图像符号中分别承担着不同的角色。如《一品当朝》中，其主体就是鹤，海潮、太阳、磐石构成了图像的陪体，同时太阳处在背景，磐石处在前景，而海潮就是画面的情境。由此，图像创作者可把图像分为“主体、陪体、前景、背景、空白”五大组成部分，在这里称为图像符号的结构。

（5）影像　在图像符号内涵表现上，同样因符号使用者的个体差异性及情境性，其采用的构图法也百花齐放，各显神通。所以，到目前为止，还没有比较成熟的分类，但涉及的内容主要有：象征、隐喻、观念、镜头、蒙太奇等，这就是图像符号的影像。

3.4　图像的六大功用

无论从人类历史发展看，还是从人的一生来看，图像一直存在于人类社会的各个时代、各个角落。图像作为一种媒介、一种语言，其功用可归纳总结为六种：历史传承、艺术欣赏、知识传播、叙事记实、隐喻幻想以及规划设计。

3.4.1　历史传承

乔瓦尼·莫雷利认为："如果你想完全认识意大利的历史，那么，请仔细端详人物肖像……在他们的脸上总有那么一些关于他们那个时代的历史的东西有待解读，只要你知道如何去解读"。即使是一幅幅简单的人物肖像，也留有大量的历史印记，那么留存于世的大量古代的石刻、壁画、书画，以及现代的照片、视频等图像资料更是记录有大量的史实。

莫高窟、麦积山石窟、云冈石窟、龙门石窟是中国的四大石窟，分别始建于十六国的前秦时期（公元 366 年）、后秦（公元 384 年）、北魏文成帝（公元 460 年）、北魏孝文帝（公元 493 年）。其中的石窟艺术是卓越的艺术珍品，它凝聚了深厚的宗教感情，体现了鲜明的时代风尚，展示了一段段历史画卷。石窟雕像、壁画反映了佛教思想及其发生、发展的过程，所创造的菩萨、罗汉、护法，以及佛本行、佛本生的各种故事形象，几乎通过具体人的生活形象而创造出来的，因而不可能割断与那段历史时期人们的生活联系，虽然不直接地反映社会生活，但它却间接地、曲折地反映了各历史时期、各阶层人物的生活景象。

中国十大传世名画之一《清明上河图》，在五米多长的画卷里，绘制了数量庞大的各色人物，牛、骡、驴等牲畜，车、轿、大小船只，房屋、桥梁、城楼等，各有特色，体现了宋代社会、建筑和民俗等特征，具有很高的历史价值和艺术价值。下面只解读郊外与街市局部。

局部 1：郊外，小溪旁边的大路上一溜骆驼队，远远地从东北方向汴京城走来，五匹毛驴负重累累，前面的马夫把领头的牲畜赶向拐弯处的桥上，后面的驮夫用马鞭把驮队驱赶向前。目的地快要到了，从驮工熟练的驾驿着驮队的神情就知道他们是行走多年的老马帮了。郊外小桥旁，一只小舢板拴在树蔸上，几户农家小院错落有序地分布在树丛中，几棵高树枝上有四个鸦雀窝。打麦场上有几个石碾子，是用于秋收时脱粒用的，此时还闲置在那里。羊圈里有几只羊，羊圈旁边似乎是鸡鸭圈，圈里饲养了很大一群鸡鸭。好一幅恬静的乡村图景，不由得惊叹一千多年前的宋代有如此发达的农业和养殖业。

局部 2：街市，以高大的城楼为中心，两边的屋宇鳞次栉比，有茶坊、酒肆、脚店、肉铺、庙宇、公廨等。商店中有绫罗绸缎、珠宝香料、香火纸马等的专门经营，此外尚有医药门诊、大车修理、看相算命、修面整容，各行各业，应有尽有，大的商店门首还扎"彩楼欢门"，悬挂旗帜，招揽生意。街市行人，摩肩接踵，川流不息，有做生意的商贾，有看街景的士绅，有骑马的官吏，有叫卖的小贩，有乘坐轿子的大家眷属，有身负背篓的行脚僧人，有问路的外乡游客，有听说书的街巷小儿，有酒楼中狂饮的豪门子弟，有城边行乞的残疾老人，男女老幼，士农工商，无所不备。交通运载工具有轿子、骆驼、牛车、人力车、太平车、平头车，形形色色，样样俱全，把北宋时期开封的一派商业都市繁华景象绘色绘形地展现于人们的眼前。

《图像证史》也对清明上河图做了特别阐释：中国有一幅长卷画（清明上河图）表现了1100年前后开封的城市街道，而在街上的人绝大多数是男性——尽管可以看到画中显著的位置上有一名妇女端坐在轿内被抬着穿行而过。一位宋史专家由此得出结论："在首都的繁华商业地区到处都可以看见男人，妇女却非常少见"。乔治·宾厄姆在《论画家的目的》说："……为了保证……我们年年日日展示的社会和政治特征不至于在时间的流逝中丢失，因此要用艺术完全公正地将它们记录下来"，他把画家视为纪实天使和记录者，有运用绘画记录和传承历史的责任。由此可见，正如库尔特·塔科尔斯基所言："一幅画所说的话何止千言万语"，关键是如何去解读。

摄像摄影技术出现以后，图片、音视频可以更加真实完整地记录每一个事件。例如，大量的历史图片真实记录了中国共产党领导劳苦大众进行不屈不挠的斗争，取得抗日战争、解放战争伟大胜利的曲折历程，如今摆放在各种纪念馆里供观众瞻仰和回眸。新中国成立之初，苏联派出17人的摄影团队，来到北京、上海、广州等地，使用彩色胶卷记录下了当时的重要事件和珍贵的民俗风景画面。作为庆祝中华人民共和国成立70周年和中俄建交70周年的礼物，全俄国立电视广播公司将当时的影视资料制作成系列纪录片《中国的重生》。在2019年9月17日播出一集中，首次播放了开国大典的珍贵彩色画面。

现如今，网上充斥着大量的图片、音视频资料，它们可以忠实地记录下这个时代的方方面面，包括衣食住行以及经济社会建设的每一个瞬间、每一个事件，让后人可以从保留下来的图像资料中，认识和理解一段段奋斗与憧憬、艰难与辉煌并存的历史。

3.4.2 艺术欣赏

图像的美学功能（艺术欣赏）在今天已经变成一件毋庸置疑的共识，人们普遍认为图像是可以用来愉悦受众的，并使受众产生特殊的审美感受，这里的受众当然也包括图像创作者本身。目前，影像文化已经成为现代社会的显著特征，以至于一提到"图像"二字，人们在脑海中都会自然而然地把它与"艺术"相关联。当然，图像的美学目的不是今天才有的，应该说艺术欣赏的目的很古老。

我国绘画历史悠久，历朝历代出现过许多杰出的画家，他们有很多著名的理论和极具个性的画风，给受众以美的享受。下面仅简单介绍我国古代十大杰出画家及其绘画艺术特点。

顾恺之，东晋画家，作为对中国画发展保持影响的第一位画家，擅长人像、佛像、禽兽、山水等，不仅创造了人物画的基本模式，而且提出了如"传神论"这样可以坚守千年的绘画原则。顾恺之的《洛神赋图》是我国十大传世名画之一。

吴道子，唐朝画家，被尊称画圣。画人物笔势圆转，衣服飘带有如迎风飘扬，后人称这种风格为"吴带当风"，而且中国画高度的写实技巧、笔法的解放，以及山水画的正式确立等，皆是肇始于吴道子，《八十七神仙卷》是其最负盛名的代表作之一。

王维，唐朝著名诗人、画家，不但有着卓越的文学才能，还拥有出色的绘画技艺，因而他笔下的山水景物特别富有神韵，常常是略事渲染，便表现出深长悠远的意境，耐人玩味，后人推崇其为“南宗山水画之祖”，相传《雪溪图》为王维的代表作。

荆浩，五代后梁画家，他不仅创造了笔墨并重的北派山水画，被后世尊为“北方山水画派之祖”，还为后人留下著名的山水画理论《笔法记》，创造了全景山水的基本模式，为中国人表现自己崇高理想提供了一个确实可行的路径。荆浩的代表作为《匡庐图》

李唐，南宋画家，开南宋水墨苍劲、浑厚一派先河，所画石质坚硬，立体感强，画水尤得势，有盘涡动荡之趣。存世作品有《万壑松风图》《教子图》《清溪渔隐图》《长夏江寺图》《采薇图》《烟寺松风图》等。

赵孟頫，宋朝画家，赏赵孟頫的作品，就像品一杯香茗，听一段丝竹，享受一种心灵安静的状态。赵孟頫的影响力如此之大，以至于在他之后，南方的娟秀文化渐渐成为我国画家心目中的文化主流。赵孟頫代表作有《鹊华秋色图》《松荫高士图》《人骑图》等。

倪瓒，元代画家、诗人，擅画山水、墨竹，早年画风清润，晚年变法，平淡天真。疏林坡岸，幽秀旷逸，笔简意远，惜墨如金。倪瓒的代表作有《古木竹石图》《渔庄秋霁图》《秋亭嘉树图》等。

董其昌，明代书画家，他摄取众家之法，按己意运笔挥洒，融合变化，达到了自成家法的化境，他特别讲求用墨的技巧，水墨画兼擅泼墨、惜墨的手法，浓淡、干湿自然合拍，着墨不多，却意境深邃，韵味无穷，使绮丽多姿的山水显得有些捉襟见肘的感觉，代表作有《高逸图》《林和靖诗意图》《青弁图》等。

朱耷，号八大山人，明末清初画家、书法家，他的作品往往以象征手法抒写心意，如画鱼、鸭、鸟等，笔墨特点以放任恣纵见长，苍劲圆秀，清逸横生。其代表作有《松鹿图》《荷石栖禽》《鹭梅花图》等。

石涛，清初画家，他既是绘画实践的探索者、革新者，又是艺术理论家，开创了“直觉说”“移情说”的艺术观念，远早于西方美学的有关理论。石涛的作品直接来源于生活，所表现的都是身处真山真水间的亲切感受，且近景、中景居多，活泼的山、水、树、屋就近在眼前。代表作有《松风涧水图》《松山茅屋》等。

除上述我国十大著名古代画家之外，还有许许多多的古今中外的画家，如米开朗琪罗、达·芬奇、齐白石、徐悲鸿等，他们为世人带来了众多美轮美奂的艺术作品，给受众带来了美学的艺术享受。

绘画能给人以美的享受，书法也是如此。书法是反映生命的艺术，人的喜怒哀乐也能在中国书法里表现出来。人们通过对优秀书法作品的品评，能领略到其中蕴含的美。我国著名的书法家有王羲之、管道升、赵孟頫、颜真卿、柳公权、王献之、苏轼、张旭、黄庭坚、郑板桥、吴昌硕等。这些书法大家通过用笔用墨、结构章法、线条组合等方式进行造型和表现主体的审美情操，留给后世非常多的宝贵财富。图 3-7 所示为王羲之所书《兰亭序》局部，全文三百余字，无论从章法，还是文章的结构，再到运笔手法都堪称完美，被誉为“天下第一行书”。

摄影是对真实存在的一次性复制，在一瞬间完成构图，完成造型，完成构思和立意。而且，在照片上并不存在独立存在的点、线、面、体和笔触。它是从生活里切割和照搬的“完整体”。而真实的美，只要能捕捉到它，就获得和绘画迥然相异的美感和震撼。因为这种美蕴藏于生活，蕴藏于自然，只要能发现它，捕捉到它，就能把握美的秩序、美的关系、美的意境。这也是各种摄影展、摄影评奖的目的之所在。优秀的摄像、电影、电视等艺术作品能够给人带来现实美的享受，体验到大自然的美，体验到人为创造的美，体验到图像情境的美，体验到电影电视故事情节的美，体验到人性的美。

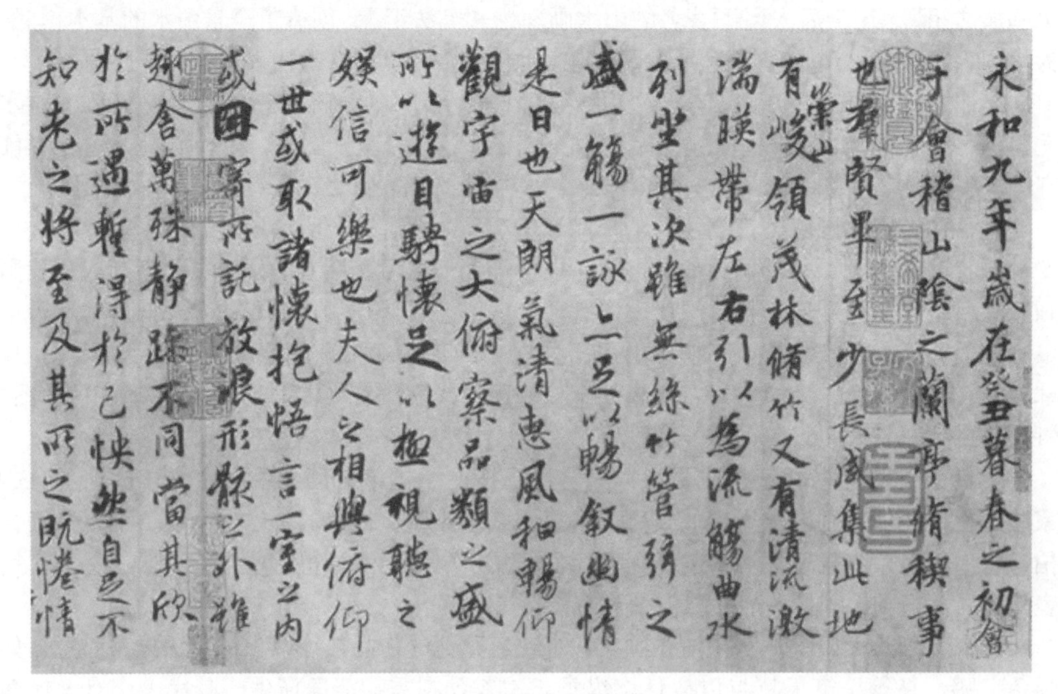

图 3-7　王羲之书《兰亭序》局部

3.4.3　知识传播

回顾人类知识传播的历史，图像的作用不容小视。原始部落对大自然的崇拜是图腾产生的基础，有动植物、非生物及自然现象，其中以动植物为主，动物又占绝大多数。图腾广泛存在于世界各地，包括埃及、希腊、以色列、日本及中国等，最早用于宗教或者某种力量的象征，后期也用于传播某种政治理念或价值观（统治、民主、进步、自由等）。运用图腾解释神话、古典记载及民俗民风，是人类历史上最早的一种文化知识传播现象。

《墨经》因文字晦涩又无图示，两千多年以来世人仍未明白其中蕴含的科学原理。直至 20 世纪 50 年代，经过钱临照等科学家的钻研，才知道《墨经》对物理学中的时间、空间、力、运动、原子论和杠杆原理都有精彩论述，而且对几何光学也有涉略，内容涵盖针孔成像，光的直进，光、物、影三者关系，平面镜、凹面镜成像规律等。若当时配上几幅示意图，就省得后人为它皓首穷经、耗费精力了。因此，自唐代发明雕版印刷术之后，宋元明清时期印刷出版的书籍很多都配置了插图，且插图也多以写实为主，画风朴素、形象生动，大幅度提高了书籍的可读性，增强了知识的传播效果。例如，清代吴其濬编著的《植物名实图考》一书出版于道光二十八年（1848 年），全书共 38 卷，收录植物 1714 种，每种植物均附插图，图极精确逼真，有呼之欲出之感。

在悠悠几千年的岁月里，先辈们留下了数量巨大的壁画，包括石刻、漆画和砖画，宫廷画和文人画，卷帙浩繁的图谱和纂图图书。它们如同镜子一般反映了我国古代的经济、社会、农牧生产、民俗民风，其中不乏关于农耕、狩猎、建筑、水利、医药、陶瓷、纺织等相关知识的形象资料，为后人了解历史、学习知识提供了生动的素材，值得重视、开发和研究。

2004 年，M. J. Eppler 和 R. A. Burkard 对知识可视化作了如下界定：一般来说，知识可视化领域研究的是视觉表征在改善两个或两个以上人之间知识创造和传递中的应用。这样一来，知识可视化是指所有可以用来建构和传递复杂见解的图解手段，即知识可视化指可以用来构建、传达和表示复杂知识的图形图像手段，除了传达事实信息之外，知识可视化的目标还在于传输人类的知识，并帮助他人正确地重构、记忆和应用知识。

自此，不仅标志着知识可视化正式成为一个新的研究领域，而且更加肯定了图像在知识传播方面的作用。随着互联网技术的飞速发展，现代社会知识更迭速度越来越快，视觉文化和知识经济已经成为知识可视化最直接的动力。信息可视化在各个知识领域中呈现出来的优势显著，尤其在教育领域，将抽象的知识转换成图文并茂的内容可以转变传统的学习方式，提高学习效率。

作为人类个体，从幼儿时期的“看图识字”开始就踏上了漫长的从图像中吸取知识的历程。连环画俗称小人书，是一种古老的中国传统艺术，在宋朝印刷术普及后最终成型。其以连续的图画叙述故事、刻画人物，这一形式题材广泛，内容多样，是一种老少皆宜的通俗读物，使人们，尤其是儿童，可以从中学习科学文化、了解历史知识、崇尚英雄人物。小学、中学和大学的教材中，插图大多是文字内容的补充与注释，是文字所介绍事物的真实再现，可以帮助学生化难为易，化抽象为具体，直观形象地理解教材内容，使知识更加容易理解，印象更加深刻。另外，教材中的插图内容广泛，涉及日月星辰、山川河流、花鸟鱼虫、风土人情等，丰富多彩的自然世界和绚丽多姿的现实生活都会引导学生畅游其中，获得审美感知、审美欣赏。

在日常工作中，人们可以从各种渠道获取的图像中学习知识。尤其在互联网时代，网络环境传输的图像、视频和各种多媒体资料，已经成为人们获取信息与知识的重要来源，而且知识的传播更加快捷，人们的知识获取更加方便。

3.4.4 叙事记实

叙事是图像的另一个主要功能，即用图来说故事。上古时期民众缺乏文化，统治者利用图像直观、形象和一目了然的特点，在宫殿、寺庙、祠堂等建筑物的墙壁上绘制大幅的壁画，用来装饰墙壁、炫耀功绩、表彰功臣、教化民众。墓室中也可能绘有壁画，它们大都用来展示墓主生前显赫的生活场景。

绘制壁画的做法为后来各朝代所沿用，至今我国还保存着世界上数量最多的壁画。例如，敦煌莫高窟的壁画面积就达 4.5 万平方米，是举世瞩目的艺术宝库。而到了唐代，以现实生活为题材的世俗画大量出现。例如，农夫在雨中驱牛犁田，商人在店内销售物品，贩夫走卒斗酒等，这些画面鲜活地展现了当时人们的真实生活，为后世研究古代的经济、社会、农牧生产、民俗民风提供了生动的素材。

自从摄影技术发明后，摄影作为艺术，从人像、风景、叙事、静物、时尚、纪实到城市面貌，一张张照片都来自于摄影师的创作灵感与实践。尤其是摄影技术普及大众后，每一个人都可以利用照相机记录下生活中的一点一滴。若干年后，当打开一本本厚厚的相册时，一张张照片的背后，封存着永久的回忆；一张张照片的背后，带来了童年的欢乐；一张张照片的背后，更保存着一个个生动的故事。

生活处处有影像，影像把社会生活的方方面面转换成了叙事文本，凭借其“视、听、真、幻”的魔力呈现给受众。家中的电视、影院的荧幕、掌中的手机、写字楼的电梯间、街头的大屏幕等，人们几乎一刻离不开、也躲不过影像叙事场景。影像叙事具有强大的吸引力，可以将受众牢牢地锁闭在故事之中。

记实是图像的另一个主要功能，尤其在科学研究与工程技术领域。此处之所以用“记实”而不用“纪实”，是因为虽然“记实”与“纪实”有相同之处，内容都倾向于或基于真实，但不同之处在于，“记实”只是对事实的记录，没有“记”者的立场、观点，没有主次之分；而“纪实”是作者以自己的立场、道德观、是非观，对事实材料进行整理、取舍、加工之后的作品。这里所讨论的图像的“记实”功用，重点在于关注图像对事实、细节的真实记录，图像的处理方法视科研目标与应用场景而定。

叙事记实有很多应用场景。例如，治安卡口是道路交通治安卡口监控系统的简称，是指依托道路上特定场所，如收费站、交通或治安检查站等卡口点，对所有通过该卡口点的机动车辆进行拍摄、记录与处理的一种道路交通现场监测系统。图 3-8 所示为道路交通治安卡口监控系统。

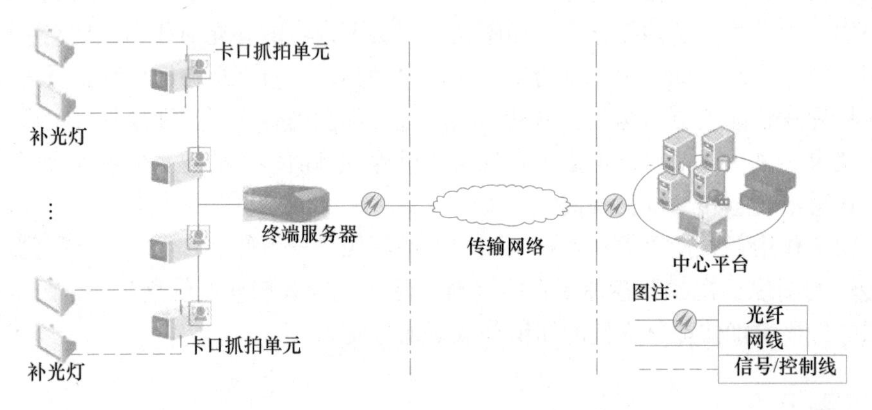

图 3-8　道路交通治安卡口监控系统

治安卡口车辆智能监测系统通常由卡口抓拍单元（摄像机、补光灯、终端服务器等）、传输网络和道路交通状况监测中心平台三部分组成，再辅以车辆检测单元（埋地线圈）。可以基于摄像机所获取的记实图像实现车牌、车辆识别，对公路（国道）运行车辆的构成、流量分布、违章情况进行常年不间断的自动记录，为交通规划、交通管理、道路养护部门提供重要的基础和运行数据，为纠正交通违章行为，快速侦破交通事故逃逸和机动车盗抢案件提供重要的技术手段和证据，对公路（国道）的平安运行和提高公路交通管理的快速反应能力有着十分重要的意义。

X 射线探伤是指利用 X 射线能够穿透金属材料，并由于材料对射线的吸收和散射作用的不同，从而使胶片感光不一样，于是在底片上形成灰度不同的影像，据此来判断材料内部缺陷情况的一种检验方法。之所以 X 射线探伤能广泛应用于工业、农业、医学、建筑等领域，是因为 X 射线底片能真实地记录所检测物体的内部构造，从图像上发现内部缺陷，帮助解决人们利用其他技术手段不能解决的难题。实际上，在医学上广泛使用的各种影像检测设备，也是利用医疗影像的记实特性，从影像资料发现病灶、确诊疾病。

3.4.5　隐喻幻想

隐喻是一种比喻，用一种事物暗喻另一种事物。巧妙地使用隐喻，对表现手法的生动、简洁、加重等方面能起到重要作用。隐喻可在彼类事物的暗示之下被感知、体验、想象、理解、谈论。图像中用来作为隐喻的符号、事物或形象不是随便或者偶然画上去的，是与特定文化中对相关主题的形象表现习俗密切相关的。例如，中国画中“四君子”形象，就是结合人们的审美认知，用四种植物来形象喻示人生哲理：梅，剪雪裁冰，一身傲骨；兰，空谷幽香，孤芳自赏；竹，筛风弄月，潇洒一生；菊，凌霜自行，不趋炎势。

1）漫画。漫画是人们乐见的一种艺术表现形式，通过符号化的图像或图标来显示其独特的隐喻，借助所标注的文字来隐喻画外之音，充分利用意指、意象、意义这三重境界赋予图像、图标、文字丰富的内涵与所指，当然这种形式的隐喻需要通过漫画的外化视觉感应（色彩、图案、符号、图标等）来实现。漫画按用途可分为：讽刺漫画、幽默漫画、实用漫画、教育漫画、宣传漫画等。例如，讽刺漫画可以用来呈现社会、文化或人们日常生活中不文明、不和谐的方方面面，有着独特的幽默表现形式和风格，带有作者明确的立场和观点。从形式上来讲，讽刺漫画经常被作为报纸、杂志等文章的插图，有些是单幅，有些则是多幅，图像为主，语言文字为辅。从风格角度来分析，讽刺漫画利用醒目的、原创的或者幽默的方式来表达现实，并尽量将其表现为可笑、愚蠢、荒诞的情景，针砭时弊，劝人改正。

因此，讽刺漫画的隐喻表现形式一般采用文字 - 图像互补的形式，尽管文字简单扼要或只是片言碎语，但其通常是不可或缺的，没有简短文字的陪衬，读者很难解读出漫画中的隐喻。在构图上，图像当中的主体、陪体、背景或图标都会有着一定的顺序，当然这类图像有时并不是现实存在的，往往还会加入了作者的一些新奇构思，目的就是要起到一种夸张表达的作用。观众看到此类漫画，脑海中就会浮现那些可以抓取的画面，所以讽刺漫画的隐喻不应太难。近年来，漫画已经作为一种重要的艺术表现形式，被广为应用的原因就在于当中的隐喻，理解背后真正的含义是受众的期望，也是漫画创作者的目标。

2）神话。神话是由人民集体口头创作，表现对能力的崇拜，对理想的追求，以及对文化现象的理解与想象的故事，如“女娲造人”“后羿射日”“盘古开天 ”“精卫填海”等中国古代神话，“潘多拉的盒子”“达摩克利斯剑”“缪斯”“皮格马利翁”等希腊神话，而且很多神话故事也被融入到了绘画艺术作品中。

随着电影电视及多媒体技术的发展，使得图像（图片、视频图像）逐渐成为人们展现想象和幻想的极佳媒介和工具。幻想是指人们以理想或愿望为依据，对现实中不存在的或还未实现的事物的一种想象。近年来，展示人们幻想的各种神话、魔幻、科幻、玄幻影视作品大量涌现，充满了人类对未来的美好憧憬，对科技发展的热切期盼。

神话类题材的电视剧，一直是人们很喜欢的种类。《西游记》是我国四大名著之一，这部家喻户晓的神话小说曾多次被改编成电视剧、电影、动画及漫画等。另外，由《聊斋志异》改编的电视剧有十几个版本，由《封神榜》改编的电视剧也有六、七个版本。“济公”是我国家喻户晓的神话人物，罗汉化身的济公在人间惩恶扬善、治病救人，老百姓将他视为“活佛”，而那些为富不仁、坏事做绝的恶人则对他又恨又怕。1985 年，电视连续剧《济公》红遍大江南北，济公的扮演者游本昌以诙谐自如、妙趣横生的表演赢得公众的广泛好评，主题歌“鞋儿破，帽儿破，身上的袈裟破……”更被广为传唱。随后，又有其他多个版本的《济公》问世。

3）魔幻。很多人都希望自己具备一些魔幻的力量，所以就将这种幻想寄托在电影上。

《指环王》系列带给无数人以震撼的感受，它改编自《THE LORD OF THE RINGS》（又译《魔戒》）。曾经有人这样评价《指环王》的小说和电影：“看《指环王》小说时最感动于博大深邃的意境，看《指环王》电影时最惊讶于美所能达到的极致”。这的确不假，可以说，小说和电影各有千秋。

天马行空的幻想与浪漫的童真是童话电影中亘古不变的主题，华丽的视觉效果和精彩的冒险故事更是为电影增光填色，《爱丽丝梦游奇境》就是这样一部典型的童话电影，是温情的魔幻巨制。

4）科幻。科幻片是采用科幻元素作为题材，以建立在科学上的幻想性情景为背景，在此基础上展开叙事的影视作品，其常常用外星生命、外星球、超能力或时间旅行等超越时代的科技元素彰显与现实之间的差异。许多科幻电影也会表现出对于社会议题的关注，有些还涉及哲学方面，如人类处境的探讨。

19 世纪末，带有科幻色彩的影片几乎和娱乐电影同时在法国诞生，如 1895 年的《机器屠夫》、1897 年的《一位 20 世纪的外科医生》等。

20 世纪 30 年代开始，好莱坞科幻片开始偏爱带有恐怖、悲观和浪漫色彩的疯狂科学家主题，并且开始连篇累牍地拍摄科幻电影系列片。例如，这一时期出品了《科学怪人》（1931）、《科学怪人的新娘》（1935）和《科学怪人的儿子》（1939），类似的还有《化身博士》系列和《飞侠哥顿》系列等。

20 世纪 50 年代，也许是冷战笼罩在人们心理上的恐惧阴影加强了人们的想象力，好莱坞在此期间生产了大量的科幻片佳作，它们常以外星人、怪兽或核战争为主题，也更加依赖特技的运用，如《地球停转之日》（1951）、《X 放射线》（1953）、《两万英寻下的怪兽》（1953）、《火星人入侵》（1953）、《外星人大战地球》（1953）、《盗尸者入侵》（1956）、《惑星历险》（1956）、《苍蝇》（1958）和讲述核战争的《海滨》（1959）等。

20 世纪 70 年代，特技的使用对好莱坞科幻片而言从来都是举足轻重的，而且随着视觉效果技术的发展，特技和故事之间的张力逐渐开始加大，很多导演做出了他们的尝试，如，《星球大战》（1977）、《傻瓜大闹科学城》（1973）、《第三类接触》（1977）、《异形》（1979），这些无疑是当时成功的范例。

到了 20 世纪 80 年代初和 80 年代中期，好莱坞科幻片的特技效果制作给观众带来了前所未有的神奇体验，而同时这些科幻电影又能提供给他们一个值得品味的故事，如《星球大战：帝国反击战》、《星球大战：绝地归来》、《ET 外星人》（1982）、《终结者》（1984）、《回到未来》（1985）等。

随着计算机技术的应用，好莱坞科幻片开始大量倚赖电脑合成影像（CGI），并将其发挥到极致，但在同时却忽视了故事本身的重要性。20 世纪 90 年代以后的好莱坞科幻片在故事上乏善可陈，在视觉效果上则富有极大的冲击力，画面也更加精美逼真。《独立日》、《侏罗纪公园》系列、《星战前传》等影片，使观众对那些花费高昂的特技大场面开始司空见惯了。随着科技的进步，好莱坞科幻片开始探索新的主题，例如，克隆技术和智能机器人对人类社会的深远影响等。

《流浪地球》是国内拍摄比较成功的科幻片，故事设定在 2075 年，讲述了太阳即将毁灭，地球已经不适合人类生存，而面对绝境，人类将开启“流浪地球”计划，试图带着地球一起逃离太阳系，寻找新的家园。在此期间，人类在地球上建造发动机，搬进地下城市，经过一次次的资源利用，地球已经变得七零八落、满目疮痍。谁来拯救地球？拯救人类？拯救生命？是火石？还是根植于人心的爱与希望之火？

3.4.6　规划设计

蓝图是指用铁氰化和铁盐敏化的纸或布，曝光后用清水冲洗显影晒成的蓝底白图的相纸，即供晒印地图、机械图、建筑图样用的布或纸质相纸。其在工业上称“蓝图纸”，因为图纸是蓝色的，所以被称为“蓝图”，“蓝图”一词也经常被引申为一种对未来的构想或计划。

在没有计算机、打印机和复印机的年代里，工程设计人员制作工程图纸需要先画原图、再描底图，最后晒蓝图。机械加工、设备制造、工程施工等场景都离不开一卷一卷的蓝图。蓝图类似于照相用的底片，可以反复复制新图，而且易于保存，具有不会模糊、不会掉色、不易玷污、不能修改等特点。

“蓝图”常被引申为对未来的构想或计划，实际上就是发展规划，是融合多要素及各界人士看法，完善设计方案，提出某一特定领域或某一件事的规划预期、愿景及发展方式、发展方向、控制指标等，是对未来整体性、长期性、基本性问题的思考、考量和设计。一般来说，规划具有综合性、系统性、时间性、强制性等特点，从时间上需要分阶段，由此可以使行动目标更加清晰，讲究空间布局的合理性，符合相关技术及标准，更应充分考虑实际情况及预期能力。而且为了更好地展示规划成果，提高规划的可读性，常常会在规划中配置各种图示，或者制作沙盘、展板，展现出一幅美好的发展蓝图。

（1）计算机辅助设计　计算机辅助设计（Computer Aided Design，CAD）是指利用计算机及其图形设备帮助设计人员进行设计工作。设计人员通常用草图开始设计，将草图变为工作图的繁重工作可以交给计算机完成，计算机可以对不同方案进行大量的计算、分析和比较，以决定最优方案。各种设计信息，不论是数字的、文字的或图形的，都能存放在计算机的内存或外存里，并能快速地检索。目前已经出现大量的计算机辅助设计软件，帮助人们完成不同领域的规划设计工作，输出相应的包括图像类型在内的规划设计成果。

1）AutoCAD。AutoCAD（Autodesk Computer Aided Design）是 Autodesk（欧特克）公司于 1982 年首次开发的自动计算机辅助设计软件，用于二维绘图、详细绘制、设计文档和基本的三维设计，现已经成为国际上广为流行的绘图工具。此软件功能强大、使用方便，可以在各种操作系统支持的微型计算机和工作站上运行，并支持各种图形显示设备、绘图仪和打印机。目前，AutoCAD 广泛应用于土木建筑、装饰装潢、城市规划、园林设计、电子电路、机械设计、服装鞋帽、航空航天、轻工化工等诸多领域。

2）Photoshop。Adobe Photoshop，简称“PS”，是由 Adobe Systems 开发和发行的图像处理软件。从功能上看，该软件可分为图像编辑、图像合成、校色调色及特效制作等。图像编辑是图像处理的基础，可以对图像做各种变换，如放大、缩小、旋转、倾斜、镜像、透视等，也可进行复制、去除斑点、修补、修饰图像的残损等。图像合成可以将几幅图像通过图层操作和工具应用，合成完整的、传达明确意义的图像，所提供的绘图工具让外来图像与创意很好地融合。校色调色可方便快捷地对图像的颜色进行明暗、色偏的调整和校正，也可在不同颜色之间进行切换以满足图像在不同领域的应用，如网页设计、印刷、多媒体等。特效制作在该软件中主要由滤镜、通道及工具综合应用完成，包括图像的特效创意和特效字的制作，如油画、浮雕、石膏画、素描等。Photoshop 应用广泛，既可以作为个人照片的后期处理，亦可以用于网页制作、印刷出版、广告宣传等领域的图片素材的前期加工处理。

3）3D Max。3D Studio Max 常简称为 3D Max 或 3DS MAX，是 Discreet 公司开发的（后被 Autodesk 公司合并）基于 PC 系统的三维动画渲染和制作软件。3D Max 开始用于电脑游戏中的动画制作，其后更进一步参与影视片的特效制作，现已广泛应用于广告、影视、工业设计、建筑设计、三维动画、多媒体制作、游戏以及工程可视化等领域。

近年来，具有图形图像处理功能的计算机软件层出不穷，尤其是新一代信息技术以及多媒体技术、VR/AR、知识图谱和人工智能的推广应用，计算机技术已经渗透到各行各业、各领域，台式计算机、便携式计算机、各种智能终端已经成为人们日常工作、生活、学习或娱乐不可或缺的工具，也促使图像的规划设计功用越来越强，由此产生的相应的图像成果更是不胜枚举。

在信息系统研发领域，可能包括：系统架构图、网络拓扑结构图、综合布线图、软件功能模块图、实体－联系（E-R）模型图、程序模块框图、数据流图、业务处理流程图、应用场景示意图等。

在城市规划领域，规划成果包括：城镇体系规划图、市域综合交通规划图、产业布局规划图、中心城区用地布局规划图、中心城区道路交通规划图、中心城区轨道交通规划图、中心城区历史文化名城保护规划图等。

在建筑施工设计领域，施工图包括：底层－屋顶的平面图、正立面图、背立面图、东立面图、西立面图、剖面图（视情况，有多个）、节点大样图及门窗大样图、楼梯大样图（视功能可能有多个楼梯及电梯）等。

在机械设备设计领域，可能产出各类设备的全套图纸：输送机图纸、破碎机图纸、除尘器图纸、矿山设备图纸、斗式提升机图纸、减速机图纸、煤气发生炉图纸、搅拌机图纸、制砖机图纸，以及滚齿机、剪板机、卷板机图纸等。

（2）设计制造一体化　基于设计环节、制造环节分隔的传统制造模式，早期的 CAD 与 CAM（Computer Aided Manufacturing，计算机辅助制造）各自发展，相互独立，导致设计模型（图纸）很难快速转化为制造模型（产品）。随着市场的激烈竞争，这种设计与制造各自分隔的传统制造方式已远远不能满足现代化制造业的需要，设计制造一体化成为发展趋势。

所谓 CAD/CAM 一体化是指在 CAD、CAPP（Computer Aided Process Planning，计算机辅助工艺过程设计）与 CAM 各环节（模块）间信息的提取、交换、共享和处理的集成，即信息流的整体集成。从产品设计建模开始，应用网络通信技术、系统集成技术、智能化等技术，使产品信息贯穿于设计、制造、工艺、装配等各个阶段，以实现设计制造的自动化。CAD/CAM 一体化系统应能保证用户可随时观察、修改阶段数据，实施编辑处理，修改设计方案，或者模拟仿真，直到获得最佳的产品制造结果。

时至今日，智能制造可以看成是新一代 CAD/CAM 一体化制造方式，它基于新一代信息通信技术与先进制造技术深度融合，贯穿于设计、生产、管理和服务等制造活动的各个环节，具有自感知、自学习、自决策、自执行和自适应等功能的新型生产方式。在智能制造活动的各个环节都有图像的创新应用场景，例如，设计人员、用户可以在不同地点基于网络平台进行产品的外形、性能参数的协同设计，并且可以即时进行仿真展示、修改。在生产环节，各个加工设备、车间的运转情况，包括现场实况、设备参数、材料供应等信息实时传送到生产执行系统进行显示或调控，而且产品加工效果可以利用图像识别设备进行在线监测，以此确保产品质量；在管理环节，采集物资采购、产品生产、经营销售、人力资源、财务管理等信息，分析挖掘后以各种图表形式展示，供各层管理者科学决策；在售后服务环节，收集产品市场相关信息，包括产品销售区域、终端客户以及运行状态，以运行全景图形式提供给相关部门，以保障快速响应服务需求。

3D 打印可以看成是另外一类 CAD/CAM 一体化制造方式，它是快速成型技术的一种，又称增材制造。3D 打印以数字模型文件（设计图纸）为基础，运用粉末状金属或塑料等可黏合材料，通过逐层打印的方式来构造物体的技术。3D 打印技术最初在模具制造、工业设计等领域被用于制造模型，后逐渐用于一些产品的直接制造。目前，3D 打印技术在珠宝、鞋类、工业设计、建筑、工程和施工（AEC）、汽车、航空航天、医疗、教育、地理信息系统以及其他领域都有所应用。

思考题与习题

3-1　简述图像主题、主体、陪体的概念，三者之间有什么关系？

3-2　图像构图的目的是什么？

3-3　距离（远、全、近、中、特写）是如何影响画面取景的？

3-4　简述主体的直接表达方法和间接表达方法。

3-5　简述有彩色系、无彩色系概念。

3-6　有彩色系的色相、纯度、明度指的是什么？

3-7　举例说明色彩的主观感受。

3-8　举例说明色彩的具体联想和抽象联想。

3-9　简述三原色原理。

3-10　简述彩色电视机或 CRT 显示器的工作原理。

3-11　举例说明加色模型与减色模型的联系与区别。

3-12　图像有哪些视觉特色？

3-13　画图说明汉字语言符号的系统层级及其规则。

3-14　画图说明图像语言符号的系统层级及其规则。

3-15　简单阐述图像的六大功用。

参考文献

[1] 韩丛耀．图像：主题与构成 [M]．北京：北京大学出版社，2010.

[2] 简·罗伯森，克雷格·麦克丹尼尔著 . 当代艺术的主题：1980 年以后的视觉艺术 [M]．匡骁，译．南京：江苏凤凰美术艺术出版社，2012.

[3] 赫云，李倍雷．主题学介入艺术史学方法与理论研究 [M]．北京：中国文联出版社，2017.

[4] 鲁道夫·阿恩海姆 . 艺术与视知觉 [M]．腾守尧，朱疆源，译．北京：中国社会科学出版社，1984.

[5] 孙即祥．图像处理 [M]．北京：科学出版社，2009.

[6] 姚敏，等 . 数字图像处理 [M]．北京：机械工业出版社，2012.

[7] 刘和海．符号学视角下的“图像语言”[D]. 南京：南京师范大学，2017.

[8] W. J. T. 米歇尔 . 图像理论 [M]．陈永国，胡文征，译．北京：北京大学出版社，2006.

[9] 南长全．图像·图形·文字——从视觉传达设计角度的内涵思考 [J]．科技信息，2011（17）：13，377.

[10] 陈鼓应，赵建伟.《周易·系辞》周易今注今译 [M]．北京：商务印书馆，2005.

[11] 曹政．文章结构 [M]．北京：中国文史出版社，2012.

[12] 包玉姣，苏珊·朗格．艺术作为一种表现形式的格式塔心理学阐释 [J]．华南师范大学学报，2010（3）：37-40，158.

[13] 彼得·伯克 . 图像证史 [M]．杨豫，译．北京：北京大学出版社，2008.

[14] 百度百科 . 清明上河图 [EB/OL].[2020-07-20]. https://baike.baidu.com/item/ 清明上河图 /102，2020.02.01.

[15] 林凤生．从中国古画看图像的知识传播作用 [J]．科学，2017，59（1）：47-49.

[16] 赵国庆．知识可视化 2004 定义的分析与修订 [J]．电化教育研究，2009（3）：15-18.

第4章 CHAPTER 4 图像思维与想象

想象是一种特殊的思维形式，是人在头脑中对已储存的表象进行加工改造形成新形象的过程。想象能突破时间和空间的束缚，不仅能起到对机体的调节作用，还能起到预见未来的作用。尤其是基于图像（视觉）的思维和想象，是人类想象力和创造力的重要源泉。

4.1 图像记忆

心理学对婴幼儿能力的研究结果表明：新生儿就已经有记忆了。如果展现一个视觉刺激物，会引起新生儿的注意，而且能够记住。当婴儿长到四、五个月时，他们就能在各种不同的情况下辨别出视觉图形，可以认出几天甚至几周以前看到过的图形。如果给他们足够的时间去看一个图形，他们就可以记住更长时间。随着年龄的增长，尤其经过记忆方法或记忆技巧的训练，人类个体的记忆能力会逐渐增强或改善。当然，由于脑损伤或其他疾病的影响，记忆能力也有可能下降或完全丧失。

4.1.1 记忆模型

记忆是人脑对经验过的事物的识记、保持、再现或回忆、再认，是人的一种重要的心理过程，是进行思维、想象等高级活动的基础。根据记忆的内容，可以把记忆分成形象记忆、情景记忆、情绪记忆、逻辑记忆（语义记忆）和运动记忆等；根据记忆的时间，可以把记忆分成瞬时记忆、短时记忆和长时记忆。

脑科学和认知科学研究表明，“记忆”是知识和经验在人脑中的反映，先有“记”再有“忆”，其基本内涵是：学习过后，信息保持一段时间，并在一些特定的情境中将它们提取出来并加以运用。如此，可将记忆过程划分为三个连续的阶段：编码、存储和提取。

（1）编码　把刺激信息转换成记忆系统可以接收和使用的形式，其包括对刺激信息的反复感知、思考、体验和操作的展开过程。信息编码的方式影响着记忆的储存和提取，记忆的长短与信息编码的强弱密切相关。在记忆系统结构中，信息编码过程需要注意的参与，注意使编码具有不同的加工水平，而且以不同的表现形式存在。例如，形成关于某部电影的视觉编码、声音编码。

（2）存储　第二阶段的存储是将编码后的信息以一定的形式保持在头脑中。存储是编码与提取的中间环节，只有将编码信息存储下来，以后才能在一定条件下将其提取出来运用。

（3）提取　第三阶段的提取指人类个体在一定情境下，从记忆系统中查找已存储的信息，将其运用于当前的活动或任务。对已存储信息的提取性能在一定程度上反映了一个人记忆力的强弱。回忆和再认是记忆提取的两种表现形式。再认表现为：当原刺激信息呈现在眼前时，利用各种存储的线索对它进行确认。

图 4-1 所示为记忆系统三个阶段的关系。外界刺激信息首先到达瞬时记忆；被注意到的信息到达短时记忆，未经注意和编码的信息将消失；短时记忆中的信息经过加工处理到达长时记忆；为分析短时记忆中的信息，往往需要提取存储在长时记忆中的知识。

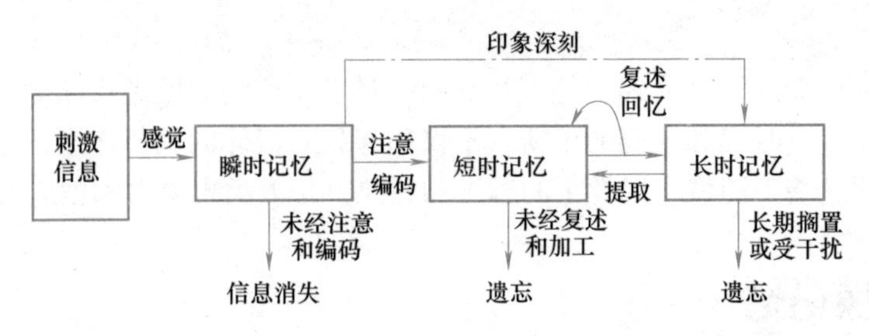

图 4-1　记忆系统

（1）瞬时记忆　瞬时记忆又称为感觉记忆或感觉登记，是刺激信息首先达到的记忆子系统，能够保持外界感觉刺激的瞬时映像。瞬时记忆是通过感觉通道，例如，通过听觉、视觉、触觉、味觉、嗅觉通道等来独立地编码与暂留信息，它们存储的信息极其短暂。

（2）短时记忆　短时记忆是对信息进行加工处理的一个重要环节，被登记的感觉信息在传入长时记忆之前，会在短时记忆中进行加工。短时记忆在个体的记忆系统中具有非常重要的作用。第一，短时记忆使得个体可以了解自己正在接收、加工、处理的信息，并在分析过程中充当临时寄存器的作用；第二，短时记忆通过整合各个感觉通道的信息构成完整的图像，例如，通过视觉、听觉、嗅觉、触觉形成事物的表象；第三，短时记忆保留了个体对信息加工处理的当前策略与意愿，使得个体可以处理更复杂的行为，直到完成目标。

（3）长时记忆　长时记忆是相对短时记忆而言的，是指存储时间较长的记忆，能够保持很长一段时间甚至人的一生。短时记忆的信息通过精细复述的形式进入长时记忆，也有由于对刺激信息印象深刻而一次性存储在长时记忆。如果说，短时记忆使得个体可以应对当前事物或事件的话，长时记忆的作用是利用已存储的经验与知识，来再现事物或事件。长时记忆类似于一个庞大而复杂的、有组织、有体系的经验与知识系统，记忆容量似乎没有限度，它存储的是个体过去的经验以及对有关世界的知识，为个体的心理活动与行为提供必要的信息基础，这对个体的学习和行为决策具有重要意义。经验与知识系统的组织程度影响提取信息的速度以及知觉、语言理解和问题解决的速度。

4.1.2　记忆方式

从认知心理学角度来看，记忆是知识和经验在人脑中的反映，是个体保持和利用所获得知识和经验的一种能力，同时也是个体进行思维、想象和智力发展的基础。通常情况下，新输入的刺激信息需要与个体已有的知识结构和经验体系形成某种联系，并与其融合，才能被个体获得，存储这些信息。

每个人都希望拥有出色的记忆力，都希望自己的记忆力能够充分满足自己的学习、工作和生活需求。按照效率可以从低到高将记忆划分为四个境界，也就是四种记忆方式。

（1）声音记忆　最常用、效率最低的记忆方式就是死记硬背，其实死记硬背是声音记忆。无论手机号、人名还是文字、诗词、文章，绝大多数都是在对自己的声音进行不断地强化记忆。人类从儿时开始，都是通过诵读或默读的方式去记忆所学习的各类知识，即使通过默写的方式来强化记忆，其实也是在帮助人们默读。如果在这样诵读、默读或默写的时候仅仅不断重复记忆中自己的声音，而没有同时进行生动、丰富的想象，实质上就是纯粹的死记硬背，这样的记忆效率非常低下。

（2）逻辑记忆　当人们需要记忆一些有规律的知识或信息时，只要规律并不很复杂，则无论内容多少，所需要记忆的仅仅是其中所蕴含的规律。此时，逻辑记忆就能显示出其强大的威力，人们只需要记住简单的规律就可以了。在回忆或者应用的时候，只需要根据所记忆的简单规律，就可以把所有的知识或信息都能准确无误地复述出来。

例如，记忆下面这组数字序列：

2、4、6、8、10、12、14、…、$2n$（n 为正整数）偶数序列。

1、3、5、7、9、11、13、15、…、$2n-1$（n 为正整数）奇数序列。

只要稍微看一下，找出排列的规律，就根本不需要去记一个个的数字，而只需要记住这些规律就行了。特别是这些数字非常多，而规律又很简单的时候，逻辑记忆就能够充分显示出它的优势。当然，逻辑记忆仅限于记忆那些非常有规律的知识或信息，而大部分情况下，需要记忆的内容都是没有规律的，这个时候，逻辑记忆就无能为力了。

（3）图像记忆　目前流传的各种快速记忆方式基本上都属于图像记忆，或是图像记忆的变种，或者是结合图像记忆的。图像记忆的基本原理是：把所有需要记忆的知识或信息，通过各种方式转化为生动具体的图像，然后运用联想法、定位法等来实现记忆。

图像记忆主要有三种方法：联想法、编码法、定位法，通过这三种非常有效的方法的运用，再抽象、再复杂的记忆内容都能被快速地转化为生动具体的图像，从而被快速且牢牢地记住，图像记忆效率高、复述次数少、保持时间长，记忆效率远远高于声音记忆方式。

（4）复合记忆　实质上，任何一种记忆方式都不可能独立存在，通常是多种记忆方式相结合，要么是图像记忆 + 逻辑记忆，要么就是声音记忆 + 逻辑记忆，或者图像记忆 + 声音记忆 + 逻辑记忆，只不过是看哪种记忆方式更有效，则哪种记忆方式所占的比重就更大一些。

脑科学研究表明，人类大脑左、右半球在功能上的分工有所不同，具有明显的不对称性，这称为大脑两半球功能的专化。当然，大脑两半球的功能一侧化是相对的概念，大脑左右半球既有相对的分工，又有密切的合作，任何一种心理活动（包括记忆）都是左右半球协调活动的结果。

因此，可以把人类左脑的逻辑思维与右脑的形象思维相结合，把注意力、想象力、记忆力、创造力和自信心转化为强大的学习动力，结合逻辑记忆规律：用各种方法把枯燥乏味的知识或信息转化为生动易记的图像或声像，并通过联想串连起来，进一步强化记忆效果，可以实现快速、长久、牢固的记忆。

4.1.3 自拍图像

对人类的生命而言，时间、空间、记忆这三者组成了密不可分的关系，时间难以脱离空间而存在，空间能起到衡量时间单元的作用，而记忆则定格了在时间与空间中所发生的人、物与事件。尽管文字也能呈现岁月往事，但唯有图像能把文字记忆形象化地凝缩或记录。一幅图像可以追溯到其中所蕴含的时间和记忆，既可以记录以往的日常经历与经验，又可以揭开隐藏于图像中的社会经济形态和人文景观。

如今，摄影几乎成为手机的必备功能，任何一个普通人都可以将眼前的事物记录并以物质性的图像介质来保存，在未来的某个时空中再将记忆重新打开。久而久之，摄影图像在人们的生活中逐渐成了记忆的工具，使得记忆有着客观的物质形式作为支撑，而非单纯主观的内在唤醒和回忆。如此一来，更加促使人们不断地去拍摄那些即将成为过去的现在。那么，记忆是人的主观留存，图像是纯物质性的存在，两者是以一种怎样的方式在记忆主体内发生作用的呢？

当人们回顾手机拍摄的摄影图像时，看到过去某一时刻的自己、某一物或者某一件事时，有恍如昨日的亲切感，物质图像不断提醒人们过去已经确切地成了久远的旧事。图像拥有如此神奇的功能，使记忆在人的头脑中的主观时间感知不断改变，这种距离感类似于摄影时的自动对焦，连续地调整焦点中心，将记忆主体重新放置于历史某一时间、空间之中，在大脑中产生的、或近或远的与记忆中片段的距离感，而无关乎图像是何时拍摄的。

在几个世纪以前，自画像者通过自我描绘，不断地对自我观看和探索，仿若画下了自我的内心世界。几个世纪以后，几乎每个人都可以用自拍来留下岁月的气息。目前，自拍已经成为图像记忆中的重要分支，与其他图像不同的是，自拍照具有更强的主观性、私密性，并且同自画像一样，可以记录、留存自我审视后的身体和岁月，成为记忆的重要组成部分。

而且，研究结果表明，看到有吸引力的景象便会拍摄的旅行者与不拍摄图像的旅行者相比，拍摄照片的旅行者在未回顾拍摄设备内照片的情况下，能够识别出比未拍摄照片旅行者更多的旅游景点的视觉信息，这说明拍照以及找出哪些事物值得拍摄的行为加固了人们头脑中的记忆。

生活经验告诉我们，没有任何一个人的次日和今日是完全一样的，衰老也是绝对不可避免的。人们所面对的一切都处于流动之中，不断地产生和消亡。“永恒的记忆”是不可能的，由图 4-1 所示的记忆系统结构可以看出，人类所有的记忆（瞬时记忆）在产生后的下一时刻即通往遗忘（短时记忆），脑海中的印象（永久记忆）并不能承载其一生所遇到的所有事情和细节。因此，自拍照片可以看成是流动着的生活情境的快照，是最有效的场景记忆，是事件发生的凭证。

实质上，真正的记忆无法靠记忆主体长期留存，它会随着时间而褪色、沉寂，也无法靠自拍成像禁锢住时间与空间。因为如果不去观看自拍图像，人们很难会想起身体样貌已经改变，所经事物已经消逝。然而，当某一时刻，人们再次观看自拍图像时，以往的记忆渐渐出现在人们的脑海中，人物与事件轮廓逐渐清晰，色彩逐渐显现，带着往昔的气息，人们也由此穿过漫长的时间隧道，去触摸曾经的生命与过去。

4.1.4 自拍分享

随着摄影、电影、电视等传播媒介的出现，基于摄影技术真实记录的本质特征，照片往往被看作是现实生活的真实反映，同时，摄影作品也作为一种记忆的物质材料，成为承载个人记忆的重要工具。而且，人们在展示照片分享自我经历时具有更高的可信度。

（1）人际分享　1939 年人类历史上第一张肖像自拍照诞生，在其后的 50 年里，肖像摄影作为真实记录的形象，在人类分享的历史中扮演着重要的角色。1988 年，新型感光材料“胶卷”和可携式照相机出现，价格亲民、体型便捷的胶片相机逐渐成了人们日常生活的一部分，自拍的风潮也开始跟进。照片可以冲印出来收藏保存，更可以把冲印的照片装帧上墙，或者放在办公的桌面上，又或者整理成册保存，待闲暇时拿出来欣赏，或与亲朋好友们分享交流。人们通过珍藏一个人的照片来寄托对这个人的思念之情，或通过展示某张照片来提供自己曾经“在场”的证明。此时，传统纸质相片的展示范围仅仅局限于家庭或者亲朋好友之间的小范围分享，或者限于参观摄影作品展览的观众。

（2）网络分享　1975 年美国柯达公司发明第一台数码相机，开启了数码摄影时代，电子成像取代化学显像，令照片的载体发生了变化。此时，照片的主要观看对象和观看方式均发生了巨大变化。人们不仅可以通过数码洗印机将电子照片输出成纸质照片，也可以通过计算机和网络存储电子照片。除了纸质照片的小范围分享外，电子照片还可以通过互联网进行更大规模的展示。例如，人们会上传电子照片至 QQ 空间、微信群等社交媒体，这种公开展示分享突破了传统的时间、空间限制。

（3）移动网络分享　随着手机照相功能的不断升级，极大降低了日常摄影的门槛，自拍变得更加自由、方便。而且，当自拍照片与移动互联网相遇时，改变的不仅是个人影像的记录方式，更是个人影像的分享方式。手机为全民自拍创造了可能，移动互联网和社交媒介的发展为人们随时随地分享自拍提供了条件。此外，手机自带的美化软件和各种各样的图像处理软件的运用，使大量的滤镜、贴纸、拼图等技术或元素叠加到自拍照片上。即使是同一张照片，经过不同的后期处理，会得到完全不同的审美效果和观看体验，留下迥异的美好记忆。

（4）群体智能感知　近年来，随着移动应用系统对传感器种类需求的不断提高，重力加速度传感器、光敏传感器、摄像头的 CCD 或 CMOS 传感器、GPS/ 北斗传感器、磁传感器、声传感器、温度传感器、气压计、雷达等被集成在智能手机中。手机通过蓝牙、WiFi 或移动通信网可以直接接入互联网，其日益强大的感知能力能够支持更多的群体智能感知应用为人类社会服务，成为名副其实的移动智能终端。例如，手机作为社会网格化管理员的智能装备，可将所见到的事物（突发事件、城市部件、人物状态等）随时拍照上传到专用平台，为社会精细化管理提供第一手图像或音视频资料。另外，在水文环境监测、城市管理、公共交通、旅游百科、信息传播、新闻报道和事件感知等领域，出现了一些基于自拍照片的群智感知应用案例。例如：

1）CreekWatch（2011 年）。CreekWatch 是 IBM 开发的 iPhone 应用程序，用于监测河流水质。人们路过小溪或河流时，使用 CreekWatch App 提交河流在当前位置的状态，包括水量、垃圾量的一些照片。如此积累，CreekWatch 通过 Web 网站向人们展示世界各地河流的健康状况。

2）FlierMeet（2015 年）。FlierMeet 收集城市中的公共张贴物（如海报和通知）的照片，计算人、张贴物和地点之间的关联关系，构建不同个体对不同类别张贴物的喜好关系，向不同的人群推送他们喜欢或需要的张贴物，提高城市信息传播效率。

3）CrowdTracking（2019 年）。CrowdTracking 通过路边行人的手机拍摄路面的移动目标（如车辆、巡游花车等），实现对移动目标的持续跟踪。

4.2 视觉思维

现代人绝大部分人都知道，思维就是脑子在想问题，但古人不这么看。我国古代认为“心之官则思，思则得之，不思则不得也”。而古希腊对灵魂驻地的看法则有“三级”的特色，认为：脑司理性思想，心司意气感情，肝司食色欲望。亚里士多德也明确地以心脏作为人体的中心，认为心是综合、比较各种感觉材料的“公共感官”，思维、意识、想象及记忆均源于心。而以希波克拉底为代表的古希腊医生们最早完成了“从心到脑”的认识转移，基于他们对脑功能的了解，提出：“是由于脑，我们思维、理解、看见，知道丑和美、恶和善”。

随着时代的发展以及对思维的不断研究，人们逐渐认识到了思维的生理机制在于人的大脑，是理性认识过程，是高度组织起来的特殊物质，即人脑的机能、属性和产物。每逢人们在工作、学习、生活中遇到问题，总要“想一想”，这种“想”就是思维。有研究表明，人的思维方式不是固定不变的，影响人们思维方式的因素很多，包括生存环境、民族文化、语言文字、科学技术、职业技能以及性格特征等。

4.2.1 古代图像思维缘起

从文化传播的角度分析，现代人之所以无法解释一些古老文化现象，是由于诞生这种文化的某种思维方式中断或发生了变异，后人没能继承下来。古人通过栩栩如生的图像（绘制在墙壁、陶瓷、羊皮上）把现实事物、历史事件或奇思妙想呈现给众人（从一个到另一个人，一个部落到另一个部落，一代人到下一代人传播下去），这些图像就是人际间书面交流的雏形。

从结绳记事到文字产生这一段漫长的历史时期，除图像外，口头语言也发挥着创造文化、传播文化的重要作用。现在人们可以从一些远古流传下来的神话（图像承载的或口头流传的）中一窥某段历史的端倪。因为神话是古人基于当时的自然和社会形态通过幻想和艺术加工的产物，是远古时代的人们的艺术表现和智慧结晶。而且，神话中神的形象非常原始，多为人兽同体的半人半兽之状。虽然神话有一定的图腾崇拜的原始宗教成分，但也反映了人类古老的思维特征，折射着图像思维的印迹。

《淮南子》中有这样一段关于女娲的描述：“乘雷车，服驾应龙，骖青虬，援绝瑞，席萝圆，黄云络，前白螭，后奔蛇，浮游消遥，道鬼神，登九天，朝帝于灵门，宓穆休于太祖之下”。此段文字展现了一幅立体图画，有黄、白等色彩，还变换了不同场景，给出了一幅壮观、立体、动感的多彩图画。由此可以看出，神话故事所具有的超越时空、奇幻异常、想象奇特等特点，都是图像思维所具备的特点，这是抽象思维、逻辑思维、形象思维和灵感思维等思维方式所无法解释的，只有图像思维这种原始的、感性的思维方式才能诠释古老神话的创造。

图像思维方式以具体的图像为思维元素或表现形式，图像文化是这种思维活动的反映，主要表现为生动、美感的岩画和图像，直观性和形象性较强，这也符合人类思维的发展规律。而且，图像思维在我国文化的发展中曾起到了非常重要的作用，除了影响古老神话外，还表现在古代汉字的创造上。汉字的“六书”原则包括“象形、指事、形声、会意、转注、假借”，其中，“象形”这一造字原则或方法占据了第一位，强调的是象形文字要能形象地反映现实世界。

随着语言文字的发展，原始的图像思维开始跃升为更为概括性的逻辑思维、意向思维或关联思维，思维元素不再局限于具体、形象、直观的图画，更多的代之以成熟、概括、简约的语言和文字。

4.2.2　我国古代思维方式

所谓思维方式，是指人们以一定的社会历史条件、文化背景、知识结构和风俗习惯等因素所构成的思考问题的程序和方法。思维方式是人类文化现象的深层本质，对人们观察和思考问题的方式以及实践活动和文化活动起着支配作用。在一定意义上来说，传统思维决定了传统文化。因此，之所以中西方文化有巨大差异，其原因就在于自古以来中西方人的思维方式是不同的。理清我国古代的思维方式，不仅有益于对我国传统文化的深刻理解，也有利于西方真正了解我国文化。我国古代思维方式主要包括整体思维、辩证思维、意向思维和直觉思维。

（1）整体思维　所谓整体思维就是指把整个宇宙自然界看成是一个有组织的有机系统的思维过程。纵观我国古代文化会发现，无论文人之间在思想认识上有多大的差异，但基本上都赞同天人合一的观点。儒家强调人和自然之间应建立和谐的关系，人应该顺应自然；道家认为人本来就是自然的组成部分，人应该回归自然，物我为一。

天人合一思想体现了我国古人的自然观。人与自然在双向交流和互相感应的过程中，既是互相对应的，又是和谐统一的。整体思维方式充分体现了人的主体性，有利于人们直观天地自然和人生的某些规律，对天地自然，人类自身的过去、现在和未来进行内在的整体把握。例如，《黄帝内经》就是强调从人的整体功能出发，把人的健康、疾病和周围环境联系在一起，主张综合治疗。

我国古代的整体思维，不仅对创造博大精深的古代文明起到了积极作用，而且也对当代的，未来的科学、文化创造提供有益的方法。

（2）辩证思维　我国传统哲学所理解的整体要素之间的联系表现为对立互补和相生相胜两种基本关系，这形成了我国传统思维的又一种方式，即辩证思维。其中，对立互补主要体现在阴阳观念方面，相生相胜主要体现在五行方面。

例如，朱熹认为：“东之与西，上之与下，以至于寒暑昼夜生死，皆是相反而相对也，天地间物未尝无相对者”，体现了相互依存的方式。老子认为：“祸兮福之所倚，福兮祸之所伏”，是指相互包容的方式。另外，对立互补还具有相互渗透、相互转化的方式。

用五行相生相胜理论解释事物之间的关系，是我国传统哲学最为基本、最为古老的观念之一。例如，五行相生是指其间相互依赖、肯定、促进的关系或趋势，其顺序为：木 -

火－土－金－水；五行相胜是指其间相互排斥、否定、对立的关系或趋势，其顺序为：水－火－金－木－土，如图 4-2 所示。

图 4-2　五行相生相胜

强调事物之间的辩证关系，是我国传统哲学的重要观念和根本特征之一，也是中国传统思维方式最突出的优点之一。西方哲学多强调事物间的对立关系，为“非此即彼”模式；我国古代哲学则更强调事物在对立基础上的统一性，为“即此即彼”或“亦彼亦此”模式，我国古代这种在两极对立中把握辩证统一的思维方式的现实意义是显而易见的。

（3）意象思维　所谓意象思维是指从具体符号或形象中把握抽象意义的思维活动，意象思维方式在我国古代从赋诗、说话到推理论证被广泛应用。《周易》就是在意象性思维的基础上发展形成的，其是对一些形象化的事物、事件或场景进行抽象，把宇宙人生的图景用六十四卦、三百八十四爻来展示，使之成为一种可观之象，来指导人们趋吉避凶，从而形成系统的符号理论。在《周易》的基础上，汉代经学又把宇宙人生的图景发展为太极、两仪、三才、五行、天干等，进一步完善了我国古代意象性思维的符号理论体系。

我国古人在思考问题时常常离不开具体的形象，即使在思考抽象道理时，也往往以对感性事物的把握作为起点。我国传统文化中常见的比兴、象征、寓言等都是以形象为中介表达古人对外在世界和自身的一种体验和感悟。

（4）直觉思维　所谓直觉思维是指主体在思维过程中不需有关的感念、范畴作中介，也不遵循必要的逻辑程序，而是由某种物象诱发灵感突然直接体悟事物整体的一种非理性思维，即是指超越一般感性和理性的内心直观方法，不经过逻辑分析而直接洞察事物本质的思维过程。

庄子有“体道”之说，强调“无思无虑始知道”，主张“心斋”“坐忘”或“守心”。孟子提出“尽心－知性－知天”的认知路线，所谓“尽心”也就是主体对内在善的道德本性的反省或体验，是以直觉为主的过程。

直觉思维对我国古代文化的创造有重大的影响，例如，强调“神似”反对“形似”，追求“言外之旨”“象外之意”，形成了重“表现”的审美传统。直觉在思维中的作用绝不可忽视，它是一种创造性思维，已经受到了现代思维科学的重视。

从以上阐述可以看出，我国古人在几乎没有任何辅助工具的帮助下，通过自己的感官（主要是眼睛）观察自然界和社会百态，逐渐形成了我国古老的思维方式。而我国古代的四种主要思维方式中无不与古老的图像思维有着千丝万缕的联系。例如，整体与部分、要素之间的关系，以及意向、形象等。

4.2.3　视觉思维

1876 年，恩格斯在《反杜林论》中首次提出“关于思维及其规律的学说——形式思维和辩证法”。恩格斯认为，思维的科学是“研究人的思维的规律的科学，即逻辑学和辩证法”。1958 年，钱学森就发表过一篇有关形象思维的文章，到了 20 世纪 80 年代，钱学森逐渐形成了自己的思维科学体系。

从研究对象和内容看，所谓思维科学，就是专门研究、反映、描述思维活动并揭示其本质和规律的一门科学。就现代思维方式来说，有人认为只有逻辑思维、形象思维和灵感思维三种，但随着相关学科的发展，以及对思维方式方法的研究不断深化，尤其随着现代图像获取、处理、存储、传输、呈现技术与手段的发展，图像已经成为人们获取信息的主要载体，或者说视觉是人类获取信息的主要手段。据统计分析，人类个体至少有 80% 以上的外界信息经视觉感知获得，而且绝大部分是通过眼睛观察外部世界（图像）所获取。

人类在用眼睛观察外界事物时，并不只是完成把事物景象投射到大脑皮层这么一个简单的操作机制，而是在大脑进行理性认识的同时，就已经开始了一个特殊的思维过程——视觉思维，经历从视觉感知（感觉、知觉）、注意、编码、记忆、复述、提取的一系列思维过程。

视觉思维的最大特点是其从始至终以视觉形象解决问题，涉及信息的感知、接收、储存、复述、处理、认识、创造和表达。这些动作的实施与完成可以是有意的，也可以是无意的，可以是自觉的，也可以是不自觉的。简单地说，视觉思维是依靠视觉进行的思维活动，若闭上眼睛还能进行视觉思维吗？答案是肯定的，当进行视觉思维时，闭上眼睛，脑海中会浮现原来看见过的事物影像，或者是幻想出的景象，或者是曾经看到过的文字资料，这就是用视觉进行思维想象的过程。

视觉思维不仅用视觉图像来想象，还要用来观察世界万物，更重要的是要用视觉图像的方式来创造和表达。它以要处理的视觉信息为基础，涉及平面影像的合理运用，如照片、绘画或图形等，或涉及人们所处环境中的立体物体或客观事物，也可能涉及记忆信息中的视觉影像的合理运用。

视觉思维及其概念是一个值得深入研究的问题，这是因为，视觉思维概念与传统哲学或一般心理学，乃至现代思维科学的观念不符。例如，现代思维科学大多观点认为，人类的思维方式只有逻辑思维、形象思维和灵感思维三种，没有视觉思维的一席之地；或者把视觉思维纳入到形象思维这个大的范畴，失去了对视觉思维深入研究的聚集力和驱动力，不利于提高人们的视觉想象力、视觉观察力、视觉认识力、视觉表现力、视觉语言运用能力、视觉创造力，也有可能会影响人们对图像的敏感力和鉴别力。

心理学研究表明，人类获取信息的 80% 以上来自视觉，包括文字阅读。但图像相较于文字来说，有自身的优势，一个呱呱落地的婴儿虽然不具有对任何文字信息的感知能力，却能够通过潜意识的图像色彩识别去感知世界的多样化存在。而且，这种认知方式在人类的成长过程中逐渐形成了思维习惯，有学者称之为“图像思维”：指人类依靠眼睛接受视觉信息，在大脑中记忆、理解，最终的处理方法和结果以图像的形式表达或输出。

从感知器官来讲，视觉思维和图像思维都是利用眼睛，从信息表达方式来讲，图像思维强调将眼睛所看到的文字资料排除在外。实质上，按照人类的记忆方式来说，图像记忆是最有效的。那么思维主体以往所看到文字资料是以何种方式编码记忆在大脑中的？在大脑思维活动中是以图像形式调用还是以文字形式调用？恐怕思维主体也难以分清。因此，舍弃“图像思维”的提法，统一用“视觉思维”来描述人类的这种“以视觉形象解决问题”的思维方式可能更为恰当。

4.2.4 标识与思维导图

在信息交流沟通过程中，语言文字的主要优势在于方便、快捷、灵活，是图像无法比拟的。但是，文字信息相对于图像信息在意义表达过程中会有所流失，如图像中的空间、距离、线条、形状、比例、颜色、光线等。在用文字表达与图像相同的意义时，要么只保留需表达的意义，其他信息全部流失；要么就要长篇累牍，用大量的文字堆砌去表达所有的信息。如果采用后一种方式，使用文字进行信息交流的方便、快捷、灵活的优势将不复存在。

很多时候，图像的作用是使要表达的意义在文字概念以外得到充分的表达和传递，图像标识在各领域的广泛应用也说明了这一点。要使图像标识发挥其应有的作用，必须在没有文字的情况下，跨越文化和语言之间的障碍，按照标准的颜色和形状等进行设计，才能够大大增加其被普遍认知的可能性。图 4-3 所示为交通标识范例，图 4-4 所示为安全提醒标识范例。

图 4-3 交通标识

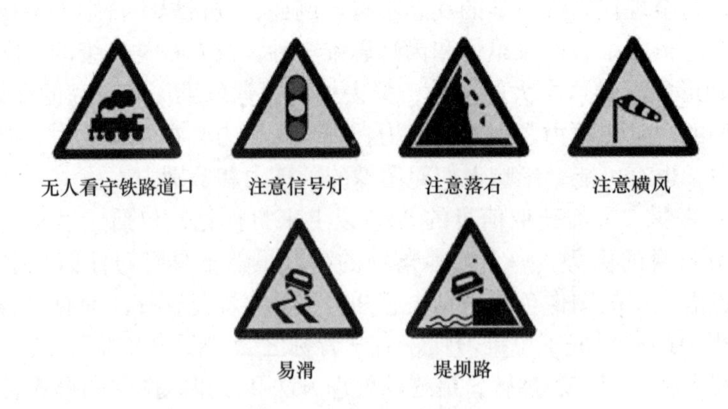

图 4-4 安全提醒标识

20 世纪 70 年代后，思维导图开始广泛应用于工作、学习、生活中的各个领域。多数人认为，思维导图是人类思维的自然功能，核心思想被概括为想象和联想，是视觉思维的一种工具。思维导图使用图文结合的方式把各级主题的相互关系用层级图表述出来，如图4-5 所示。

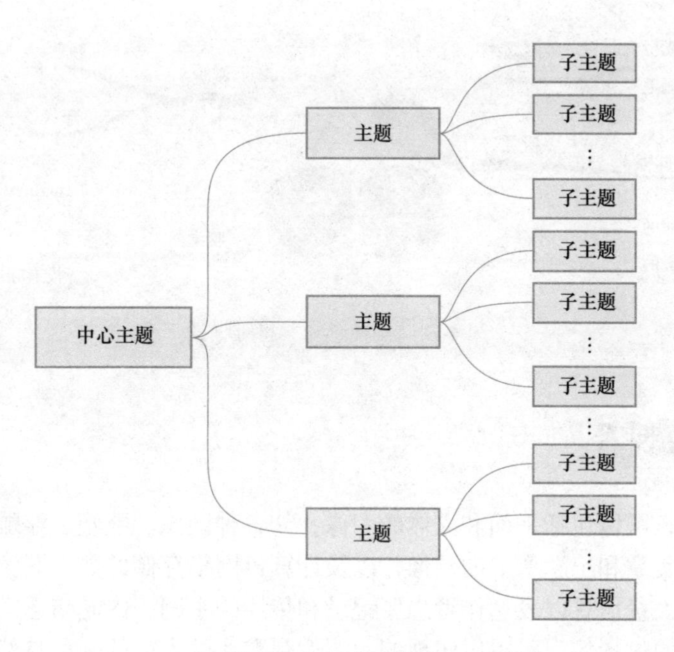

图 4-5　思维导图结构

思维导图从外形呈现上多种多样，可以分为圆圈图、气泡图、双气泡图、括号图、流程图、多流程图、桥状图等多种类型。图 4-6 所示为“压力压强”思维导图，图 4-7 所示为“樱桃感知”思维导图。

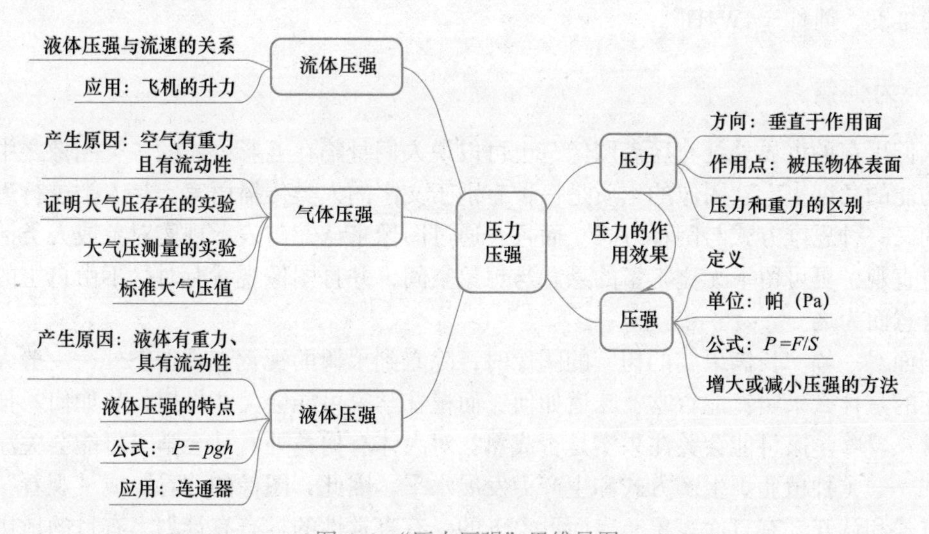

图 4-6　“压力压强”思维导图

为了支持人们制作学习、工作、生活中所用的思维导图，多款思维导图制作软件工具可供选用。除经典布局之外，思维导图制作软件还提供树状图、鱼骨图、时间线、放射图等更具风格的布局形式，通常同时支持手机端和 Web 端编辑思维导图，为用户留足了创造空间，以激发用户的无限想象，创作出既漂亮又极具个人风格的思维导图。

图 4-7 “樱桃感知”思维导图

4.3 图像观看

从前述可知，图像包括平面和立体的图像，如各种画像、雕塑、浮雕、摄影照片、电影和电视画面、奖章和纪念章上的画像，以及计算机网络存储的数字图像等。无论哪一类图像，都承载着大量信息以表达作者想要记录和传播的主题、内涵与意义，而主题、内涵与意义的传播是通过图像观看得以实现的。图像观看作为人类的一种自然行为，其实施者是人。尽管动物也能观看，但动物观看与人类观看无法相提并论，而且本书所讨论的图像观看的实施主体是人。

从哲学、艺术、媒体、科技、宗教等多个学科角度看，图像观看涉及“为何看（Why）”“谁在看（Who）”“在哪看（Where）”“看什么（What）”和“如何看（How）”五个主要维度，简称“4W1H”。

4.3.1 为何看

人们生存的世界处处充斥着图像，也可以说人们身陷在五彩缤纷的各类图像之中。从文化功能的角度来看，图像的本质是一种有别于文字的人类传播语言，是人类进行思考与表达的又一种思维方式与阐释方式。而且，通过图像来认知与表示现实对象或人类活动比文字更直观，更可留下无比丰富的悬念与想象空间，并且图像观看有时是不由自主的，有时是有意而为之。

当面对一幅“长满果实的树”的图像时，除看到果树的视觉直观形态外，一般人可能只关注的是什么果实？能否吃？味道如何？而植物学家可能会关注果树长势如何？挂果是否正常？营养学家可能会关注果实是否成熟？对人体有何益处？社会学家可能会关注时代的象征——（种植业）生产方式和生产力发展水平。因此，图像的“看”或“观看”会有多种方式和认知，有直面表象（表面形象）的，有直觉性的，有有计划、有目的地用感官（眼）来考察事物和现象的，有无意识带着职业习惯的，有持有情感的，有“无我式”的静观，有先验式的，有“先验还原”式的。

从图像观看是否有意、有目的、有计划的角度，可将图像观看行为分为有意观看、无意观看和有意后观看。

（1）有意观看　有意观看指由目标驱动的图像观看行为，通常需要事先计划，或需要投入时间、精力、物力或财力去准备，例如，参观艺术作品展览，看电影等。

（2）无意观看　无意观看指事先没有预定目的，也不需个体刻意的准备。例如，行走过程中，随处可以看到各式各样的广告，有电子屏的动感图像广告，有依托各种建筑物制作的形态各异的静止图像广告等。无意看到的图像能否引起注意，与个体自身状态，包括知识经验、需要程度、兴趣和态度、精神状态等有关。

（3）有意后观看　有意后观看是一种特殊的图像观看形式，指事前有预定的目的或某种仪式，但不需要意志努力或事先计划，具有有意观看和无意观看的某些特征。例如，正计划购买房子的人，当看到售房广告时会加以特别关注。

本书讨论的图像主要指人造的图像。实质上，就人类的图像观看行为而言，可将人类所看到的图像世界加以高度概括和分类，划分为三个范畴：自然存在的图像世界、人类的视觉图像世界和人类创造的图像世界。

（1）自然存在的图像世界　自然万物因光照而形成之像可统称为自然图像。大千世界的万物各有其形状体态，但形状体态是万物自身的“本体”，不能称之为“图像”。例如，在漆黑的夜晚，万物依然如白天一样存在着各种形状体态，却不能显现为“像”。只有在太阳光或者月光等光亮的照耀之下，方能显示出万物各具特征的形象姿态，这就是最天然、最原始的自然存在的图像世界。人类发明出各种人工照明灯具后，物体在人工光照下也同样能够显现出影像。此外，由于被照射物体的反光透过一些物质表面（如水面、光滑平面、玻璃镜面等）而形成的镜像也属于自然存在的图像。

（2）人类的视觉图像世界　人类的视觉图像世界是自然存在的图像世界在人类眼睛的视网膜上留下的印迹。自然世界里的万物可以通过人的观看行为，在人类眼睛的视网膜上留下视觉图像，这个视觉图像作用于人的大脑，对人的思想、情感与行为产生着各种直接或间接的影响。人类通过自己的视知觉，亦即通过主观图像世界来观察、认识和理解外在的客观世界。显然，视觉图像的产生是依赖于人的视觉感官与思维想象的。但是，视觉图像世界不等同于纯粹主观的想象世界，因为它同外在的真实自然世界有着不可分割的联系。同时，视觉图像世界也不等同于纯粹客观的自然世界，因为它是通过人类的主观感觉而获得的关于外在自然世界的图像。

（3）人类创造的图像世界　人类为了各种各样的需求，将所感受到的视觉图像用各种各样的材料（如石头、木头、泥土等），以各种各样的方式（如绘画、雕塑、摄影等）表现、记录和保存，于是就构成了一个由人类自己创造出来的图像世界。显然，这个人类独创的图像世界同人的视觉图像世界有着紧密的关联，但是，它们是两个不一样的世界。视觉图像世界是一个作用于人的眼睛、存在于人的头脑中的记忆图像世界。而人类创造的图像世界则是一个以物的形式存在着却包含着深刻的人类精神的人为物质世界，是一个有着文化或某种意义的可以独立存在的世界。人类创造的图像世界经历了漫长的发展过程，在不同的历史时期和不同的文化语境下有着不尽相同的文化内涵。即使在信息化的今天，虽然数字化图像以 0、1 编码形式存在，但其承载的介质是以实实在在的物质形态存在，如磁盘、光盘等，而且数字化图像可以以显示或硬拷贝的方式呈现给图像观看者。

自然存在的图像世界是一个最大的范畴，次之是人类的视觉图像世界，更次之是人类创造的图像世界。尽管人类创造的图像世界是对自然存在的图像世界的有选择的、部分的和有限的表现，但它却能够深刻地体现出图像存在的意义。由此可以清楚地表明：人类创造的图像世界既是一个物质的世界——以各种物质的形式（如绘画、雕塑、摄影等）存在着，更是一个精神的世界——其内涵丰富，表达着人类的情感与思想。

4.3.2 谁去看

就人类的图像观看行为而言，图像观看的主体是人，客体是图像，从观看主体角度可以将图像观看者划分为两大类：图像创造者和图像观看者。

（1）图像创造者　图像创造者亦可称为图像制作者。实际上，图像创造者也是图像的第一位观看者，在创造表达一定意义（主题和内涵）的图像时，图像创造者有属于自己特定的眼光和理解。

例如，在叙事图像的创造与传播中，如何选择故事情节绘制成生动活泼的画面，除了要考虑受众（图像观看者）、传播渠道与传播方式等方面的因素外，自己往往也有自主权和很大的裁量权。而在象征型图像创造过程中，尤其在创作图腾、徽标、标志或LOGO类的图像时，图像创造者应首先具有民族特定的文化或宗教基础，具有相同的或类似的生活环境，如此所创造的象征型图像才能正确传达所要表征的意义。当其他图像观看者看到图像时，才会唤起对某一个抽象意义、观念或情绪的认知、理解和共鸣。

对于利用数码照相机或智能手机拍照的图像创造者来说，在按下快门的一刹那，时间空间被定格在画面上，拍摄者也成了这张照片的第一位观看者。而且，拍摄者对所拍摄的照片是否保留有选择权，如果对画面效果不满意，完全可以删除，再重新拍摄。而在利用计算机等现代工具处理图像或生成图像时，图像的最终呈现形式和效果仍然是由图像创造者决定的，而且重新处理或生成更加方便快捷。对于视频监控或医疗影像设备产生的图像或视频，虽然是利用可见光摄像头、雷达、X光或超声等感知设备获取的，但是监控设备的布设位置或者探视的人体部位还是由人来决定的，由此也就决定了所获取图像呈现的内容、用途和价值。例如，用于道路车辆监测，小区入口监控，诊断脊椎是否有生理畸变，判断肋骨损伤情况等。

（2）图像观看者　图像观看者指除图像创造者以外的所有图像受众，其对图像本身没有任何主动权或裁量权。在观看图像时，图像观看者大多不直接与图像创造者接触，往往直接面对的只是图像本身，而且大多数情况下也没有他人引导或讲解，完全靠观看者自悟。

一般来说，图像观看者常常以自己的思维认知为导向审视图像，倾向于希望看到他想要看到的，以求达到与图像在某种程度上的契合。对于契合程度高的图像，图像观看者会花费更多的时间精力去理解和阐释图像，而对于契合度不高的图像可能会一带而过，走马观花。

图像观看一方面与观看者所承继的文化、宗教、习俗有关，另一方面也与个体的知识结构、年龄、性别、阅历等因素有着密不可分的联系。例如，对于一幅图像，训练有素的专业人员较之没有背景知识的人更能看出图像中的大量细节，或能联想到其他相关信息。而且，图像的“沉默”为观看者留下了足够的想象空间，即使是同一幅图像，由于观看者职业不同及在人生阅历上的差异，都会使得对图像的理解和阐释会有很大的不同。

近年来，汉字识别、交通违法抓拍、人脸识别等技术应用越来越普及，貌似图像的观看者变成了图像处理与识别系统，而不是人作为图像观看的主体。实质上，系统所拥有的图像处理与识别能力是人类赋予的，只有通过专业技术人员的设计与编程，才能使系统能够模拟人类智能，通过图像的处理与识别（可以认为是观看的一种方式）实现图像认知，识别出图像中的特定对象或细节（如数字、字符或汉字），或检测、跟踪视频图像中的移动目标（如人或车辆）。也就是说，图像处理与识别系统是按照设计人员的要求，代替人在观看图像。

而且，对于一幅图像来说，图像创造者想要表达的意义能被其他图像观看者所正确理解与阐述，或者图像中的存在物能被正确的检测与识别，这是在文化、艺术、科技等领域所追求的终极目标。

4.3.3　在哪看

世界上的一切生物（植物、动物）尤其人类除了生存在物理空间外，还有另一个生存空间：信息空间（Information Space）。不过直到 20 世纪后期，人类发明了各种新型的通信、存储、传感、处理和计算工具，经历数字化革命构建了互联网，建立起了一个全新的虚拟数字化网络空间——赛博空间（Cyber Space），将人类社会推进到了一个新的发展阶段：信息化社会。此时，人们才真正意识到信息空间对人类社会的巨大作用，认识到人类不仅要在物理空间中生存与竞争，而且还要在信息空间中生存与竞争。

（1）人类信息空间　赛博空间是人类构建的一种虚拟空间，是宇宙中信息空间中的一个子集，可用 Q_C 表示。互联网是构成赛博空间的主要组成部分，但并不是全部。赛博空间中还有很多网络并不一定利用 TCP/IP 协议与互联网相连通，例如，各种专用网络（组织内部网络、专用业务网络等）中有相当一部分不与互联网相联通。而且赛博空间是人类掌握了信息技术才开始构建，并逐渐拓展和完善。除此之外，人类的信息空间还包括另外两个组成部分：传统信息空间和未知信息空间。

从认识论角度出发，传统信息空间（Q_T）是人类在生存与发展过程中以传统方式收集、整理、保存、传播信息所建立的信息空间。传统的信息收集渠道包括自然界、人际网络、传统媒介（典籍、书刊、报纸、电视、广播、户外广告等）和人文景观等。早期的信息处理较少使用工具，几乎全部靠手工完成，如人工整序计算、手工誊写等，后期虽然也借助一些工具，如算盘、机械计算器、打字机等，但信息处理过程完全由人控制完成。而且信息的保存基本上依赖传统介质，如龟壳、竹简、丝绢、纸张、胶片、录音（像）带等，信息传播包括口口相传、人工传递，以及书刊、电报、电话、广播、电视等渠道。

宇宙中还有更多的信息，如动物间、植物间、人际间心灵感应等信息，甚至是信息空间中的很大一部分还不为地球上的人类所能获取和认知的信息，可暂且称之为未知信息空间（Q_U）。未知信息空间是至今为止由于人类认知能力或科学技术水平所限，尚未被人们所揭示的信息空间，或者说虽然人类已经意识到该未知信息空间的存在，但无法对其进行掌控。

因此，人类信息空间 Q 由三部分所构成，包括赛博空间 Q_C、传统信息空间 Q_T 和未知信息空间 Q_U，即 $Q = Q_C \cup Q_T \cup Q_U$。如图 4-8 所示。

（2）图像观看空间　在人类的信息空间中，图像越来越多地吸引着人们的眼球，图像观看不仅仅是日常生活的一部分，而且可以说就是日常生活。图像无处不在，影响着人们的认知方式，已经成为人类认知系统中最重要的信息符号表征，建构起感性直观的外部世界。细细想来，虽然人们已经成了图像的被动观看者，但是，在哪里观看图像不仅与图像所表达的意义、制作目的、观看者群体规模、观看者位置属性等因素有关，还与图像制作工具、图像制作技术、图像载体或存储介质、图像传播或传输技术、图像呈现方式或图像显示设备类型等众多因素有关。而就图像观看空间而言，可以按照“是否开放”将其划分为私密图像空间和公众图像空间。

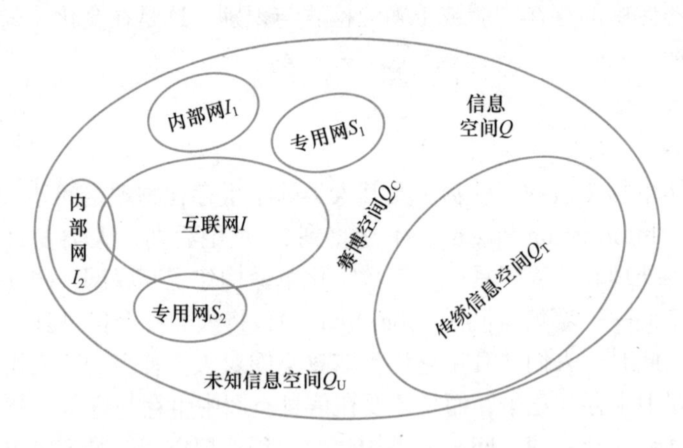

图 4-8　人类信息空间构成

1）私密图像空间。私密图像空间属于个人、家庭、亲属、朋友或组织，不对公众开放。例如，个人收藏或卧室装饰的书画、照片，通常是为自己日常欣赏或怀念过去时光之用，即使邀请朋友共同观看，也只是少数知己而已。家庭、亲属、朋友或组织的私密图像空间也是一样，无论是现实世界的某一间房、某一栋建筑中所收集、摆放的图像，还是在赛博空间中存储、显示的图像，通常只限定在家庭、亲属、朋友圈或组织内部的人观看，其他人观看需要得到许可或授权。

2）公众图像空间。公众图像空间面向社会某一类人群或全社会公众开放，通常具有历史传承、文化传播、宣传教育等属性。例如，书画作品展的参观者多是书画爱好者，通过观看书画作品实现与创作者的精神交流。电影、电视面向全社会开放，但这种开放是有限度的，买票进入电影院，在预定的时间才能观看电影播放；拥有电视机并购买频道播放权后，才能在家里舒舒服服地看电视剧。对于网络上的大量图片、视频资源来说，虽然可以在任何能接入网络的地方观看，但很多时候都需要先注册/缴费才能享受到观看的乐趣，当然这也是鼓励创造者提供更优质图像资源的一种方式。广告，顾名思义，就是面向社会公众广而告之。就表现手法上来说，图像广告是在各种传播媒介中使用最多的形式，因为图像对人们来说更易于理解和接受，能轻而易举地吸引更多人的眼球，这就使得人们时刻被广告图像所包围，不花钱便可以欣赏到各种精美的广告图像，然而有时候也会产生视觉疲劳。

随着移动互联网和智能手机的普及，图像观看行为不再局限在某一固定的物理空间位置，人们可以在移动的过程中观看图像。例如，在乘坐公交车或地铁回家的途中，可以欣赏手机上显示的图片，或者将沿途风景拍照上传到微信或 QQ 群，也可以下载大片欣赏。实质上，移动互联网技术的发展使图像观看主体能在移动中完成观看行为，虽然观看客体来源于移动互联网，但并没有改变图像观看空间的私密或公众的性质。只不过移动互联网技术使得人们观看图像的位置更加自由，摆脱了图像所摆放或存储的位置束缚。

4.3.4　看什么

人们观看图像，无论是无意观看，还是有意观看或有意后观看，人们在看图像的什么呢？或者说在观看一张图像时，人们是按什么顺序来观看图像的呢？

从日常生活中的实践经验可知，明度适中的图像可以勾起人们的观看欲望，色彩协调富有美感的图像可以提升观看者的体验，而清晰度可更进一步决定人们是否有继续深入观看的兴趣，那些明度不足、色彩混乱、清晰度不高的图像很容易被观看者无视而忽略。因此，人们观看一幅图像首先感知的就是图像的明度、色彩和清晰度，如图 4-9 所示。

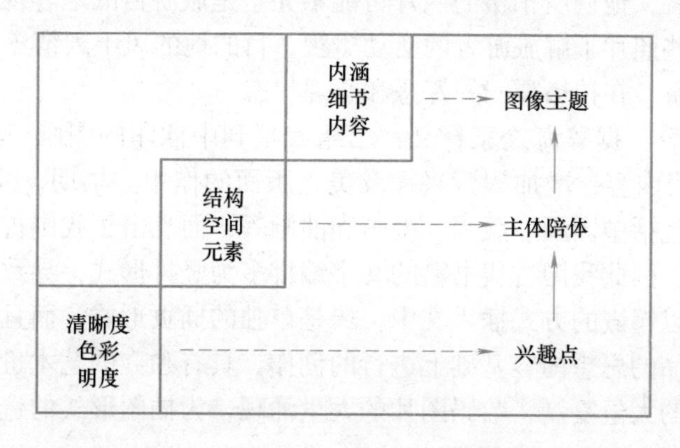

图 4-9　图像观看顺序

在观看兴趣的支撑下，点、线、面等图像元素，以及由这些基本元素所构成的形体——一个个现实世界或幻想中的事物被感知和识别。当然，呈现在人们面前的图像是由一系列图像符号（元素亦或形体）按照一定的规则与规律并置与构成在一起，通过空间、结构关系的布局，使图像富有立体、层次、透视感，引起观看者的共鸣，从而分辨出图像中的主体与陪体、前景与背景。最终，通过图像所承载的信息内容、细节（如人的身材、五官、服饰等）以及构图方法领会图像的内涵，也就是图像创造者要表现的主题。

图像作为一种媒介、一种语言，其具有历史传承、艺术欣赏、知识传播、叙事记实、隐喻幻想、规划设计等功用。实质上，人们观看图像到底在看什么？是与图像的功用有关的，不同功用的图像也就决定了人们观看图像的目的和观看的重点，而且，各种图像的观看重点根据功用不同也有较大差异。下面仅就摄影与观看、插图与观看两个话题进行讨论。

（1）摄像与观看　纵观整个摄像摄影发展史，摄影的功能性一直在不断发展与演变，从客观再现的真实记录到主观选择的自我表达，每个摄影者的记录方式、拍照主题、创作动机、拍摄角度都不尽相同。那么，在看一张照片、一幅图像的时候，观看者究竟看到了什么呢？

不同的摄影照片呈现的被摄对象或许相同，但所要表达的主题可能有很大的差异。而且，同样的被摄对象由不同的摄影者拍摄，呈现的也可能是截然不同的情绪与视角。另外，不同的观看者观看相同的照片，得到的观感也可能是完全相反的，这主要是源于观看者内心的情感与认知对图像的不同感悟与理解。从符号学的角度看，图像或者局部的图像形成了符号，而符号的本质就是要通过被表现物去唤起表现物的观念。因此，人们在观看摄影作品时，就是观看者联结自身以往的图像认知符号和眼前的图像符号的认知过程，这个过程受政治、经济、社会、个人经验等一系列因素的影响，最终影响观看者的心理体验与判断，从而领会图像所传达的主题，甚至挖掘出更深层次的信息。

例如，旅游者常常通过照相机镜头表达他们对旅游行程、目的地的理解和认知，对人与物，甚至照片观看者的欲求。作为拥有自由摄影权力的旅游者，对拍照的态度不单是记录客观的影像证据，而是从旅游经历中选择任何触动他们的景、物、事和人元素，组成自己的话语，表达现实背后他们对旅游行程、目的地的观感和认知。正因为如此，旅游者不一定是客观的观察者，他们所拍摄的照片可能不完全是旅游目的地客观真实的写照，但观看者却可以通过这些照片了解旅游者的活动概貌、目的地的风土人情（如人、物、景色），以及形形色色的旅游者在拍摄瞬间的好恶和心理状态。

（2）插图与观看　据辞海之家释义：书籍或报刊中插印的图画、照片，也称为“插画”，具有辅助说明内容、增加阅读兴趣及美化版面的作用。早期，插图可以是线描图，也可以是着色图，包括中国画、版画、漫画和油画等，而且由于我国古人的阅读方式为从上到下、从右至左，因此我国古代书籍的文字编排多为竖排形式，导致插图与文字的布局较少变化，插图或以镶嵌的方式插入文中，或是单独的插页形式。而且，文学作品的插图多是画家在忠于作品的思想内容基础上进行的创作，具有独立的艺术价值。后来随着印刷工艺的进步，照片的大量复制，数码图片的大量涌现，为插图形式的选择提供了更多的可能性。

如今的插图载体和形式丰富多样，包括出版物配图、卡通吉祥物、影视海报、游戏人物设定及游戏内置的美术场景设计、广告、漫画、绘本、贺卡、挂历、装饰画、包装等多种形式，甚至延伸到现在的网络及手机平台上的虚拟物品及相关视觉应用等。有些插图还可作为一种单纯的艺术作品，在不依附于任何载体的情况下，以独立的形式展示出来，例如，被某个展览展出，被一本插图集收录。

由于数字时代的到来，人们的生活观念也发生了一系列的变化。现在的插图也已不再是传统意义上的插图了，插图艺术正在进入商业化时代，插图的概念也正在发生改变。正是由于数字技术的支持，数字时代的插图艺术给人们带来了全新的视觉体验，尤其现代插图的立体感不断增强，也为插图获得了更广阔的发展空间，带给观看者更加美妙的审美体验。

4.3.5　如何看

通常来说，“阅读”是与文字相关的。不过，有时人们也会把欣赏一幅图像或一幅画作说成“读图”或“读画”，这里的“读”强调的是欣赏的深度，也微妙地点出了“看画”与“读画”之间的差异。但在网络时代，多媒体形式呈现的信息爆炸式增长，“纸面上”凝聚的诸多艺术的神圣性、文字的逻辑性不断被“界面”的良好体验所颠覆和碾压，人们“读屏”多于“读书”，眼睛在网上快速、便捷地“暴走”，替代了细嚼慢咽式的传统阅读，这里的“读”已经不再意味着欣赏的深度，可以说是一种阅读的革命，这种阅读方式有人称其为“浅阅读”或“碎片化阅读”。

与文字阅读不同，人们在读图时不需要按照“既有的轨道”理解文字的含义，而往往是按照“读图的逻辑”：整体观看。实质上，人们在阅读文字时，习惯于将视线聚焦到每一个字或词上，然后按照从左至右或自上到下的顺序移动视线，在字与字、句与句的联系中获取信息，这就是人们常说的“逐字逐句地读”。但是，当人们面对一幅图像时，其视线往往不会聚焦在一个点上，而是将目光投射到全部图像元素，在各个元素、形体、空间、结构的交融中领会图像的内涵。倘若说文字阅读是字与字的“相加”，那么图像阅读就是元素与元素的“相乘”，视觉感知远远不止于对感性材料的复制，而是图像整体赋予观看者一种创造性的领悟，这种领悟蕴含着丰富的想象力，促进了观看者的灵感闪现和意义顿悟。

随着计算机技术及多媒体技术的发展，图像观看（读图）不再仅仅局限于人类自身，各种先进的工具不仅丰富了人类的观看手段，而且在某些场合机器已经可以代替人类去观看图像。

（1）看图工具（软件）　目前，大量的图像是以数字形式保存的，其描述方法、存储格式、压缩方式、存储容量及色彩表现均有所不同，在使用中也有所差异，常见的数字图像格式有 BMP、PNG、GIF、TIFF、JPEG 等。人们在使用计算机或手机等智能终端观看数字图像时，需要相应的看图工具（软件）读取存储设备中的图像文件，按照显示终端或打印终端的要求进行适配，将图像显示在终端屏幕上或输出硬拷贝（包括打印纸、相纸或胶片）供人们观看。

近年来，看图工具（软件）层出不穷，且功能越来越强大、越来越完善，版本更新升级的周期也越来越短，如 ACDSee、2345 看图王、美图看看、Honeyview、Google Picasa、光影看图、FastStone Image Viewer、Irfanview、万能看图王、iSee 图片专家等。而且，有些看图软件实际上是计算机辅助设计软件或图像处理软件，随着这类软件被广泛使用，其所特有的图像存储格式也被广泛接受，如 Photoshop、AutoCAD、Protel 等。

看图软件使得人们可以观看以数字形式存储的图像，一般都支持主流存储格式图像的浏览、管理，并对其进行编辑、剪裁。支持图像缩放、打印以及全屏查看或幻灯片查看，而且缩略图预览方式可一次性预览当前目录下的所有图片，为人们观看数字图像提供了极大的便利。另外，人们不仅可以借助专用系统欣赏珍稀书画作品、山水美照，还可以实现疾病诊断、微创手术，甚至远程医疗、在线会议、网上授课等。

（2）计算机看图　在某些特殊场合，计算机已经可以代替人看图，那么计算机看图在看什么呢？实质上，这是计算机图像处理并识别出各种不同模式的目标和对象的技术应用场景。这就相当于给计算机装上眼睛，使计算机可以和人类一样从图像中快速获取信息，如人脸识别、自动驾驶等。

当计算机去“看”一幅图像的时候，其实就是对像素矩阵进行运算，找到一些适用的特征值，如图像的颜色特征、纹理特征、形状特征和空间关系特征等。颜色特征描述了图像或图像区域所对应的景物的表面颜色分布性质；纹理特征描述了图像或图像区域所对应景物的表面纹理变化性质；形状特征有两类表示方法，一类是轮廓特征，另一类是区域特征，图像的轮廓特征主要针对物体的外边界，而图像的区域特征则关系到整个形状区域；空间关系特征是指图像中分割出来的多个目标之间的相互的空间位置或相对方向关系，这些关系也可分为连接/邻接关系、交叠/重叠关系和包含/包容关系等。

作为计算机看图的图像识别技术目前已经达到了实用程度，在智能交通、社会治理、军事刑侦、生物医疗、机器视觉等领域有着大量成功的应用案例，不过这些应用仍然脱不开目标或对象的识别，距离计算机像人一样去评判一幅图像的创作水平、艺术价值的高低还有很长的路要走。

4.4 图像与想象力

在任何一种文化、一段历史中，人类都凭借想象力创造了并且一直创造着关于自然、事物与自我的形象。人们需要这样的形象，以便在交流中向他人诉说自然、事物与自我。同时，人们也需要基于这一形象去获得对自然、事物与自我的更深入地理解和想象。

4.4.1 视觉形象与想象

爱因斯坦说过："想象力比知识更重要"。想象力是一种能促使人类预想不存在事物的独特能力，最具革命和启示性作用。想象力是知识的一种创意，是将个人独特的才能、看法转换成新奇而有效的想法，是一种能面对日常生活挑战而衍生出创新主张的能力，正是这种想象力的创造推动着人类社会不断向前发展。

（1）视觉形象　什么是形象呢？从心理学角度看，形象是人们通过视觉、听觉、触觉、味觉等感觉器官在大脑中形成的关于某种事物的整体印象，简言之是知觉，即各种感觉的再现。通过视觉感知到的形象称为视觉形象，在人类的知觉中，视觉形象占80%以上。

在人类的视觉思维过程中，存在三种视觉形象，包括：

1）想象中的视觉形象——意象。

2）观察到的视觉形象——表象。

3）创造出的视觉形象——图像、影像、图形、绘画、拟像（虚拟图像）等。

截至目前，视觉形象呈现的手段有如下四种：

1）绘制手段，包括绘画、绘图等。

2）印制手段，包括拓印、印刷等。

3）摄制手段，包括照相、摄影、摄像等。

4）数字手段，利用计算机软件设计、生成等，包括2D图形/图像、3D图形/图像、VR/AR图像等。

（2）视觉想象　在视觉思维中，视觉想象是以之前看到的记忆中的事物表象为起点，借助于感受、经验和联想，把游离的、分散的意象在大脑中组合和改造成为一个抒情达意的新的视觉形象。视觉想象的目的在于追求一种新的境界，一种新的事物，是意识与潜意识的纽带，是人的个性、智力、精神的融合，视觉想象可分为有意识想象、感性想象、理性想象、潜意识想象和无意识想象等。

视觉想象充斥着人类的非凡想象力，而且是有意识的。例如，画家在创作作品之前就已经想好了怎么画，虽然有时可能会即兴发挥，但绝大多数情况下是在想象力的指引之下，把视觉想象逐渐呈现出来。设计师在承接一座桥梁的设计任务时，会在以往经验的基础上，凭借丰富想象力先在脑海中形成未来桥的视觉想象，然后给出设计图纸，通过工程施工完成实物桥梁的建造。陶艺师在制作一个创意作品之前，先想象出陶瓷作品的形象及制作工艺和方法，通过练泥、拉坯、印坯、利坯、晒坯、刻花、施釉、烧窑、彩绘等一系列技艺和工艺流程，将泥巴变成了人们喜爱的工艺品。很显然，这些有意识的想象是在感性想象或理性想象的基础上，发挥自己的想象力形成的。而且，有资料证明人类醒着的时候，40% 的时间都在想象、幻想，即使在睡觉时，大脑也在不停地构建影像——潜意识想象或无意识想象，即做梦。

4.4.2　梦境与想象

每个人都会做梦，梦与之俱来，不分贵贱、不分长幼、不分尊卑、不分男女、不分中外，伴随人的一生。只要人的大脑思维能力还在，梦就会长久不衰，只是梦的内容有所不同而已。若说梦是幻觉，但梦中的人物事件，醒后皆历历在目，若说梦是真实的表现，但醒后却难以找到完全一致的梦中人物事件。有时日有所思，夜有所梦，有时梦中所见，日即遇之。梦如同身影一般，既司空见惯，又神秘莫测，既虚无缥缈，又真实可见。梦之神秘，古往今来，中外都有众多研究，由此产生了众多的梦文化，成为各民族文化中不可缺少的重要组成部分，《周公解梦》就是在我国民间广为流传的解梦之书。

（1）梦的阐述　《周礼·春官》中明确提出六大梦：正梦、噩梦、思梦、寝梦、喜梦、惧梦，而明代陈士元集历代诸家梦说，将梦分成九种：气盛之梦、气虚之梦、邪寓之梦、体滞之梦、情溢之梦、直叶之梦、比象之梦、反极之梦、厉妖之梦。很明显，我国古代先人根据对梦的朴素认识进行了分类，而且多将梦与人的吉凶祸福联系在一起。

然而，近现代心理学的研究（如弗洛伊德、荣格等）已经帮助人们剥离了关于梦的神秘外衣，认为大部分梦都是心理学现象，是人潜意识的种种反应。之所以说大部分，是因为的确有少数梦涉及一些难以解释的超自然现象，例如，一些很灵验的托梦，有预见性的梦，是无意识的。潜意识并不能用现实世界的文字、语言与宿主（潜意识本人）沟通，唯一可以用来同人们交流的手段就是通过梦境向人们展示各种带有暗示、象征和隐喻等意味的梦的图像。

现代医学对梦的研究也已经证实：做梦是伴随每个人终生的一种生理活动，是介于睡眠和觉醒之间大脑活动的第三状态，梦大约占去人生睡眠时间的 1/5。而且，现代医学认为，梦是睡眠时体内外各种刺激因素作用于大脑皮层，包括残存于大脑的兴奋痕迹所引起的。各种刺激因素包括心理、生理、病理和环境因素等，这些因素均可能影响到梦境的形成。中医认为，做噩梦通常是由于阴虚火旺造成的，所谓阴虚指的是肾阴虚，火旺是指心火旺。肾阴不足，就会导致心火旺盛，从而出现做噩梦、失眠、心慌、头晕等症状。

目前，特殊设计的计算机系统可以采集到大脑皮层的“活跃信号”，当测试者进入睡眠状态时，系统能够识别出梦境中 60% 的图像。而且，脑神经学家的研究成果也表明，做梦是对大脑有益的正常生理活动，有利于锻炼大脑的功能。不用担心做梦过多会影响大脑休息，做梦更不会影响到人体健康。

（2）多彩梦境　梦境是一种看不见摸不着的虚无空灵的境界，可以对应到诗歌创造技巧的“虚”，与现实世界相互映衬、相辅相成。因此，古诗词中多出现梦境，大大丰富了诗歌的意象，并以此深化诗歌的主题，创造出一种朦胧迷离意境和虚实相生的绝佳景象。

1）英雄梦：辛弃疾《破阵子·为陈同甫赋壮词以寄之》。辛弃疾 21 岁时，就在家乡历城（今山东济南）参加了抗金起义。起义失败后回到南宋，当过许多地方的长官。后来，他长期不得任用，闲居近二十年。公元 1188 年，辛弃疾与陈亮在铅山瓢泉会见。《破阵子·为陈同甫赋壮词以寄之》作于这次分别之后，描述了壮志难酬的英雄梦。

【原文】

醉里挑灯看剑，梦回吹角连营。八百里分麾下炙，五十弦翻塞外声。沙场秋点兵。

马作的卢飞快，弓如霹雳弦惊。了却君王天下事，赢得生前身后名。可怜白发生！

【译文】

醉梦里挑亮油灯观看宝剑，回到了当年的各个营垒，接连响起号角声。把烤牛肉分给部下，乐队演奏北疆歌曲。这是秋天在战场上阅兵。

战马像的卢马一样跑得飞快，弓箭像惊雷一样震耳离弦。一心想替君主完成收复国家失地的大业，取得世代相传的美名。可怜已成了白发人！

2）亡国梦：李煜《望江南·多少恨》。李煜降宋后，由凌驾万人之上的九五之尊沦落为任人凌辱的阶下囚，经历人生大喜大悲，悔恨长伴，追忆不断。《望江南·多少恨》是李煜降宋被囚后的作品，描述了含悲饮恨亡国梦。

【原文】

多少恨，昨夜梦魂中。还似旧时游上苑，车如流水马如龙。花月正春风。

【译文】

昨夜的梦里有多少恨意呀！梦中的景象，还像以前我还是故国君主时的样子，在上苑游玩，车如流水、马如长龙一样川流不息，正是百花烂漫、暖风吹的春天。

3）多情梦：苏轼《江城子·十年生死两茫茫》。这是苏轼为悼念原配妻子而写的一首悼亡词，表现了绵绵不尽的哀伤和思念，描述了思乡怀人的多情梦。

【原文】

十年生死两茫茫，不思量，自难忘。千里孤坟，无处话凄凉。纵使相逢应不识，尘满面，鬓如霜。

夜来幽梦忽还乡，小轩窗，正梳妆。相顾无言，惟有泪千行。料得年年断肠处，明月夜，短松冈。

【译文】

两人一生一死，隔绝十年，相互思念却很茫然，无法相见。不想让自己去思念，自己却难以忘怀。妻子的孤坟远在千里，没有地方跟她诉说心中的凄凉悲伤。即使相逢也应该不会认识，因为我四处奔波，灰尘满面，鬓发如霜。

晚上忽然在隐约的梦境中回到了家乡，只见妻子正在小窗前对镜梳妆。两人互相望着，千言万语不知从何说起，只有相对无言泪落千行。料想那明月照耀着、长着小松树的坟山，就是与妻子思念年年痛欲断肠的地方。

以上只是众多描述梦境古诗词的三个典型代表。古代诗词借梦境抒情，或写梦中景象，或写梦后感；或借梦回顾往昔，或借梦寄托夙愿。梦境与现实既密切相关，又相反成对，一虚一实，很富哲理性。

每个人都会做梦，有些梦境醒后记忆清晰，有些朦胧恍惚。例如，某个人离开家乡很长时间了，想回家看看又久不能成行，常常会接连做这样的梦：要回老家，请假不准，或是路途遥远，行程难以确定；有时决心启程，只有单人独行，或是车票难买，或是赶上山崩地裂；将近家乡时又总是在日已西斜时，迷失路途，忘记了经过村庄的名字，又无法打听；或者是遇见暴风雨，道路泥泞，所穿鞋子又不利于行路，有时鞋大，有时鞋小，有时倒穿着，有时横着穿；即使遇见儿时玩伴，对方已不再认识自己。种种困扰，非弄到急醒为止。醒来原来是梦一场，总要过一段时间才能稳定心神。细细想来，梦中的境况、图像好似曾见过，或见于电视情节，或见于网络视频，或者在欣赏文字作品时有过类似的想象。

4.4.3　科幻与现实

科幻小说全称科学幻想小说（Science Fiction Novel），是一种在尊重科学的基础上进行合理设想而创作的文学载体，一般认为优秀的科幻小说须具备“逻辑自洽”“科学元素”“人文思考”三要素。

（1）科幻小说　著名科幻小说作家阿西莫夫和阿尔迪斯把第一部科幻小说认定为 1818 年玛丽·雪莱创作的《弗兰肯斯坦》(或译《科学怪人》)。之所以认定科幻小说诞生于 19 世纪初，是因为人类在 19 世纪全面进入以科学发明和技术革命为主导的时代后，一切关注人类未来命运的文艺题材，都不可避免地要表现未来的科学技术，而这种表现在工业革命之前是不可能的。

西方科幻小说的发展大致可分为四个时期：

1）萌芽初创时期。19 世纪初至 20 世纪初，英国的工业革命和达尔文的进化论带来了科学幻想小说的兴起。

2）黄全时代。20 世纪 30 年代至 60 年代，物理学家爱因斯坦的相对论带来了科学幻想小说的中兴。

3）新浪潮。20 世纪 60 年代中期至 80 年代初，由于核裂变、太空航行、彩色电视机、电子计算机等科学技术飞速发展，进一步促使了西方科幻小说的繁荣。

4）新浪潮后期。20 世界 80 年代初至今，经过二三十年的繁荣，科幻小说家从科幻作品的主题、情节到艺术的方法进行了全新的探索。

我国近代的科幻小说事业可以说是从翻译开始的：

1）开拓。1900 年逸儒和薛绍徽（秀玉）翻译了凡尔纳的《八十日环游记》，1903 年梁启超翻译了凡尔纳的《十五小豪杰》，鲁迅翻译了凡尔纳的《月界旅行》。1908 年，晚清小说家包天笑发表了科幻小说《世界末日记》，小说中写到：“经一亿万年而后，忽闻有太阳及各行星将绝灭之一说。此说如电光之速，瞬息达于全世界”。

2）进军。20 世纪 50 年代中期，政府号召人民“向科学进军”，我国社会的科学热情和文学激情十分高涨，涌现出了一大批知名作家和优秀作品。1950 年张然发表科学童话《梦游太阳系》，此文被认为是新中国科幻文学的开端，而郑文光 1954 年创作的《从地球到火星》则被看成是新中国第一篇科幻小说。

3）春天。20 世纪 60 年代后期开始，我国科幻小说进入了新的发展阶段。1976 年 5 月，《少年科学》创刊号发表了叶永烈的《石油蛋白》，引起较大反响。叶永烈的名字和他的科幻小说迅速在我国传播，这一时期的重要科幻作家还有郑文光、童恩正、刘兴诗、肖建亨、金涛等。

4）崛起。正当中国科幻小说空前兴旺之时，20 世纪 80 年代中期，忽然掀起了一场对科幻小说的猛烈批判，许多科幻小说被指责为宣扬伪科学、暴露社会阴暗面和格调低俗。但进入 20 世纪 90 年代，科幻创作队伍迅速更新，新生代的科幻作家迅速崛起，代表人物主要有吴岩、星河、王晋康、韩松、绿杨等。

尤其是刘慈欣创作的系列长篇科幻小说《三体》，其由《三体》、《三体Ⅱ·黑暗森林》、《三体Ⅲ·死神永生》组成。第一部于 2006 年 5 月起在《科幻世界》杂志上连载，第二部于 2008 年 5 月首次出版，第三部则于 2010 年 11 月出版。《三体》讲述了地球人类文明和三体文明的信息交流、生死搏杀及两个文明在宇宙中的兴衰历程。第一部经过刘宇昆翻译后获得了第 73 届雨果奖最佳长篇小说奖。

实际上，人们通常可以从三个层次来理解科幻小说：

首先，科幻小说是小说。它不是科普读物，不是寓言故事化的《十万个为什么》，也不是形象化的“未来学”，更不是科学与文学杂交产生的所谓“边缘科学”。科幻小说要符合文学创作规律而不是符合科学发明规律。这就如同武侠小说首先是小说，而不是武术教材，言情小说不是恋爱婚姻指南，侦探小说不是破案指导丛书一样。

其次，科幻小说要有科学内容。它不必以科学界为全部题材，也不必以科学问题为小说的主旨，但是一定要以科学内容为小说的某个关键环节。美国著名科幻作家西奥多·斯特金认为科幻小说是“以科学的某一方面内容构成故事的情节或背景的小说”。

最后，科幻小说的关键之处，或者说“闪光点”，是要有“幻想”。本来，所有小说都是虚构的，小说本身就具有了“幻想”的性质，但是科幻小说特别要强调“幻想”这一点，为人们展现与现实不一样的绚丽场景。

科幻小说虽不是主流文学，但却享有着比主流文学更多的读者。从玛丽·雪莱到儒勒·凡尔纳、H.G. 威尔斯、郑文光、叶永烈，再到今天的星河、韩松、王晋康、刘慈欣，科幻作家越来越受到读者喜爱和欢迎。而且，借助于现代的摄影摄像手段，很多科幻小说被改编为科幻电影，取得了体验转移与视觉构建的双重结果。

（2）科幻电影　虽然科幻电影（Science Fiction Movies）一词只可追溯到 1926 年前后，但是科幻电影的雏形早在电影诞生之时就一并形成了，例如，1902 年法国导演梅里爱的《月球旅行记》、1904 年的《太空旅行记》和 1907 年的《海底两万里》等。常见的科幻电影可以划分为以下几大类：

1）怪兽电影。将外星、史前生物表现为狰狞恐怖的怪兽，威胁人类生存。

2）灾难片。地球资源耗尽、外星人入侵或未来重大自然灾害，使人类面临生存危机。

3）星际旅行。表现人类探索宇宙，或在异星冒险、开拓的故事。

4）太空史诗。将宇宙放到一个庞大的世界观中，描写其中各大势力、力量之间的争夺、兴衰。

5）时间旅行。表现人类拥有了控制时间的能力之后的冒险和奇遇。

6）机器人。表现机器人和人类的关系，往往是机器人产生人类情感等机械伦理问题。

随着计算机特效技术日趋成熟，科幻电影题材也日趋多样化，既有涉及热门科学研究的影片，也有以动作元素为主的超级英雄系列，但对未来的思考和人性可能性的探索依然是科幻电影的永恒主题。

2019 年春节期间，根据刘慈欣同名小说改编的电影《流浪地球》上映。该片使用了 CG 技术、3D 虚拟摄像机以及用于电影特效制作的各种软件，几乎囊括了目前计算机所有视觉呈现与创作技术，达到了非常理想的视觉效果。上映三天后，连续占据春节期间国内电影票房榜首位置。如此不同寻常的表现，让《流浪地球》很快就超越了文学与电影的双重场域，上升为一个全社会瞩目的文化现象，开启了我国科幻电影元年。

（3）科幻与现实　然而，科幻最大的特征就在于它赋予了“幻想”依靠科技在未来得以实现的极大可能，甚至有些“科学幻想”在多年以后，的确在科学上成了现实。因此，科幻就具有了某种前所未有的“预言性”。法文中，儒勒·凡尔纳的科幻小说最早就被称为“Anticipation”，即“预测”。这样的文学作品基于科学的可信性是必要条件，应当说这种“科学至上”的精神，是科幻小说和科幻电影有别于其他幻想类型作品的根本所在。

科幻小说或科幻电影虽然是一种幻想，是对现在未知事物、科技发展的描写，但它又扎根于社会现实，反映社会现实中的矛盾和问题。因此，不仅要看到它对未来的构想，也要看到它与现实的联系。这是因为科幻小说是来源于现实却又有别于现实的，它通过借用未来设定的外衣，反映了现实中人类最迫切需要解决的问题以及这些问题对未来可能造成的影响。

1920 年，捷克作家卡雷尔·凯佩克发表了科幻剧本。在剧本中，凯佩克把捷克语“Robota”写成了“Robot”，“Robota”是奴隶的意思。该剧预告了机器人的发展对人类社会的悲剧性影响，引起了人们的广泛关注，被当成了“机器人”（Robot）一词的起源。

时至今日，机器人已经在各行各业得到了广泛应用。而且，凯佩克提出的机器人的安全、感知和自我繁殖问题至今困扰着人类，由此产生了机器人或人工智能的发展安全问题。为了防止机器人伤害人类，1950 年科幻作家阿西莫夫（Asimov）在《我是机器人》一书中提出了“机器人三原则”：

1）机器人必须不伤害人类，也不允许它见到人类将受到伤害而袖手旁观。

2）机器人必须服从人类的命令，除非人类的命令与第一条相违背。

3）机器人必须保护自身不受伤害，除非这与上述两条相违背。

上述三条原则给机器人社会赋以新的伦理性。至今，它仍会为机器人研究人员、设计制造厂家和用户提供十分有意义的指导方针。

有关脑机接口的观念是在 20 世纪 70 年代初问世的。1973 年，比利时裔美籍计算机科学家维达尔就致力于探讨人脑与计算机直接交流的可能性，缘起是帮助中风患者康复。在此之前，美国《幸福牢笼》（1972 年）描写了德国科学家开发微芯片以访问士兵快乐中枢，试图以之缓解士兵的攻击性。在此之后，美国《终端人》（1974 年）描写了程序员本森同意在其大脑植入芯片，以检测并用电脉冲治疗癫痫。

2020 年，埃隆·马斯克创办的脑机接口企业 Neuralink（神经链接）公司展示了旗下脑机接口产品的最新版本：LINK V0.9。它将一枚看起来像硬币的微型脑机接口设备植入小猪的大脑内部，根据采集到的信号成功预测了小猪的行进路线。由此可以看出，很难说科学界或艺术界在促进脑机接口观念诞生方面孰先孰后，也很难说科学家和艺术家谁对此贡献更大，但它无疑是科学与艺术互动的典型案例。

除上述案例外，还有很多科幻小说或科幻电影中出现类似的场景。可以想见，在不远的未来，在脑科学和智能科学家的努力下这些将成为现实。例如：

1）脑强化剂。将纳米机器人作为脑强化剂，添加进入人脑，并与人脑神经元协同工作，极大地增强人脑的模式识别能力、记忆力和综合思考能力。

2）思维移植。用类似“大脑扫描仪”的设备扫描人脑，捕捉所有主要细节，形成“思维文件”，然后将大脑的状态通过文件传输的方式，完整地“复制”到一台超级电脑或另一个人脑上，从而实现“思维移植”。

3）芯片植入。将可以取代人脑海马体的芯片植入人脑，大幅提高人脑的记忆力。例如，普通人通过几十年的学校教育才能获得的知识，只需要移植一个存有大量知识信息的芯片就能解决。随着信息技术与纳米技术的整合，以及电源持久供应等问题的解决，计算机将进一步微型化，除植入记忆芯片外，还可以直接植入一台或数台微型超级计算机协助大脑工作，从而大大提高人类个体的智力水平。

4）脑机接口。把微型读脑装置安装在眼镜、项链、衣领等随身物品中，人脑即可与计算机直接交互信息（脑联网），快速调用计算机和网络中的计算资源和数据资源辅助人脑工作。

《人工智能》《星际迷航》《流浪地球》等科幻电影，不断地将人类带进一个个触及未来的科幻世界和科幻场景中。而在今天，伴随着科学、技术与媒介的发展，科幻电影中的未来景观似乎离人们越来越近了。人工智能、家用扫地机器人、机器人送餐、虚拟现实技术（VR）、增强现实技术（AR）、电子游戏、赛博空间、5G、基因重组、全息影像，各种新技术将一个个似乎只在科幻电影中出现的全新眩幻景观逐渐渗入到人们的生活世界，科学技术的飞跃发展正不断更新人们对时间与空间、真实与虚构、人类与非人类、现实与未来的认知，使人们认识到那些原来只存在于科幻电影中、并不现实的景观，有可能进入到当代人的生活世界，这就是科学技术发展的结果。

4.4.4 奇幻与玄幻

科幻小说偏向于现有科技的延续、强化及想象，但奇幻小说与科幻小说不同，通常较偏向非百分之百理性或是不可预测的世界结构(内容多有魔法、剑、先知等)，若以时间序区分，奇幻小说较偏向过去也就是在历史（虚无）中寻求背景依据或是相似场景。

1）奇幻小说。早期常说的奇幻小说大致可分为西式和日式两类。西式奇幻根源最深，从《魔戒》上溯到《亚瑟王》，再到希腊、北欧古代神话，处处都有西方文化的烙印。西式奇幻通常可分为“主流奇幻类”(Hign Fantasy)和“剑与魔法类”(Sword & Sorcery)两种，前者比较注重文学性（如《魔戒》)，后者则多偏重于冒险、战斗，更像是“动作片”。

日式奇幻则融合了西式奇幻与日本文化，绝大部分是日本武士道精神、西式奇幻故事、中国谋略智慧等的结合。日式奇幻文化根基深厚，很多作品娱乐性强，人物塑造往往非常炫目。而且，日本文化中又有我国文化的血脉，再加上精彩动漫的展现或者辅助推广，日式奇幻比西式奇幻更容易赢得我国读者的青睐。

一些恐怖小说，以现代生活为背景，加入吸血鬼、狼人、鬼魂等元素，勉强可归入奇幻类，或归入奇幻小说与恐怖小说交界的边缘幻想类。还有一类所谓的“历史架空”小说，通常是虚构出一个世界，或是一段历史，以此为基础创作传奇故事，其中魔法、巫术、神怪内容并不多，基本采用历史小说的手法来写，人物能力也常不超过正常人的极限，可以归入奇幻小说与历史小说的交叉类。

20 世纪 80 年代，后现代电影工业与电脑特效的大规模应用使奇幻小说的电影化表达成为可能与风尚，而“奇观”联结了奇幻小说与奇幻电影。奇幻电影（Fantasy Film）创造了最为丰富壮阔的幻想世界，通过想象运用虚构手段架构新时空、塑造超自然形象和编排神奇惊险情节，具有奇幻审美品质和令人惊奇的审美效果。尤其是 2000 年以来，计算机特技的发展使影视美术摆脱了传统拍摄手段的限制，自由呈现“独立的山川地貌、人文历史、生物种族、智慧生命、物理法则等”，而且角色动画的进步消弭了造型创作的技术壁垒，使虚拟角色从外观到动作都极具可信度，并展现出丰富的想象力和创造力。

2）玄幻小说。玄幻小说伴随网络文学的兴起而逐渐流行，通过网站小说栏目、小说网站、阅读 APP 等平台吸引了大批读者。玄幻小说情节内容光怪陆离，来自于网络写手天马行空的想象编纂，如时空穿越、东方玄幻、修真仙侠等。玄幻小说推动了我国网络文学的兴起和繁荣，并走向世界。

从“玄幻小说”一词诞生至今，一直没有一个明确的公认定义。综合各种观点和看法，可以定义为：玄幻小说是在武侠小说等文体演变过程中衍生并兴起的一种新型的纯娱乐文体，其借鉴和杂糅了武侠小说、科幻小说、神话小说、魔幻小说和传奇的创作手法，在现实或虚拟时空中根据想象编纂，描写拥有超自然能力的人物和事件的发生与成长经历。

玄幻小说是一种具有中国特色的文学表现形式，多数以我国现实、某一历史时期或超时空为背景，融合幻想、神话、武侠、励志、爱情等多重因素进行创作，通常带有我国传统文化的特色。2003 年开始，玄幻小说逐渐在网络文学中崭露头角，进入 2004 年以后，则出现了玄幻小说的热潮，从此玄幻小说开始占据网络小说的主导地位。

玄幻小说之所以广泛流传，首先是因为网络小说的作者创造了一个想象的世界，这个世界脱离了现实社会的种种束缚，能够让读者感受到精神愉悦。其次，玄幻小说讲述的普通人获得巨大成功、走上人生巅峰的故事，使读者体验到了从未有过的成功愉悦。另外，玄幻小说普遍传达出一种同情弱者、善恶分明、惩恶扬善、伸张正义的精神，虽然这种精神和现实社会有一定的差距，但却能让受传者得到心理安慰和精神愉悦。随着玄幻小说在国内的走红，很多玄幻小说被改编拍摄成电影、电视或是网络剧。而且，很多玄幻小说流传到国外，成为我国文化输出的一个载体。

在一定意义上讲，社会环境为玄幻小说的兴起提供了丰厚的土壤。然而，由于受到作者自身素质以及商业环境的限制，严格意义上真正能够传承中华悠久文化，同时具有艺术价值的作品仍不多见。玄幻小说热潮究竟是昙花一现，还是能够蜕变为一种具有厚重感的文化载体，仍将拭目以待。

思考题与习题

4-1　人类记忆的三个阶段分别是什么？

4-2　画图说明瞬时记忆、短时记忆、长时记忆之间的关系。

4-3　简述人类的四种记忆方式。

4-4　结合实际，举例说明拍照可以加强记忆。

4-5　简述我国古代的四种思维方式。

4-6 结合自身经历，举例说明标识、思维导图的作用。
4-7 结合自身经历，举例说明有意观看、无意观看和有意后观看的行为。
4-8 什么是自然存在的图像世界、人类的视觉图像世界、人类创造的图像世界？
4-9 图像创造者和图像观看者之间有何异同？
4-10 画图说明信息空间概念。
4-11 移动互联网技术对人类的图像观看有何影响？
4-12 画图说明人类图像观看的过程。
4-13 人类看图与计算机看图有何异同？
4-14 简述人类视觉思维过程中的三种视觉形象，以及视觉形象呈现的四种手段。
4-15 简单描述自己的一个梦境。

参考文献

[1] 奥尔森. 婴儿的知觉、记忆和认知的实验研究 [J]. 心理科学通讯，1981（3）：36-38.

[2] 朱珍，陈荟慧. 智能科学与技术导论 [M]. 北京：机械工业出版社，2021.

[3] 黄木. 时间·记忆·图像 [J]. 东方艺术，2018（7）：153-157.

[4] 张盟初. 作为个人记忆的图像 [N]. 社会科学报，2019-5-30（6）.

[5] 张盟初. 自拍图像中的记忆痕迹－论图像的客观性在场与记忆的关系 [J]. 今传媒，2019，27（5）：62-65.

[6] 俞错，赵翠娟. 为了分享的生产：手机自拍的社会需求研究 [J]. 商业文化，2020（Z1）：59-63.

[7] 杨永军. 试论图像思维与古文化缘起 [J]. 东岳论丛，2007（2）：199-200.

[8] 蒙培元. 中国传统思维方式的基本特征：中国思维偏向 [M]. 北京：中国社会科学出版社，199l.

[9] 刘宁，刘卫利. 中国古代思维方式及其意义 [J]. 固原师专学报（社会科学版），2004（5）：62-64.

[10] 马晓虹，张树武. 论四大名著影视改编与传播的当代性 [J]. 东北师大学报（哲学社会科学版），2009（6）：161-164.

[11] 孔庆新. 思维系统观和思维科学系统观 [J]. 经济师，2019（10）：41-43.

[12] 连维建. 图像·视觉滋味 [M]. 天津：人民美术出版社，2016.

[13] 张展鸿. 图像思维 [M]. 北京：中信出版集团股份有限公司，2018.

[14] 王睿颖，马格侠. 利用思维导图培养学生历史核心素养 [J]. 智库时代，2019（22）：26-29.

[15] 李小荣. 观看之道：佛教图像传播的哲学思考 [J]. 学术研究，2014（6）：128-134.

[16] 曹浪. 浅析摄影图像的表现与观看 [J]. 美与时代，2020（5）：69-70.

[17] 连维建. 图像·视觉思维 [M]. 天津：天津出版传媒集团，2016.

[18] 吴岩. 西方科幻小说发展的四个阶段 [J]. 名作欣赏，1991（2）：122-126.

[19] 孔庆东. 中国科幻小说概说 [J]. 涪陵师范学院学报，2003（3）：37-45.

[20] 倪祥保. 奇幻电影起源发展及命名合理性 [J]. 江苏社会科学，2017（1）：194-199.

[21] 盖博. 中国玄幻小说热潮现象的多元解析 [J]. 出版科学，2006（5）：34-37，53.

[22] 张屹. 网络小说的情绪传播意义－以玄幻小说为例 [J]. 南京邮电大学学报（社会科学版），2019，21（1）：59-67.

第5章 CHAPTER 5 图像传承与知识构建

图像传承是人类历史上最古老也是最普遍的信息传达方式，虽然文字在信息交流中具有更强的描述和表达能力，但是语言文字也容易受到地域和语言的限制，为信息的传达带来不便，而图像具有超越地域和语言的优于文字的传达能力。无论是古代传统文化寓于图像之中的传承，还是今天的信息交流与传播，人们更乐于接受图像形式，究其原因是因为人类的一生时时刻刻都在与图像打交道。尤其在现代社会，人们从出生，到幼儿园、中小学、大学、研究生教育，直到参加工作，系统教育培养与自身生产生活实践相结合，逐渐构建起了完善的图像知识体系，赋予人类个体对图像的感知力和理解力。

5.1 图像传承与应用

图像传承是我国史前神话的主要传承方式之一。早期，图像通过其所保存的知识系统对原始神话进行传承。后来，《山海经》《天问》等保存我国史前神话最多的文献典籍也多以史前神话图像为基础。原始神话图像作为人类早期知识的重要组成部分，不仅在社会精神生活中占据着十分重要的位置，而且也激励着人类在历史长河中不断创新图像知识的应用，包括琴棋书画、陶瓷雕塑、男耕女织、民居家具、饮食服饰、婚丧嫁娶、出行访友等人类生产生活领域的方方面面，图像知识不仅得到了逐渐积累、丰富，而且世世代代传承。这种传承是图像应用的传承，是图像精髓的传承，是图像知识与民族文化深度融合的传承。

5.1.1 中国传统民居外形

1986年4月1日至1991年6月11日，历时5年，当时的我国邮电部发行了普23（14枚）、普25（2枚）、普26（3枚）、普27（2枚）共计4套21枚《民居》普通邮票，分别展示了内蒙古、西藏、东北、湖南、江苏、山东、北京、云南、广西、上海、宁夏、安徽、陕北、四川、山西、台湾、福建、浙江、青海、贵州、江西等21个省份和地区的典型民间建筑外形。风格各异的民居是中华民族的建筑艺术瑰宝，是勤劳的我国人民聪明智慧的结晶。秦砖汉瓦江南水乡式的江苏民居，四合院式的北京民居，石库门式的上海民居，竹楼式的云南民居，窑洞式的陕北民居，庭院深深的江西民居，东西折厢式的湖南民居，360度圆盘式的福建民居，层峦叠嶂山城式的四川民居等，画面把各地民居刻画得惟妙惟肖、淋漓尽致，令人如身临其境、浮想联翩。

1. 普 23 邮票

普 23 邮票全套 14 枚，如图 5-1 至图 5-4 所示。

图 5-1　普 23 邮票（1）至（4）

图 5-2　普 23 邮票（5）至（7）

图 5-3　普 23 邮票（8）至（10）

图 5-4　普 23 邮票（11）至（14）

（1）内蒙古民居　蒙古包属小型民居，一般通高 2 ~ 3 米，直径 4 ~ 7 米，包顶呈伞骨状圆形，很容易在短时间内拆建，便于搬运，能够抵御风寒，适合游牧民族的生活特点。按照结构形式，蒙古包有移动式和半永久式两种。

（2）西藏民居　在西藏广大牧区的草原上，牧民居住方形的帐房。藏南谷地的乡村和城镇石材丰富，民居一般用石砌墙，木材梁、柱和椽子，平屋顶，高 2 ~ 3 层，因其外形类似碉堡，故得名“碉房”。在青藏高原上，碉房建筑与周围环境粗犷、雄浑的格调比较和谐，适合高原自然条件和农牧业生产的特点，能够满足藏民日常生活、宗教信仰和自卫防御的各种需要。

（3）东北民居　邮票画面的上方是延边地区朝鲜族廊式住宅。朝鲜族房屋大部分带有廊子，因为朝鲜族房屋内全部是火炕，当进门时，必须要有脱鞋的地方，特别是雨天，有廊子设置能使室内清洁，也可以在廊子内休息、乘凉、放置什物。画面下方是吉林省蒙古族农民的主要住宅“马架房”。马架房在山墙开门，形状似吉林省东部山区汉族农民的马架，故当地人称之为“马架房”。这种房屋平面近方形，上部可用椭圆顶，极似蒙古包的化身。画面中间是东北常见的汉族住房，一般并列三间，中间为厅堂兼厨房，左右两间为居室。

（4）湖南民居　湖南民居建筑平面多为前后两个一明两暗的三开间房屋组成，中为内院，植以花木。青瓦粉墙，墙内设有风火道。因村镇房屋鳞次栉比，为避免火灾时殃及邻舍，故房屋两端的山墙筑得高出屋顶，起隔火作用，称为“风火墙”。房屋背山面水，山墙瓦檐随地势起伏，环境优美。

（5）江苏民居　江苏省气候温和湿润，水域丰富，城镇及乡村民居大都临河依水而建或跨溪而筑，居住者既可出前门走进街道，又可从后门走下石阶漂洗衣物。住房布局紧凑，一般为两层楼房，并建有阁楼。房屋高敞，墙身薄，出檐深。院子围以高墙，成封闭式，可减少太阳的辐射。不仅房屋前后开设高大门窗，院墙上也开窗，利于通风。

（6）北京民居　北京的四合院具有七百多年历史，以古朴、典雅、适用著称于世。其布局特点是围绕一个院子，四周布置住房、堂屋、厨房、杂房和厕所等。基地四周为墙，一般对外不开窗。大多坐北朝南，中轴线上南向为正房，北向为倒座，两侧为厢房。规模较大的将房屋布置在前后两院，两院之间设有一道门。内院是四合院的主体建筑，房屋比前院高大、宽敞、明亮。

（7）云南民居　云南是我国聚居不同民族最多的省份。许多民族有自己特色的民居，傣族、景颇族、德昂族等居住于干栏式建筑，其中傣族的竹楼最典型。楼近方形，上下两层，上层住人，下层无墙，用以饲养牲畜及堆放什物，顶为双斜面，多覆以编成的“草排”。

（8）上海民居　上海旧的住宅除一部分花园楼外，以里弄“石库门”房子最具代表性。大片住宅成排布置，互相毗连。户内建筑布局紧凑，高 2 ~ 3 层，青瓦坡屋顶，设有小型晒台，内有小天井供通风采光，所占面积不大，适宜于上海这座市场繁荣、人口密集、寸土如金的大城市特点。房子在建筑正面和墙头、大门等处，常作简单的装饰。

（9）安徽民居　安徽民居的布局，一般都以三合院或四合院为基本单位，但与北方的院落形式不同。根据当地气候、地形的特点，安徽传统的民居建筑多为各种造型的二层楼房，有的依山傍水，有的参差起伏，有的层楼叠院，精雅朴素，堂皇俊秀。

（10）陕北民居　陕北地区位于我国西北的黄土高原上，由于雨量少，缺乏树木，而黄土层又相当深厚，人们便就土山的山崖挖掘出各种窑洞，作为住宅。洞顶呈弯形，完全符合力学原理。前面装设门窗，采光好。黄土具有较好的隔热性能，故洞内冬暖夏凉。

（11）四川民居　四川民居结合当地气候炎热、阴雨潮湿、多山地丘陵等特点，利用砖、石、竹、木等地方材料，采用多种设计手法，依山傍水，随势而筑。空间丰富多变，层次错落有致，造型空透轻盈，色彩清明素雅，与自然融为一体，宛似天成。

（12）台湾民居　台湾民居的基本形态是三合院或四合院，独家独院，屋顶前后两坡落水。房与房之间有内缩回廊相通，兼有避雨和防晒的作用。屋脊和屋角上饰有彩色花纹，颇具艺术特色。农家多用三合院，前面广场可以暴晒农作物。较富裕的人家或官宅则多用四合院，因为有门厅与正厅的缓冲，隐蔽性较高。

（13）福建民居　邮票画面为福建“承启楼”外形，圆形的砖楼与土楼具有坚固、安全、省地、省材、防震隔热、冬暖夏凉的优点。土楼是一座同心多圆圈土楼，环环相套，天井和房屋包围在一个圆体之内。外环房屋高 4 ~ 5 层，底层作厨房及杂用间，二层储藏粮食，三层以上住人。其他环房屋仅高一层。中央建过堂，供族人议事、婚丧典礼及其他活动使用。外墙下部不开窗，外观坚实雄伟，很像一座堡垒。

（14）浙江民居　邮票画面为浙江黄岩天长街住宅，面街背河、附有店面。临街设店面，内部兼作起居室，后部临河作厨房。朝河一面利用局部底层屋顶的三角形空间，辟一阁楼做卧室用。阁楼三面凸出，窗台做得较低，三面都开窗。朝河方向的外廊向水面稍稍挑出，局部用竹席遮住，作储藏室。屋顶上面朝河的阁楼和三层楼的处理使整个造型有虚有实，有高有低，轮廓线富有变化。

2. 普 25 邮票

普 25 邮票全套 2 枚，如图 5-5 所示。

图 5-5　普 25 邮票

（1）青海民居　青海地处高原，是汉族、藏族、回族、土族、撒拉族、蒙古族、哈萨克族聚居的地区，因为地理环境、自然条件，丰富的建筑材料使其民居富丽堂皇而典雅。前房为高台阶平房，大门凹进，左右两扇窗户形式各异。后院的房屋为一楼一底，楼上有凸出的明式走廊。

（2）贵州民居　贵州地区也是多民族聚居的地区，各民族所居住的房屋区别较大，贵州西南靠云南、四川地区，多修建邮票中所展示形式的房屋。该房屋基本与四川民居的木结构特点一致，不同的是这种民居建筑在较高的石料基础之上，房檐前高后低较为平缓，房门常开在左侧面靠后。

3. 普 26 邮票

普 26 邮票全套 3 枚，如图 5-6 所示。

（1）广西民居　广西地处低纬地带，北回归线横贯中部，夏热冬暖，雨量充沛。有十多个民族居住在这里，其中以壮族为主。邮票画面上的住房，是桂西、桂北山区一带，壮、苗、瑶、侗各少数民族的民居，一般为 2 ~ 3 层，底层为牲畜间、仓房。二、三层为起居活动之用，设火塘间和前后廊，一般农活、家务都可以在宽敞的廊子里进行。三层多为卧室，内墙隔断灵活，空间自由，民居多依山而建，风光秀丽，环境优越。

图 5-6　普 26 邮票

（2）宁夏民居　宁夏地处黄河中游地区，为温带大陆性半湿润干旱气候。雨雪稀少，气候干燥，日照充足，风大沙多，因此，其住宅多是墙壁低矮，房预宽阔，利于抵御风沙侵袭。宁夏回族约占总人口的 1/3 以上。邮票票面主图为回族家居院落，围墙开有两扇正门，并有起脊门楼，院内住房黑瓦白墙，极整洁干净，反映了回族居民生活的一大特征。

（3）山西民居　山西民居以土坯大砖为建筑材料，常为瓦房。瓦房的布局、结构一般以三间为主，院墙和房屋形成四合院，院墙大门和房顶都建有独特的装饰。迄今保存完好的山西祁县乔家堡村的“乔家大院”，古朴典雅，宏伟壮观，是清代北方民居建筑的一颗明珠，具有山西民房的典型特色。襄汾县丁村民居，太谷县曹家民居，阳城县润城民居等都是布局严谨，规模宏敞，在海内享有盛誉的民房建筑。

4. 普 27 邮票

普 27 邮票全套 2 枚，如图 5-7 所示。

图 5-7　普 27 邮票

（1）山东民居　邮票票面所展示的建筑具有东北地区部分汉族住房特点，以石、土混合筑房壁和院墙，屋顶有一层较厚的泥土，以保护房内的温度，有的房顶类似东北地区蒙古族“马架房”的房顶。

（2）江西民居　江西地区房屋，尤其广大乡村的民居，基本结构形态与四川民居相同，即木结构，有堂屋、卧室、厨房等用房。但建筑材料、房屋质量一般比四川民居要好些，通常是以瓦房为主。

我国的民居建筑是千百年来劳动人民用自己勤劳智慧的双手，在适应与改造大自然的漫长岁月中创造出来的。由于我国幅员辽阔，各地区的自然地理条件不同，各个民族风格与传统各异，生产和生活各具特色，建筑材料千差万别，使我国的民居建筑多姿多彩，富有创造性。民居建筑不仅记载着人世间的沧桑，每一块砖、每一片瓦也烙下了劳动者的印迹，都曾有可歌可泣的动人故事。而且，民居建筑也传承了我国古老文化，凝聚了劳动人民对算术几何的认知，以及丰富的图像知识。

5.1.2 古代器皿造型样式

器皿是指用来盛装物品的物件的总称，通常以饮食器具为主，如盆、罐、碗、杯、碟等。器皿可以由不同的材料制成，并做成各种形状，以满足不同的需求。器皿造型，也称“器型”或“形制”，是指根据各种需求，以明了的观念，利用不同的材料，采用不同的工艺技术，设计和制作出具有物质和精神双重功能的器皿外部形态。

任何实在的物都有形的存在，形是视觉可见的，触觉可触的，任何有意识创造的形象都可以称之为造型。按照现代设计观念的分析，器皿造型的构成要素主要是点、线、面、体，器皿造型样式的变化也就是这些要素形态改变和组合改变的结果。在设计制造时，通过对这些要素的集聚、删减、分割、变化或扩大、缩小、形变、布局等手段，产生出千变万化、美轮美奂的形态。造型与随时代和地域快速变化的纹饰不同，它表现出较为明显的强稳定性，而这一稳定性的直接决定因素是具有较高艺术水平和使用价值。

地域或国度、时代、流派、工匠个人的生活环境、工艺技术、审美心理、文化传统、社会制度等方面的不同，造就了不同的器皿造型样式，某种“样式”确立并被认可之后，往往会被广泛传播并被不同时代、地域、流派的工匠所采用，甚至上升为政府标准和规范。

1. 新石器时代

人类对器皿造型的感知和认识应该来源于对自然物的使用，人类曾有过用树叶作为食具的历史，为了略微方便一些，可能会对自然物进行加工，这就是工艺最早的起源。陶器是人类最早使用物理和化学手段改变物质性能制作的器皿，陶质器皿从新石器时代产生至今一直在沿用，虽然东汉以后瓷器崛起，但是最终也没有完全取代陶器的使用，尤其在普通大众生活中仍随处可见。

新石器时代早期，器皿造型样式简单，多为罐、壶、斗之类。而新石器中晚期孕育了灿烂的农业文明文化，如仰韶文化、大汶口文化、龙山文化、河姆渡文化、良渚文化、马家浜文化、崧泽文化等。该时期陶器的造型也从敞口、圜底、球形或半球形的单一结构形式，发展到了具有流、口、肩、腹、鋬、足、盖、座等多种结构形态，多种空间变化的造型样式，艺术性也得到了不断提高。可概括为五大类：壶（细脖深腹，包括瓶类）、罐（广口深腹，包括钵、瓮类）、碗（广口浅腹，包括盆、盘类）、鼎（多足深腹，包括釜类）、豆（独足浅腹，包括爵、觚类）。器皿造型以关中、晋南、豫西为中心，并以此为中心向黄河上下游延伸，创造并传承了大量的陶器造型样式。

2. 夏商至西周时期

夏商至西周时期，发端于原始社会的礼器造型样式与青铜工艺相结合，获得了长足的发展。青铜礼器种类丰富、样式繁多，主要有食器鼎、鬲、甗、簋、豆、簠、敦、盂，酒器爵、角、觥、觚、盉、卣、觯、尊、壶、罍、方彝，水器盘、匜、鉴等。

青铜礼器发展到周代有了一个大的转折，即从以“酒器”为核心转变到以“食器”为核心。而且，周代礼制最重要的是用鼎制度，在祭祀、宴飨、丧葬等礼仪活动中，都要按等级使用以鼎为核心的成套青铜礼器。从考古发掘的情况来看，西周早期以后，礼器中食器的比重逐渐加大，酒器比例变小。显然，商代以爵、觚、斝为核心的礼器系统，逐渐被以鼎与簋为核心，包括鼎与俎、笾与豆等组合的礼器系统所取代。

3. 春秋至秦汉

春秋中期至战国早期，青铜器造型在新形势下面貌一新，食器和乐器种类很多。青铜器中原来重要的礼器，如簋、鬲、盨、簠、盂等数量逐渐减少，实用的鑑、敦、樽、鐎、耳杯、缶等器皿逐渐增加。另外，春秋战国实用的漆器也得以快速发展。春秋时期漆器类型有簋、豆、扁壶、方壶、盒、盆、匣等，战国时期漆器主要有日常使用的器皿，如耳杯、盒、卮、樽、豆、盘、碗、勺、奁、禁和虎子等，且许多器具为后世所沿用。

秦和汉初，青铜簠、敦、豆、簋消亡，甗的造型也实用化，铜礼器仅有鼎、圆壶、提梁壶、钫、蒜头壶、盒、提桶、匜等，西汉时期的青铜器皿以日常生活实用器为主，主要有食器鼎、釜、甑，酒器钫、钟、耳杯、樽、卮、盉，水器盘、洗等，并渗透到了社会生活的各个方面。东汉时期，青铜容器中的礼器一部分消亡，一部分转化为实用器，例如，盆、釜、甑、鍪、各种壶、樽、鐎斗、耳杯、洗大量出现。汉代漆器生活用具非常丰富，主要有耳杯、卮、樽、盒、盘、盂、锺、钫、具杯盒、勺、匕、鼎、盆、匜、沐盘、桶、罐、奁、盒、匣、虎子等，而且，每种器物都有很多不同的造型。

4. 汉末至隋唐

隋至盛唐时期我国器皿造型的新变化，多由西方影响而致。西方器皿造型的颀长劲挺、单把手持、曲形腹口等多种特征，对唐代金银器及瓷器造型样式的设计与制作产生了很大冲击。

随着西方金银器的本土化，金银器皿的器物种类扩大到了食器、饮器、容器、药具、日用杂器、装饰品及宗教用器。金银器皿由于其材质的稀有性，被社会上层奉为珍宝。此种情况下，仿金银器造型样式的廉价陶瓷器满足了普通民众对器皿新奇样式的需求，如单把杯、高脚杯、长杯、方形盒、高足碗、花口碗、花口盘、凤头壶、执壶等。从整体看是器口、器腹的多曲变化，以及盖子、把手、流口、系耳等附件的增加。

5. 五代至元

宋代时期，很多瓷器和漆器造型模仿西域传入但已本土化的金银器造型，并融合了宋代审美特征。很多瓷器的口部和腹部都流行多曲形，有荷口、海棠口、葵口、菊瓣口等样式，腹部有四出、五出、六出等，同时有凸线和凹线之别。

辽代瓷器的造型可分为中原样式和契丹样式两大类。属于契丹样式的陶瓷器往往是契丹人游牧生活中的必备之器，有鸡冠壶、凤首瓶、长颈瓶、盘口长颈瓶、盘口长颈注壶、盘口背带壶、扁背壶、鸡腿坛等，此类造型样式都具有契丹民族的传统风格。属中原样式的有碗、盘、碟、罐、盏托、唾壶、注壶、盒、钵、盆等。同时，西方文化的震撼力直接冲击辽代早期并延续到辽代中期，辽金银器的器口中圆形、葵式、椭方、海棠、花瓣、菱弧形等与唐代金银器有较大相似性。

元朝不仅幅员辽阔，而且是一个世界性大帝国。北方草原文化、中亚伊斯兰文化、东欧拜占庭文化、中原汉族文化、边疆各民族文化交汇融合，在元代器皿造型上均有所体现，最有代表性的典型器皿造型是大碗、大盘、大罐、大壶、扁壶、高足杯、玉壶春瓶，以及各种便于携带的多系器皿等。但元代的南方，汉族器皿造型所受到的外来及少数民族的影响要小于北方。因此，南方原南宋故地的器皿造型在很大程度上是宋的延续，如金银器杯、盘、碗、盒等器皿的口部和腹部，多模仿梅花、莲花、葵花、荷叶、菊花等吉祥美观的植物形象。

6．明清

明朝瓷器广为普及，皇室贵族、封建官僚、一般地主、普通市民、乡村农民普遍使用瓷器，瓷器在日常使用器皿中占很大比例。明代瓷制器皿大致分为日用器、陈设器和祭祀器，其中日用器是数量最多的一类。

日用器的分类非常细，品类也异常繁多。景德镇御器厂为明代宫廷烧造的日用器有碗、靶碗、碟、杯、盅、靶杯、劝杯、盏、卤壶、执壶、酒盅、罐、坛、靶盅、酒盏、酒碟、果碟、菜碟、盖碟、渣斗、醋注、醋滴、缸、瓶、盒、果盒、钵、葫芦瓶、膳碗、磬口茶瓯、壶、酒海等四十多种。明初的民间酒器类有尊、榼、欙、罍子、果合、泛供、劝杯、劝盏、劝盘、台盏、散盏、注子、偏提、盂、杓、酒经、急须、酒罂、马盂、屈卮、觥、觞、太白 23 种。而且，瓷质器皿种类的丰富，造型的多样，能够基本满足社会各个阶层的需要。

明代漆器造型也品种众多，样式丰富，远超以往。明代漆器总体仍以日常生活用器为主，涉及生活中的各个方面，有盒、盘、匣、尊、盏托、碗等，其中以各类盒、盘最多。同一种器皿造型样式极多，以明代剔红盘为例，有圆盘、葵瓣式盘、菱瓣盘、牡丹盘、方盘、长方盘、八角盘、条环盘和四角盘等。

清朝是我国最后一个封建王朝，经过上万年积累，我国器皿的造型完全成熟并趋于定型。乾隆时期的瓷器造型之繁多为历朝所不及，各种盘、碗、杯、碟、瓶、罐、缸、盒、尊、盆、盂等器型，每类均有几种至几十种样式，新奇的器皿不可胜数。例如，仅瓶类器造型就有天球瓶、赏瓶、胆瓶、葫芦瓶、多联瓶、转心瓶、转头瓶、壁瓶、马褂瓶、甘露瓶、交泰瓶、盒瓶、锥把瓶、抱月瓶、四方瓶、海棠瓶、荸荠扁瓶、橄榄瓶、觯瓶、萝卜瓶、四方倭角瓶、斜方瓶等，而葫芦瓶的造型样式又可以细分为绶带扁葫芦瓶、镂孔交泰葫芦瓶、绶带束腰葫芦瓶、三联葫芦瓶、撇口葫芦瓶等，多联瓶则又可以分为双联、三联、四联、五联、六联甚至九联等各种样式。

除了瓷器外，清朝其他质地的器皿也得到了大发展。例如，清代的漆器造型集各代之精华，达到了我国漆器工艺的顶峰。在造型设计上不断创新，使一些传统漆器造型样式也有了明显变化，各种花果式及几何形漆器造型大量出现。例如，漆盘造型则有方形、长方委角形、圆形、八方形、六方形、莲瓣形、海棠形、委角形、束腰形、荷花形等。漆瓶也精美且多样，如清中期识文描金银花卉海棠式瓶、清中期剔红婴戏瓶、清中期描金彩漆牡丹长颈瓶、清晚期描金彩漆花卉壁瓶、清晚期黄漆墨彩秋山晚景梅瓶、清晚期剔红开光山水人物蒜头瓶等。

5.1.3 汉族民间服饰纹样

民间服装是相对于宦官阶层的其他群体的服饰，此处讨论的是近代 1840 年至 1949 年清末民国时期，由民众自己设计、自己制作、自己欣赏、自己使用、自己保存的服饰品。而几何纹样是以点、线、面组成的方格、三角、八角、菱形、圆形、多边形等有规则的图纹，包括以这些图纹为基本单位，经往复、重叠、交错等处理形成的各种形体。几何纹样是传统服饰最常用的纹饰之一，一般以抽象型为主，也有与自然物象配合而形成的服饰纹样。

1. 汉族民间服饰与纹样

汉族民间服饰主要有两种基本形制，上衣下裳和衣裳连属制，这两种形制流传了数千年。民间服饰品种类繁多，上衣包括袄、衫、褂、长袍、旗袍、马甲、背心、坎肩，下裳主要有裙（马面裙、凤尾裙、围裙）、裤（大裆裤、套裤），足衣有鞋（绣花鞋、弓鞋）和绑腿，服饰品有帽、眉勒、耳套、云肩等。

近代汉族民间服饰中的几何纹样的构成形式主要有两种：

（1）纯理念形态构成的纹样　单纯由点、线、面体构成，其形式主要有心形、圆形、多边形、三角形等，或是由几种几何形相互穿插而成。此类几何形纹样只强调形式美感，没有任何寓意，变化自由。

（2）由自然形态进行高度抽象概括而形成的点、线、面体图案　其形式主要有：对自然现象再现的云纹、雷纹、涡纹；对动物身体的模仿的龟背纹；对宇宙万物阴阳轮转、相辅相成认识等人为创造出来的太极图；象征吉祥、功德的符号化纹饰，如卍字、寿字纹、盘长纹、方胜纹、锁子纹等。

图 5-8 所示为服饰纹样例（方格纹、龟背纹、云纹）。清末时期民间服饰中的几何纹样多为方胜、卍字纹、云纹、盘条、龟背纹等谐音寓意纹样组合，而民国时期出现了高度抽象概括和符号化的纹样，如条纹、圆点、十字纹、正字纹等。构图的形式主要有连缀式、散点式、独幅式等，其中连缀式构图最为常见，用于比较规整的几何纹样，主要表现为二方连续、四方连续和边缘连续等，如近代传统绣花大襟袄，在领缘、门襟及底摆处均采用连续式的构图形式。散点式常以组合形式出现，即在几何形骨架内填充缠枝花、折枝花、自然纹样、团花等，如民国立领窄袖吸腰圆摆大襟花袄，回纹与花卉纹样组合装饰于整个衣身。

图 5-8　服饰纹样例（方格纹、龟背纹、云纹）

清代汉族民间服饰中，几何纹样多用在上装、下装等主体服装上，蕴涵特定的寓意。但清末及民国时期有所变化，主要表现在随着服饰品类的增多，几何纹样广泛应用于头饰、云肩、眉勒等饰品中。

2. 几何纹样色彩

在我国古代，最早出现“色彩”名词记载的是《尚书》：“采者，青、黄、赤、白、黑也；色者，言施之于缯帛也”。明清以赤为尚，黄黑二色只有帝王可用，并严格规定官民服色，强调不得使用“玄黄、紫及玄色、黑、绿、柳黄、明黄诸色”，这就使得民间服饰制作只能在允许的范围内使用色彩。但是，商品经济的发展直接促使社会的新变革，使人们对色彩的分类越来越细致，进而促使民间服饰色彩出现了新的面貌。

清代染织专著《布经》，色名罗列达 90 余种，蓝以外“杂色”有详细工艺配方的有京红、棕色、紫檀、酱色、铁色、秋色、沉香、水绿、中明、豆绿、圆眼、柳绿、茶叶绿、鹅黄、金黄、密黄、杏黄、藕荷、玫瑰紫、大红、双红、桃红、银红、水红、亮红，等等，达 70 余种，由此可以推测清代服饰颜色十分丰富。此外，清代的《扬州画舫录》也记录有江南染坊的一些染色技巧。民国时期，国外印染技术的引进以及色彩理论知识的完善，促使当时的色彩在种类和工艺上都有了进步，呈现出多元化的发展趋势。

清代及民国时期汉族民间服饰几何纹样的色彩有如下特点：

（1）几何纹样色彩传承性　无论清代还是民国时期，民间服饰中几何纹样的色彩都具有传承性。在主色、配色以及点缀色的运用上，传统的正色仍占据突出地位，例如，红色、黄色以及蓝色的应用比例较大。

（2）民间服色传承性　民间服饰中几何纹样在近代的主色依然是黄、红、蓝、黑、月白，其中暖色系中最常用的有红色、明黄、米黄、茄紫色等；中性色有白色、玄色等；冷色系有湖色、品蓝、浅蓝、绿色等。这些主色基本上延续了我国传统的民间服色，具有典型的传承性特征。

清末民国时期，由于西方文化的影响，在传承基础上又出现了其他色调，如橄榄绿、灰绿、暗紫等配色，呈现出多元化特征。特别是民国时期，民间服饰中几何纹样的色彩在纯度上有所增强，如深赤、大红、明黄色、深蓝等，这是对国外染料引进和吸收的结果，也迎合了人们的审美需求。与此同时，服饰中的几何纹样也加入了纯度较低的辅色加以调和，如暗紫、月白、玄色、灰色等。

运用于服饰角隅（jiǎo yú，意为：边角、角落）等部位的几何纹样，常搭配以一些组合色彩及异色相拼。此外，在装饰点缀色方面，清末时期几何纹样的装饰色彩多为玄色、月白等中性色，服饰整体上比较素雅。而在近代民国的旗袍和饰品中，则喜用黄、红、绿、紫等进行点缀，且多为同类色系的渐变，并通过刺绣、布贴、挑花等不同工艺的装饰，使其视觉效果更为强烈。

3. 传承与启示

任何新事物的产生都是以传统为基础而建立的，作为中华民族极具特色的装饰纹样，其是在传承传统审美体系的基础上，吸收现代工艺及其形式美感所形成的具有中国特色的几何纹样体系。看似简单的几何纹样，通过自由组合、灵活运用，能体现出严谨、规律、富有节奏的形式美。

随着现代服饰的不断发展，服饰几何纹样也融入了新的特征，或加入变形文字，或与其他具象纹样变相组合，或通过分解得到新的纹样。而且，规则的几何纹样反复连续性的运用，可使人产生稳重、平衡、古典之感；而不规则的几何纹样反复连续性的运用，则会产生视错、韵律之感。

服饰纹样中的点、线、面是最富于变化的元素，通过改变它的结构、方向，按照特定方式的组合，可产生局部与局部、局部与整体之间不同的动态趋向。例如，服饰设计中“线”的运用，水平线给人以平稳、横向延伸的感觉；垂直线给人以上升或下降、纵向拉伸的感觉；而波浪线则具有上下左右波动的感觉，其动态感更为强烈。再比如，通过点、线、面不同的组合、叠加或变化，置于装饰不同的部位或施以大小不同的面积，从而扩大或缩小整体的比例，使人产生膨胀或收缩感，可使原本平面单调的服装更具空间感。

另外，色彩与纹样的完美组合在现代服饰中尤为重要。如服饰几何纹样的大小、组合与排列方式等，通过不同色彩的渲染，能给人以最佳的视觉效果。随着生活节奏的加快，休闲、简约风格能够放松紧张的心情，从而使得服饰在纹样用色上也偏向简单、明快，例如，以亮丽、时尚色为主；以经典的中性色为主要色系；以对比色为主等。而且，同一种几何纹样利用不同的材质或异料相拼，灵活地运用色彩，可使服饰更具时尚、潮流、前卫风格。

5.1.4　椅类家具吉祥纹样

家具是指人类维持正常生活、从事生产实践和开展社会活动必不可少的器具设施大类，随着时代的不断发展，家具如今已经是门类繁多，用料各异，品种齐全，用途不一。传统的宁式家具是指明清以来宁波地区制作并流传的民间传统家具，以“巧和浓”地域特色成为典范。作为一种民间艺术，宁式家具世代相传，尤其是几何形吉祥纹样在宁式椅类家具的应用，寄寓了宁波地区人民追求吉祥的心理，表达着人们对美好生活的憧憬和祝福。

1. 几何吉祥纹样寓意

椅类家居的几何纹样与起源更早的彩陶几何形纹样装饰类似，椅类家居几何形纹样是以点、线、面作为基本几何要素组成的连续、有规律的纹样，既简洁又富有变化，使之构成一种和谐的带有韵律之美的纹饰。几何形吉祥纹样，顾名思义就是具有吉祥之意的几何形纹样，也是几何形纹样的一种类别，预示好运的征兆和祥瑞。

几何形纹样形式很多，但含有吉祥寓意的几何形纹样并不多，几种比较有代表性的几何形吉祥纹样详见表 5-1。

表 5-1　几何形吉祥纹样的种类及寓意

类　别	纹样图案	吉祥寓意	类　别	纹样图案	吉祥寓意
卍字纹		卍字符读音为万，寓意吉祥延绵久远之意	事事如意		寓意事事如意，并带有坚固之意

（续）

类 别	纹样图案	吉祥寓意	类 别	纹样图案	吉祥寓意
方胜纹		祥瑞之物，作为辟邪的吉祥装饰图案	盘长纹		寓意源远流长，福泽永济，连绵不断
回纹		寓意富贵不断头，锁住财富	压胜钱纹		具有辟邪等吉祥之意
拐子纹		寓意子孙昌盛、安宁、富贵	一根藤纹		有同根相连、绵延不绝的含义

几何形吉祥纹样所映射出的是一种民俗文化，体现的更是一种人文精神。其传达的是一种崇尚自然，内敛含蓄以及以和为美的意境，深刻地反映出了人们的一种精神生活方式。

2. 几何形吉祥纹样表现方式

几何形吉祥纹样主要有如下三种表现方式：

（1）图案装饰　几何形吉祥纹样的图案装饰主要有雕刻、镶嵌和漆绘等方式，通常用于椅子的靠背或座面牙板处。例如，清代的一些太师椅，通常在牙板处浅刻精细的几何形纹样，这些阳线勾勒成的图案丰富了视觉上的美感，在大气的整体形态中又体现出精美的细节要素。

（2）结构装饰　我国传统家具的装饰往往与结构相联系。结构装饰主要包括拷头和攒斗两种形式，其中拷头工艺俗称“一根藤”工艺。图 5-9 所示的“一根藤”椅，采用对称形式，具有整齐、稳定、宁静及严谨的效果。在此基础上，靠背以建筑窗格为形式，和牙板一起采用了宁波地区独特的“一根藤”制作工艺，整体装饰优美，并与牙板部位相呼应，形态流畅，一气呵成。该几何形纹样的运用淋漓尽致地展现了宁波地区的独特风味，并寓意连绵不断求吉祥之意。

图 5-9　清代·“一根藤”椅

（3）金属饰件装饰　传统家具的五金配件不仅对家具起到一定的加固作用，同时也能为其增添色彩。优美的造型和木纹柔和的色调，再配上金光闪闪的金属饰件，使家具更加美观，能为质地优美的木材增添不少亮点。在宁式家具的一些交椅设计中，往往会在踏床上安装方胜纹铜饰件。方胜纹具有祥瑞之意，这种金属饰件形式的纹样提升了椅子的精神文化内涵，并给朴素的木质踏床增添了艺术的肌理质感。

3. 几何形吉祥纹样在不同部件的应用

几何形吉祥纹样主要在椅子四个不同部件应用。

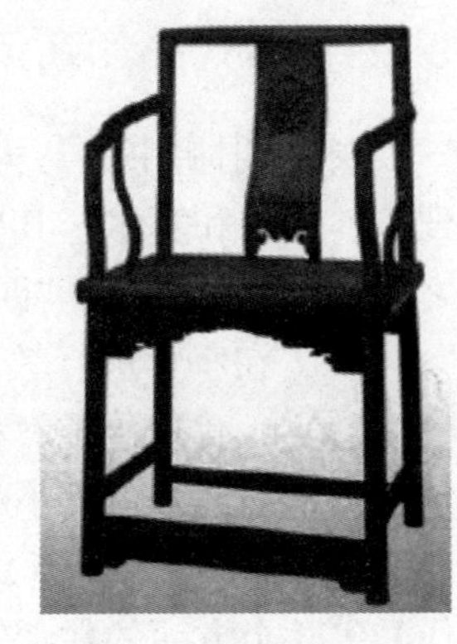

图 5-10　清代 • 楠木螭龙纹官帽椅

（1）角牙和牙板　图 5-10 所示的官帽椅运用楠木材质，彰显朴素典雅的品性，代表了宁式家具辉煌的成就。其座面牙板处雕刻了拐子纹饰，一圆一方，刚柔相济，与温润可亲的楠木木质进行了呼应，代表了安宁与富贵。由此可见，前人在装饰纹样的运用上对整体性的把握非常到位。

（2）卡子花　卡子花是明清家具上的雕花饰件，常见的有双环纹、单环纹、方胜纹和回纹等。其中的双环卡子花，具有美好的吉祥寓意。“环”意味着连绵不断，如金玉连环。

（3）靠背板和扶手　宁式家具进入清代，出现了屏风式椅围，靠背和扶手多用框内装板做法，这样可以随意施展各种装饰手法，以此可表现出强烈的装饰效果。图 5-11 所示的太师椅扶手是用一根藤式榫卯榜头工艺制成，一根弯曲自如的线条组成阴阳相间、刚柔相济的纹样，十分巧妙。

（4）腿足　腿足一般以线和面作为形态装饰，不做雕饰。至清中期家具变得矫揉造作，做无意义的弯曲设计，往往在简单的方体形态中加上回纹雕饰。图 5-12 所示的这把清代高嵌黄杨太师椅，其腿足运用了回纹的图案，这在我国传统家具的椅子中比较少见，但其应用方式还是有一定道理的，传达了老百姓的精神寄托，表达了自己的美好愿望：富贵不断头，锁住财富。

图 5-11　清代 • 太师椅扶手

图 5-12　清代 • 高嵌黄杨太师椅

5.2　基础图像知识构建

在传统民居、服饰、家具、农业及手工业等各行各业的传承发展历史中，制造（建造）工艺的“技能”“技巧”“技术”与“艺术”，包括图像的应用都是通过师徒传承方式流传下来的。这种传承往往是工艺经验的民间传承，是图像应用实践的师徒传承。对于图像知识与应用而言，在千百年的实践中，先贤们慢慢地将实践经验总结提升为理论知识，逐渐形成了图形与几何等一系列图像知识体系，并在一定范围内（古代的私塾、近代的学校）加以传授，使一部分受过教育的人掌握了更加系统的图像知识与应用技能，使他们能够应用学到的图像理论知识指导普通大众的生产生活实践。

5.2.1 古代小学几何算题

“礼乐射御书数”为春秋战国时期读书人必须学习的六种技艺，即礼法、乐舞、射箭、驾车、书法和算术，其中“数”就是现在所理解的数学教育。而且西周时已有小学和大学之分，“六艺”中前“四艺”被称为“大艺”，在当时的大学进行教习。后“两艺”被称为“小艺”，在小学进行教习。据历史查证，古代的小学教育主要指 8 ~ 15 岁的学习阶段。

其实，我国传统教育并非只限于“四书五经”的文科教育，在数学教育领域内亦有一定的表现。记载古代小学算题的原始文献较多，如《算数书》《九章算术》《孙子算经》《夏侯阳算经》《五曹算经》等。纵览小学算题所涉及的范围和类型，主要涉及几何、算术和代数等几个方面的数学知识，本节主要讨论我国古代小学教育的几何算题。

在几何领域，古代小学算题又具体涉及平面几何和简单的立体几何。鉴于小学算题是数学知识普及的载体，教育对象是普通人群，因此要更具实用性。例如，东汉郑玄《周礼注》引郑众说：“九数：方田、粟米、差分、少广、商功、均输、方程、赢不足、旁要”。可以看出排在第一位的便是“方田”，也就是对农田、土方等形象可视物体的计算。

1. 平面几何

平面几何又以圆形、矩形、三角形及组合图形等为表现内容。

（1）圆、环形 在古代小学算题中，有一部分题目是表达圆形、环形知识的。例如，《五曹算经》第一卷中的这道题：

【算题】

今有圆田，周七十八步，径二十六步，问为田几何。

很明显，这是一道求圆面积的题目，可用图 5-13 表示。

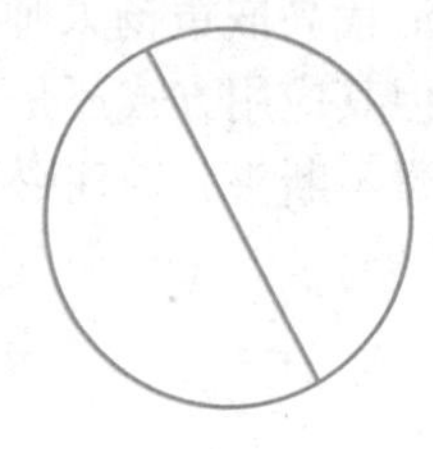

图 5-13 求圆面积

该题中已知周长和直径，求圆的面积。若按照今天的解法，周长这一已知条件与计算无关，根据圆面积计算公式，即得圆田面积为

$$S=\pi r^2=3.14\times 13^2=530.66$$

根据古代“步”与“亩”的单位转换：100 步为一亩（古代井田制百步为亩，即宽一步、长百步），可得出圆的面积为 530.66 步^2 ÷ 100=5.306 亩，这是在有圆周率的情况下得出的结果。《五曹算经》中给出另一种解法，将已知条件周长运用到计算中，即“术曰先列周七十八步半之，得三十九步，又列径二十六步半之，得一十三步。二位相乘得五百七步，以亩法除之，即得”。由此可见，古代的算法十分简易。

圆周率（Pi）是圆的周长与直径的比值，一般用希腊字母 π 表示。对于圆周率，一块古巴比伦石匾（约产于公元前 1900 年至公元前 1600 年）清楚地记载了圆周率 =25/8=3.125。古希腊数学家阿基米德（Archimedes）开创了人类历史上通过理论计算圆周率近似值的先河，求出圆周率的下界和上界分别为 223/71 和 22/7，并取它们的平均值 3.141851 为圆周率的近似值。公元 263 年，我国数学家刘徽用“割圆术”计算圆周率，给出 π=3.141024 的圆周率近似值。公元 480 年左右，南北朝时期的数学家祖冲之进一步得出精确到小数点后 7 位的结果，给出不足近似值 3.1415926 和过剩近似值 3.1415927。电子计算机的出现使 π 值的计算有了突飞猛进的发展，1949 年，使用 ENIAC 计算出 π

的第 2037 个小数位，2011 年计算机圆周率计算达到了小数点后 10 万亿位。

此外，也有一些涉及环形知识的题目，例如下面这道题：

【算题】

环田求周：一段环田径不知，二周相并最幽微，一百六十不差池，一亩皆知无零数，只要贤家仔细推，三般可以见端的。

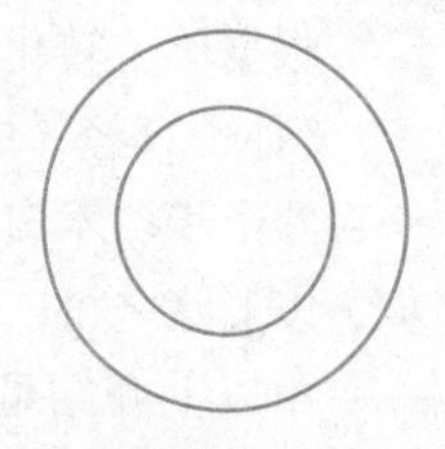

图 5-14　求两圆周长

这是一道趣味诗词算题，通过有趣的形式将题意表述完整，要求环田周长。可用图 5-14 表示。

题目给出了两个已知条件，分别为环形面积为 1 亩（秦国商鞅变法废井田，以二百四十步为一亩），两圆周长相加为 160 步，求两圆周长。假设大圆半径为 R，小圆半径为 r，根据题意可列出两个算式：

$$\begin{cases}\pi R^2-\pi r^2=240\\2\pi R+2\pi r=160\end{cases}$$

经计算可得出：外周≈ 89 步，内周≈ 71 步。从列出的式子能看出，题目在表达几何知识的同时，也反映出代数思维。式中 R、r 是两个未知量，从代数角度看，此题又属于一道二元一次和二元二次方程混合题。

（2）矩形　在古代小学算题中也有涉及矩形知识的内容，其中，《九章算术》记载了大量相关算题，例如：

【算题】

今有田，广一里，从一里，为田几何？

这是一道简单的求面积题，题中给出了“广”和“从”的数值，也就是“长”和“宽”的数值。因二者相等，所以可知这片田是一个正方形。将两者相乘，即得最终结果。《九章算术》给出的算法是“按此术，广从里数相乘得积里，方里之中有三顷七十五亩，故以乘之即得亩数也”。此种算法和现在的算法是类似的，只是古代的计量单位较为繁杂，须转化成常用单位，也就是书中说的最后转化之后的结果为三顷七十五亩（古代 1 顷为 100 亩，1 里为 300 步，300×300=90000，以 240 除之得 375，375 除以 100 得 3.75）。

再看下一道题：

【算题】

今有方田，桑生中央，从角至桑一百四十七步，问为田几何。

这道题和刚才那道一样都是求面积的，只是已知条件不同。即有一块正方形田地，中央长出了桑树，从田的一个角到中心的桑树要 147 步，问田的面积是多少？求解几何问题最好的方法莫过于用图形来描述，如图 5-15 所示。

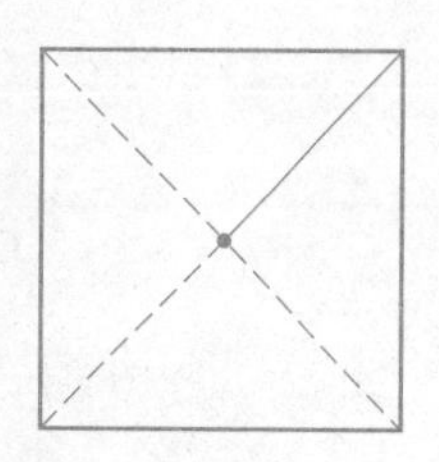

图 5-15　求正方形面积

用正方形来表示这块方田，中心的点表示桑树，根据题意从桑树到一个角的距离是 147 步，也就是对角线的二分之一长度是 147 步。从题目给出的已知条件来看，不能直接算出田的面积，但是就目前已知的条件可以有多种解法，这里介绍其中一种。将相邻对角线作出来，这样把田分作 4 个面积相等的直角等腰三角形，只要求出一个的面积，乘以 4 便可得出整个方田的面积了。步骤如下：

$$S_{直角等腰三角形}=边长\times边长\div 2=147\times 147\div 2=10804.5$$

$$S_{正方形}=S_{直角等腰三角形}\times 4=10804.5\times 4=43218$$

根据单位转化的比例，最后得出方田的面积 =43218 ÷ 240 亩 =180.075 亩。

《孙子算经》中给出的答案和算法与上述基本吻合。原文如下：答曰一顷八十三亩奇一百八十步。术曰置角至桑一百四十七步倍之得二百九十四步，以五乘之得一千四百七十步，以七除之得二百一十步，自相乘得四万四千一百步，以二百四十步除之即得。

由以上介绍可知，《孙子算经》中小学算题呈现的几何知识的难易程度是有梯度的。从解题的过程来看，论述几何知识的算题虽然具有抽象性，但只要通过作图，将抽象的题意转化成具体的图形，通过对图形的分析即可找到解题方法，这就是几何知识的特点之一。

（3）三角形　三角形也是古代小学算题涉及较多的几何知识，其中包括等腰、等边、直角、不规则等多种三角形。例如《九章算术》的一道题：

【算题】

今有竹高九尺，末折抵地，去本三尺，问折者高几何？

将题目翻译成白话文即为：今有一根高丈的竹子，折断后竹稍触地，触点离根部 3 尺，问折断处高多少？可见，题意涉及直角三角形的内容，故可用图 5-16 表示。这是一道求直角三角形高的问题，已知在三角形 ABC 中，$a=3$，$b+c=9$, 求 b。运用勾股定理 $c^2=a^2+b^2$，经过等式代换之后，便可得出结果为 $b=4$。

再如《算法统宗》中的这道以“西江月”为词牌的趣题：

【算题】

戏放风筝：三月清明节，蒙童戏放风筝。托量九十五尺绳，被风刮去空中。量得上下相应，七十六尺无零，纵横甚法问先生，算之多少为平。

该题目亦为简单的勾股定理应用题，可用图 5-17 表示。根据题意可知风筝绳长是直角三角形的斜边 c=95 尺，风筝的高（和地面水平垂直）b=76 尺，求风筝在地面上的投影和蒙童之间的距离 a 为多少尺。依勾股定理得 $a^2=c^2-b^2$，最后得出 a=57 尺。故风筝在地面上的投影和蒙童之间的距离为 57 尺。

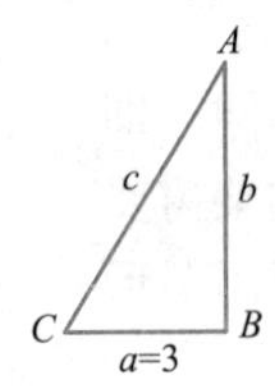

图 5-16　求直角三角形高

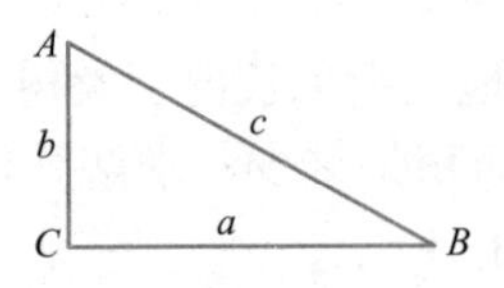

图 5-17　求投影和蒙童之间的距离

勾股定理是指直角三角形的两条直角边的平方和等于斜边的平方。我国古代称直角三角形为勾股形，并且称直角边中较小者为勾，另一长直角边为股，斜边为弦。公元前 11 世纪，数学家商高（西周初年人）就提出“勾三、股四、弦五”，故此也称勾股定理为商高定理。公元 3 世纪，三国时代的赵爽对《周髀算经》内的勾股定理做出了详细注释，记录于《九章算术》中“勾股各自乘，并而开方除之，即弦”。清朝末年，数学家华蘅芳提出了二十多种对于勾股定理的证法。在国外，远在公元前约三千年的古巴比伦人就知道如何应用勾股定理，还知道许多勾股数组。公元前 6 世纪，希腊数学家毕达哥拉斯证明了勾股定理，因而西方人都习惯称这个定理为毕达哥拉斯定理。公元前 4 世纪，希腊数学家欧几里得在《几何原本》中给出了一个证明。1940 年《毕达哥拉斯命题》出版，收集了 367 种不同的勾股定理证法。

（4）组合图形　在涉及平面几何知识的小学算题中，还有一部分涉及复合图形。限于小学生的接受能力，这些组合图形仅是简单几何图形的组合，如三角形和矩形、三角形和圆形等。且看下面这道例题：

【算题】

勾股容方：六尺为勾九尺股，内容方面如何取。有人达到这玄机，便是高明算中举。

根据题意，已知 $BC=6$，$AC=9$，求正方形的边长，如图 5-18 所示。这道题的解答利用相似三角形的特性，有 $\triangle BDE \backsimeq \triangle BCA$，因此，可以得出一个等比式，从而得出最终答案。

此外，在组合图形中还有三角形和圆形的搭配，例如下面这道题：

【算题】

勾股容圆：八尺为股六尺勾，内容圆径怎生求。有人算得如斯妙，算举方为第一筹。

题意为已知三角形的两条边长分别为 8 尺和 6 尺，若其中放置一个圆形，求其直径，可用图 5-19 表示。

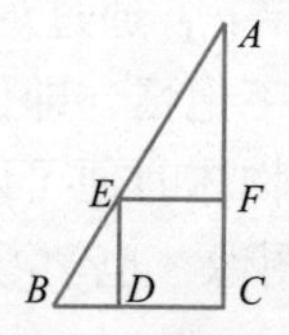

图 5-18　求正方形边长

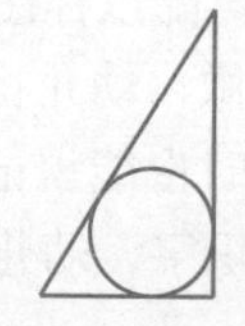

图 5-19　求圆直径

从图 5-19 可看出，这是一个涉及圆形和三角形相切的问题。现代初中数学教学内容圆形和矩形、三角形等图形相切是一个重要内容，要求学生掌握相切的诸多特性才能解答问题，而古代尚未掌握相切的基本特性，故不能按照现代算法进行计算。

2．简单的立体几何

在我国古代小学算题中，除了呈现方田的几何知识，还涉及建筑等立体容积和体积等知识。例如，《九章算术》有这样一道题：

【算题】

今有方锥，下方二丈七尺，高二丈九尺，问积几何。

可用图 5-20 来表示题意。

这是一道求方锥体积的问题，是立体几何中相对简单的一种题目，因为有直接的计算公式。《九章算术》注明解法如下：

术曰：下方自乘，以高乘之三而一。按此术，假令方锥下方二尺，高一尺，即四阳马如术为之，用十二阳马，成三方锥，故三而一，得阳马也。

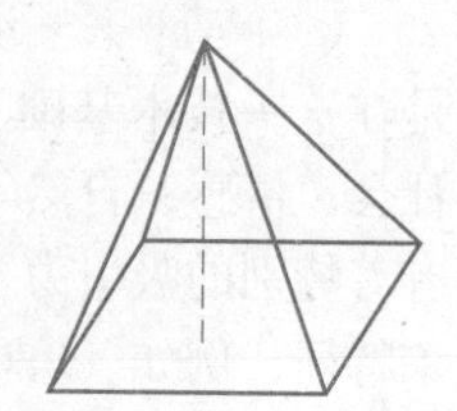

图 5-20　求方锥体积

先给出直接的解法，之后又用形象的方法求将三个方锥合并之后整体的体积，然后取三分之一，可见我国古代对于类似题目的算法是较为灵活的。

本节只列举了具有代表性的题目，从整体看小学算题呈现的几何知识是较为丰富的，从平面到立体，从简单的整数到稍难的分数都有所涉及，这些内容和现代教育数学课程的内容设置是有相吻合之处的。

5.2.2 现代幼儿图像认知

研究表明，人的大脑分为左右两个半球，各自有不同的分工。左脑被称为“文字脑”，主要处理文字和数据等抽象信息，具有理解、分析、判断等抽象思维的功能，有理性和逻辑性的特点，所以又称为“理性脑”。右脑被称为“图像脑”，处理声音和图像等具体信息，具有想象、创意、灵感和超高速反应等功能，有感性和直观的特点，所以又称为“感性脑”。对于幼儿来说，一切还都处于发展的起步阶段，正是促进左右脑共同发展的关键时期。尤其在幼儿的成长过程中，经过训练让其学会观察，并有耐心地观察，能够把观察到的表述出来，对幼儿大脑发育以及将来的成长尤为重要。

1. 益智教育图像用具

现代社会，对幼儿有益智教育作用的图像用具较多，以下是常见的几种：

（1）看图识字　2 ~ 3 岁这一时期，幼儿对色彩、线条、形状、物体开始敏感起来。看图识字通过实物图像，如常见的水果、蔬菜、动物、运动、交通、鸟类、天气、家电、文具、服装等，再配以标注读音的汉字。在家长或教师的指导下，通过观察、观看这些现实世界物体的图像，幼儿将图像与现实物体相对照加深了汉字记忆，即使没有见过实物，在记忆汉字的同时也能识记对应的新物体，待以后见到真实物体时便可以快速识别出来。这样，借助看图识字，幼儿不仅认识与现实世界物体相应的图像，也学习了汉字，有效地开发了左右大脑。

（2）绘本　绘本即图画书，顾名思义就是“画出来的书”。绘本以绘画为主，并附有少量的文字，通过一连串相关联的图画来表现故事情节。绘本不仅是讲故事、教知识，而且还能帮助孩子建构精神世界，培养多元智能。为了充分发挥绘本的作用，首先要为幼儿创设一个温馨而又安静的阅读环境，不打断、不催促，让幼儿专心投入到阅读中，建构自己的理解。其次，针对绘本中故事情节发展的关键细节，家长和教师可以提出一些问题，激发幼儿思考。而且，在幼儿自主阅读后，家长和教师可以与幼儿交流，让幼儿体会画面中的故事和细节内容。童话故事绘本画面精美，人物形象丰富多彩，故事情节曲折，深受幼儿们喜爱。幼儿在欣赏童话故事的同时，也可以获得色彩、形象、布局等方面的熏陶。

（3）动画片　动画是指采用逐帧拍摄对象并连续播放而形成运动的影像技术，动画片是在这一技术基础上由制作者赋予艺术内涵与思想内涵所产生的一系列涵括文化、历史、社会、情感、自然等主题的艺术作品。个性各异的角色，曲折动人的情节，动画片对幼儿有着特别的吸引力。在动画作品中，卡通人物形象丰富多彩，幼儿既感兴趣，又易把握形象特征，例如，《喜羊羊和灰太狼》中美羊羊最漂亮，懒羊羊最胖；《葫芦兄弟》中的每一个葫芦娃都本领超群，为救亲人前赴后继，与妖精们战斗等。幼儿很容易把自己融入动画片所创设的美好情境中，学习经历也可在愉悦的心情中展开。家长和教师可以引导幼儿仔细观察揣摩卡通人物形象，建构正确的情感世界。

（4）玩具 玩具泛指可用来玩的物品，玩玩具在人类社会中常常被作为一种寓教于乐的方式。玩具可以是自然物体，即沙、石、泥、树枝等非人工的东西，也可以是人工创造的一切可以玩的、看的、听的和触摸的东西。玩具是幼儿生活中的好伙伴，既具体又生动，目前常见的幼儿玩具有以下三类：

1）拼图玩具类。在对图形的组合、拆分、再组合的基础上，锻炼幼儿的认知能力、分析能力、想象力，同时培养他们的耐心和持之以恒的精神。

2）积木玩具类。激发幼儿的动手兴趣，培养幼儿合理组合搭配的意识和空间想象的能力，鼓励他们的创作成就感。

3）卡通玩偶类。造型可爱的卡通玩偶，在父母忙碌时陪伴幼儿玩耍，在得到快乐的同时，培养幼儿的爱心，扩大幼儿的视野。

除此之外，还有游戏玩具类、数字算盘文字类、工具玩具类、交通玩具类、拖拉玩具类、益智组合类等。实体玩具通常以原型为参考创作，幼儿不仅能很好地把握形象，还能创造出相应的游戏情境。通过实际动手操作，不仅锻炼其手眼协调的能力，还能锻炼其独立思考的能力，开发大脑的想象力。

2．幼儿几何形状认知

幼儿学习一些简单的几何形体知识，不仅能帮助幼儿对客观世界中形形色色的物体做出辨认和区分，而且还能发展幼儿的观察、比较、归纳、概括、空间知觉能力与空间想象力。

幼儿每天生活在各种各样的有形的物体之中，他们在学习几何形体知识之前，早就与各种事物的“形”或“体”打交道了，实际上，幼儿就是在对各种物体形状的辨认中认识了周围的世界。但幼儿最早接触的那些“形”与“体”并没有脱离事物的具体形态，还不是针对事物的抽象或概括意义上的几何形体。

有研究表明，可以把儿童几何概念发展划分为四个阶段。第一阶段（3 岁前）：涂鸦阶段，对图形、几何形状无任何概念；第二阶段（3 ~ 4 岁）：能画出封闭图形、开放图形，区分两圆的内外关系、相交关系，但不能分辨不同的封闭图形；第三阶段（4 ~ 6 岁）：能分辨直线和曲线图形，有了直线、角、斜度等初步概念；第四阶段（6 ~ 7 岁）：能正确画出所有图形，具备了欧氏几何的形状概念。

对于 3 ~ 4 岁的幼儿来说，教师通过物体形状、轮廓和颜色认知的引导训练，可以培养幼儿对几何形状的初步认知，以下是一些幼儿园目前常用的几何认知教学方法：

（1）按名称取图形 幼儿根据教师的口头指令，取出相应的图形。例如，认识三角形时，教师为幼儿准备了三角形和其他图形，让幼儿从中取出三角形。根据幼儿的接受程度不同，为幼儿准备的三角形可在大小、形状、颜色、位置等方面进行难易分类。

（2）拼图活动 将一个完整的图形分解为 2 ~ 3 个部分，打乱位置后，要求幼儿根据各部分的特点，拼合成一个完整的图形。或为幼儿准备几种平面图形，让幼儿用所给的图形拼出动物、植物或其他物体的形状粘贴在作业纸上，并数一数用了几种图形？每种图形用了多少个？培养幼儿的想象力和创造力。

（3）动手画、撕图形 先让幼儿在作业纸上画出平面图形，再让幼儿沿着平面图形的边刺上小孔，然后让幼儿沿着齿孔撕下平面图形贴在另外的作业纸上，这样不仅使幼儿了解了平面图形的特点，而且还能发展幼儿手部的精细动作，训练幼儿的手眼协调能力。

（4）在日常生活中寻找、发现几何图形　根据幼儿的特点，还可引导幼儿把学习几何体与自己的生活经验紧密结合在一起。让孩子在教室、家里和户外寻找发现相应的三维物品，并与所学的几何体对号，培养幼儿的探究兴趣。

总之，教幼儿认识几何形体需根据幼儿的实际情况，采取幼儿喜欢的方式进行教育，调动幼儿学习的兴趣，让幼儿运用各种感官去探索、摸索。

3. 信息技术幼儿教育应用

随着科学技术的不断发展，幼儿教育的手段和观念也在不断地更新，特别是信息技术在教育教学中的应用。鉴于多媒体技术能够动态地呈现一些其他手段难以表现的现象，例如，血液是如何在人体内流动的？植物是如何生长的？月亮、地球之间的关系，以及一些自然灾害，如龙卷风、地震、火山喷发等。幼儿教师能够根据幼儿的年龄特点设计、选择适用的计算机多媒体课件和教学软件，使事物的呈现更加直观、更加形象，符合幼儿好奇、好问的心理特征，培养幼儿的注意力和学习兴趣，加深幼儿对事物的理解。

在幼儿园生活中，还可利用计算机开展人机互动或游戏活动，根据预设的游戏情境，发出语音提示及回答问题，让幼儿沉浸在游戏中。操作正确或问题回答正确时，出现赞扬的卡通形象；出错时，会鼓励孩子继续探索。屏幕上美丽的画面，悦耳的声音，生动的卡通形象，能充分调动幼儿的兴趣，手脑并用，促使孩子积极思考，或在合作游戏中相互帮助，团结协助，自由讨论，体验计算机虚拟游戏的快乐，促进幼儿身心的健康发展。

近年来，AR 技术、VR 技术、体感交互技术等多媒体互动技术在幼儿教育领域的创新应用案例层出不穷，促进了以学习者为中心的情景式、沉浸式和体验式学习模式的创新。通过 AR 技术，让幼儿与虚拟对象进行实时互动，感受到在真实世界中无法亲身经历的体验。而VR可以提供关于视觉、听觉、触觉等感官的模拟，让孩子有身临其境的感觉。通过 AR/VR 的方式改变传统的教育方式，让幼儿像玩一样学习，达到寓教于乐的目的。

5.2.3　小学初中图形与几何

义务教育是国家统一实施的所有适龄儿童必须接受的教育，是国家必须予以保障的公益性事业。我国实行九年义务教育，覆盖小学和初中。小学低年级（1 ~ 3 年级）开设品德与生活、语文、数学、体育、艺术（或音乐、美术）等课程；小学中高年级（4 ~ 6 年级）开设品德与社会、语文、数学、科学、外语、综合实践活动、体育、艺术（或音乐、美术）等课程。初中阶段（7 ~ 9 年级）设置分科与综合相结合的课程，主要包括思想品德、语文、数学、外语、科学（或物理、化学、生物）、历史与社会（或历史、地理）、体育与健康、艺术（或音乐、美术）以及综合实践类活动。

义务教育课程标准是国家对义务教育课程的基本规范和质量要求，是教材编写、教学、评估和考试命题的依据，是国家管理和评价课程的基础，体现了国家对不同阶段的学生在知识与技能，过程与方法，情感、态度与价值观等方面的基本要求。鉴于本书的目的，下面以《义务教育数学课程标准（2011 版）》为基础，仅简单介绍图形与几何方面的相关内容。

1. 教学内容和目标

义务教育阶段“图形与几何”的主要内容包括空间和平面基本图形的认识，图形的性质、分类和度量；图形的平移、旋转、轴对称、相似和投影；平面图形基本性质的证明；以及运用坐标描述图形的位置和运动。

经过学习，培养学生的空间观念。空间观念主要表现在：能由实物的形状想象出几何图形，由几何图形想象出实物的形状，能进行几何体与其三视图、展开图之间的转化；能根据条件做出立体模型或画出图形；能从较复杂的图形中分解出基本的图形，并能分析其中的基本元素及其关系；能描述实物或几何图形的运动和变化；能采用适当的方式描述物体间的位置关系；能运用图形形象地描述数学问题，利用直观进行思考，探索解决问题的思路，预测结果。

2. 第一学段（1 ~ 3 年级）

在本学段中，学生将认识简单的几何体和平面图形，感受平移、旋转、对称现象，学习描述物体相对位置的一些基本方法，进行简单的测量活动，建立初步的空间观念。

（1）图形认知　能辨认长方体、正方体、圆柱和球体等几何体；能辨认长方形、正方形、三角形、平行四边形、圆等几何图形；初步认识长方形、正方形的特征；了解直角、锐角和钝角；能对简单几何体和图形进行分类。

（2）测量　认识长度单位千米、米、厘米，了解分米、毫米，能进行简单的单位换算并进行测量；认识周长并能测量，掌握长方形、正方形的周长计算公式；认识面积及面积单位厘米^2、分米^2、米^2，能进行简单的单位换算；掌握长方形、正方形的面积计算公式，会估计给定简单图形的面积。

（3）图形运动　感受平移、旋转、轴对称现象；能辨认简单图形平移后的图形；初步认识轴对称图形。

（4）图形与位置　会用上、下、左、右、前、后描述物体的相对位置；能利用东、南、西、北、东北、西北、东南、西南指出物体所在的方位。

3. 第二学段（4 ~ 6 年级）

在本学段中，学生将了解一些简单几何体和平面图形的基本特征，进一步学习图形变换，以及确定物体位置的方法，建立空间观念。

（1）图形认知　了解线段、射线和直线，知道两点间的直线距离最短；知道平角和周角，了解周角、平角、钝角、直角、锐角之间的大小关系；了解两条直线的平行、相交和垂直关系；认识平行四边形、梯形和圆，知道扇形，能用圆规画圆；认识三角形，了解三角形两边之和大于第三边、三角形的内角之和为 180°；认识等腰三角形、等边三角形、直角三角形、锐角三角形、钝角三角形；能辨认从不同方向（前面、侧面、上面）看到的物体形状；认识长方体、正方体、圆柱和圆锥，以及长方体、正方体、圆柱的展开图。

（2）测量　能用量角器测量指定角的度数，能画指定度数的角；掌握三角形、平行四边形和梯形的面积计算公式，知道面积单位（千米^2、公顷）；了解圆的周长与直径的比值（圆周率）为定值，掌握圆的周长公式、面积公式；了解体积（包括容积）的意义和度量单位（米^3、分米^3、厘米^3、升、毫升），能进行单位之间的换算；掌握长方体、正方体、圆柱体积和表面积以及圆锥体积的计算方法。

（3）图形运动　进一步认识轴对称图形及其对称轴、图形的旋转、垂直或水平方向的图形平移，以及简单图形的放大和缩小。

（4）图形与位置　了解比例尺，会按比例进行距离的换算；能根据参照点的方向和距离确定物体的位置。

4．第三学段（7～9年级）

在本学段中，学生将探索图形的基本性质及其相互关系，进一步丰富对空间图形的认识和感受，学习平移、旋转、对称的基本性质，学习运用坐标系确定物体位置的方法，进一步建立空间观念。

（1）图形的性质

1）点、线、面、角。了解抽象的几何体、平面、直线和点；理解线段的和、差、中点，会比较线段的长短；掌握两点确定一条直线、两点之间线段最短的事实，能度量两点间的距离；认识角的度量单位度、分、秒，并能进行简单的换算，会计算角的和、差，能比较角的大小。

2）相交线和平行线。理解对顶角、余角、补角的概念，掌握对顶角相等、同角（等角）的余角相等、同角（等角）的补角相等的性质；理解垂线、垂线段的概念，掌握过一点有且只有一条直线与已知直线垂直的事实，能用三角尺和量角器过一点画已知直线的垂线；理解点到直线的距离，并能进行度量；能识别同位角、内错角、同旁内角，理解平行线的概念，掌握平行线的性质和判定定理；掌握两条直线被第三条直线所截，如果同位角相等，则两条直线平行的事实，以及过直线外一点有且只有一条直线与这条直线平行的事实。

3）三角形。理解三角形及其内角、外角、中线、高线等概念；能证明内角和定理、任意两边之和大于第三边，掌握三角形的外角等于与它不相邻的两个内角和；理解角平分线的概念和性质，线段垂直平分线的概念、性质和判定；理解和掌握全等三角形、等腰三角形、直角三角形的概念、性质和判定定理；了解勾股定理及其逆定理的证明，以及三角形重心的概念。

4）四边形。了解多边形的定义，多边形的顶点、边、内角、外角、对角线，以及平行四边形、矩形、菱形、正方形等概念，能证明平行四边形、矩形、菱形、正方形的性质定理；了解两条平行线之间的距离定义，并能度量两条平行线之间的距离；能证明三角形的中位线定理。

5）圆。理解圆、弧、弦、圆心角、圆周角、等圆、等弧的概念，了解点与圆的位置关系；能证明垂径定理、圆周角定理及其推论；知道三角形的内心和外心，了解直线与圆的位置关系，掌握切线的概念，并能证明切线长定理；会计算圆的弧长、扇形的面积；了解正多边形的概念及正多边形与圆的关系。

6）尺规作图。能用尺规完成基本图形绘制，包括线段、角、平分线、垂线，三角形、等腰三角形、直角三角形，以及圆、三角形的内切圆和外接圆，圆的内接正方形和正六边形。

（2）图形的变化

1）图形的轴对称。了解轴对称的概念和性质，能画出点、线段、直线、三角形等简单平面图形的轴对称图形；了解轴对称图形的概念，探索等腰三角形、矩形、菱形、正多边形、圆的轴对称性质。

2）图形的旋转。认识平面图形关于旋转中心的旋转及其性质；了解中心对称、中心对称图形的概念和性质；探索线段、平行四边形、正多边形、圆的中心对称性质。

3）图形的平移。理解图形平移的概念，了解图形平移的性质。

4）图形的相似。了解比例基本性质、线段的比、成比例的线段；认识图形的相似，理解相似三角形的判定定理、性质定理；认识锐角三角函数，并能进行相关计算。

5）图形的投影。了解中心投影和平行投影的概念，会画直棱柱、圆柱、圆锥、球的主视图、左视图、俯视图，了解直棱柱、圆锥的侧面展开图。

（3）图形与坐标

1）坐标与图形位置。体会用序数表述物体的位置，理解平面直角坐标系的有关概念，能画出直角坐标系，描出指定坐标的点；给定正方形，会选择合适的直角坐标系并给出顶点的坐标；能用方位角和距离刻画两个物体的相对位置。

2）坐标与图形运动。在直角坐标系中，以坐标轴为对称轴，能写出已知顶点坐标多边形的对称图形的顶点坐标，以及沿坐标轴平移后图形的顶点坐标，并知道顶点坐标之间的关系。

5.2.4　高中图形与几何知识

高中是高级中学的简称，是我国九年义务教育结束后更高等的教育阶段，上承初中，下启大学，一般为三年制。我国的高中阶段教育包括：普通高级中学、普通中等专业学校、职业高中、职业中等专业学校、中等师范学校等。

在普通高中阶段，语文、数学、英语、思想政治、历史、地理、物理、化学、生物、音乐、美术、艺术、体育与健康等课程中，涉及图形与几何知识较多的是数学中的三角函数、向量、立体几何、解析几何四部分。下面借助思维导图介绍相关内容和主要知识点。

1. 三角函数

三角函数部分主要包括三角函数的概念与公式、三角函数的图像、三角函数的性质、解三角形，此部分的知识点思维导图如图 5-21 所示。

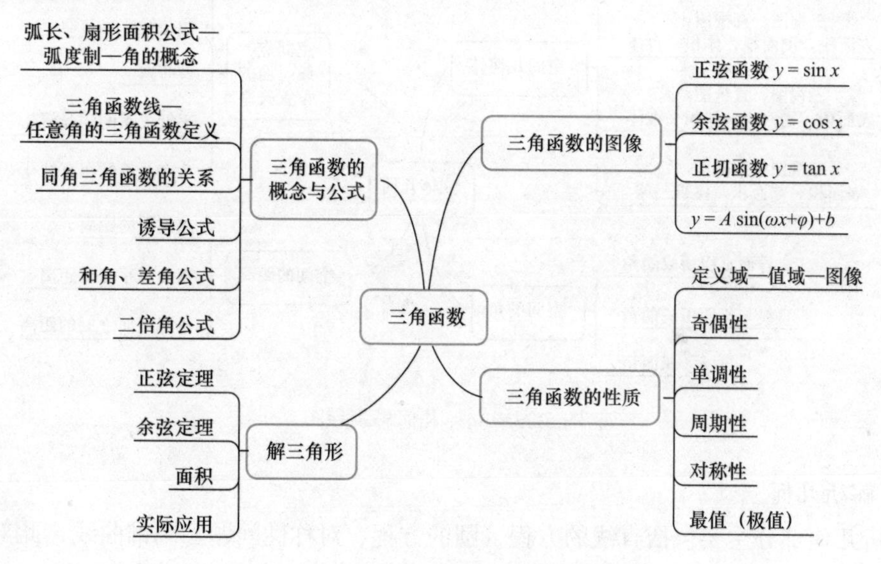

图 5-21　三角函数思维导图

2. 向量

向量部分主要包括平面向量、空间向量及其运算、空间向量的性质与定理、立体几何中的向量方法，此部分的知识点思维导图如图 5-22 所示。

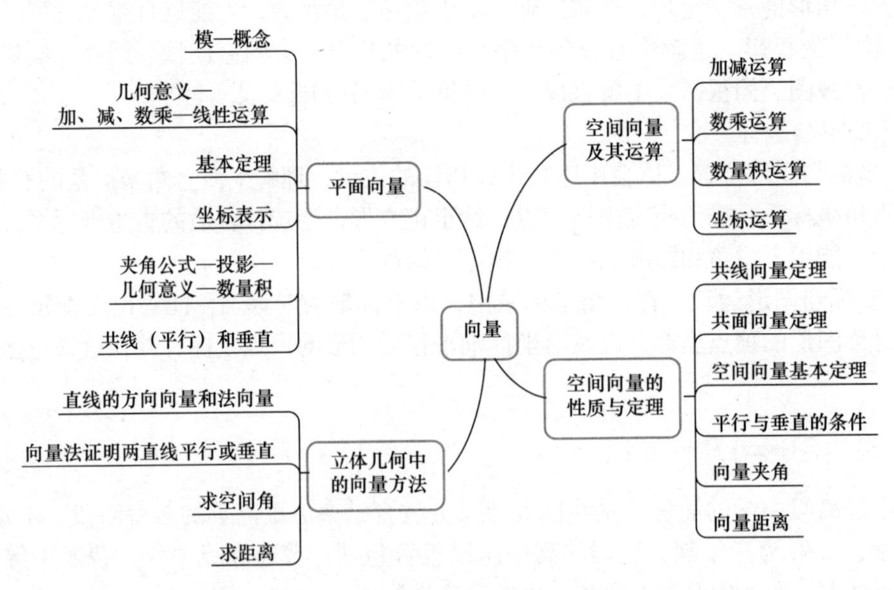

图 5-22　向量思维导图

3. 立体几何

立体几何部分主要包括空体几何体、空间点与线和面的位置关系、空间的角、空间的距离，此部分的知识点思维导图如图 5-23 所示。

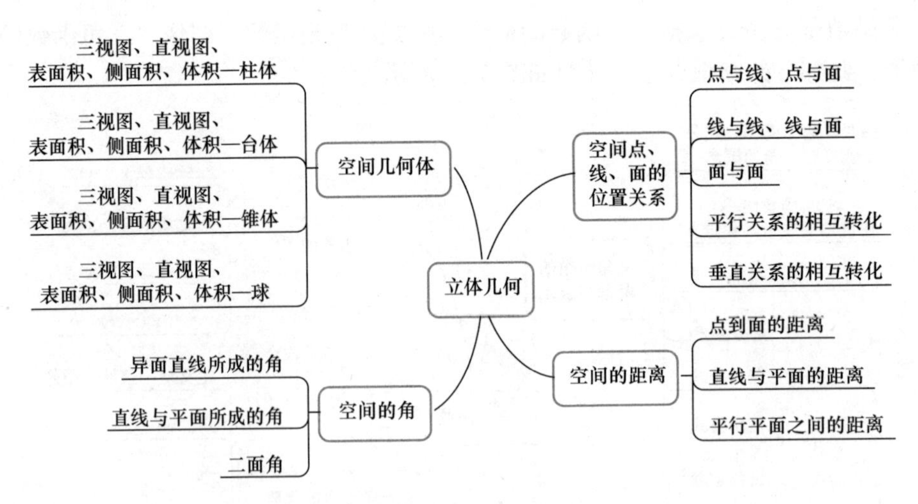

图 5-23　立体几何思维导图

4. 解析几何

解析几何部分主要包括直线的方程、圆的方程、对称性问题、圆锥曲线，此部分的知识点思维导图如图 5-24 所示。

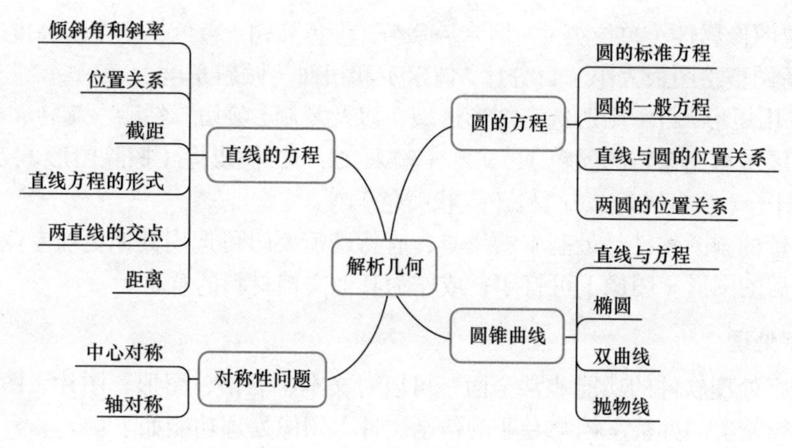

图 5-24　解析体几何思维导图

5.3　专业图像知识构建

2011 年 3 月，国务院学位委员会和教育部颁布修订《学位授予和人才培养学科目录（2011 年）》，规定我国学科分为哲学、经济学、法学、教育学、文学、历史学、理学、工学、农学、医学、军事学、管理学、艺术学、交叉学科 14 个学科门类。另一种版本是《中华人民共和国国家标准学科分类与代码》的 5 个学术门类：自然科学、农业科学、医药科学、工程与技术科学、人文与社会科学。不同学科培养的专业人才在社会经济建设中发挥着不同的作用，而且工作中需要用到的各类图像知识也有所不同。本节根据我国高等教育大学本科各专业课程设置进行整理，分为通识图像知识、进阶图像知识和专业图像知识三部分。

5.3.1　通识图像知识

“计算机应用基础”是一门计算机应用公共基础课，是为非计算机专业类大学生提供的计算机一般应用所必需的基础知识、能力和素质教育的课程。早期主要讲授计算机基本知识，以及操作系统、文字处理、电子表格、演示文稿制作、图像处理等软件的使用方法和基本技能训练。随着高等教育改革的不断深入，“计算机应用基础”课程的内容不断变化，虽然不再纳入一些常用软件的使用技能与相关知识教育，但是数字图像处理方面的基础知识与相关软件使用技能是当代大学生必须掌握的通识类图像知识，可通过自学完成。

1．画图

操作系统通常会自带一款简单实用的绘图软件，使用它可以绘制黑白或彩色图形，并可将这些图形存为某种格式（bmp、jpeg、gif、tiff、png、heic 等）的数字图像文件，图像处理方面的功能包括：

1）通过基本颜色 / 自定义颜色设置前景色或填充色（背景色）。

2）设置线型（粗细）。

3）绘制直线、曲线、圆、矩形、三角形、多边形、箭头等相对应的图形。

4）设置图像属性（单位英寸 / 厘米 / 像素、颜色黑白 / 彩色、宽度、高度）。

5）重新调整绘图板大小（百分比 / 像素）和扭曲（倾斜角度）。

6）可采用矩形 / 自由图形选定图形区域，以及复制 / 剪切、粘贴、旋转、放大 / 缩小、填充（封闭区域填充选定的颜色）、文本（输入文字）、橡皮擦（擦除图形）、铅笔（素描细线条）、刷子（绘粗线条）、喷枪（点状喷色）等。

系统自带的画图软件是最基本的工具，有特殊需要时可选用其他更加专业的绘图工具软件，处理后的图形（图像）可打印，或作为其他文档材料的素材。

2. 文字处理

通常文字处理软件的功能非常全面，可以对文本、表格、图形、图片、图像和数据进行处理，编辑精美的办公文档与专业的信函文件。图像处理功能如下：

（1）插入图片　图片插入有嵌入式或浮动式两种方式，嵌入式是将图片直接嵌入到文本的插入点，占据了文本处的位置。浮动式是指图片插入到文档之后，可在页面精确定位，文字可在图片四周环绕、上下环绕、紧密环绕、穿越型环绕，图片衬于文字下方或浮于文字上方。插入的图片可来自于剪贴画或图形文件，图片编辑功能包括剪裁、线型（设置图片边框的线型）、移动、调整大小，以及图像对比度、亮度调整等。

（2）创造水印和插入艺术字　水印是打印 / 显示时出现在已存在的文档文字前面或后面的任何文字或图形，水印可设置在某一页、奇偶页或每一页。艺术字可为文字提供图像显示效果，特别适用于各级文档标题的修饰。

（3）绘图　使用绘图工具可绘制直线、矩形、圆形及各种自选图形，也可以调整图形的大小、旋转、翻转、添加颜色、标注文字、叠放次序，或与其他图形组合成更为复杂的图形，如流程图、思维导图等。

3. 电子表格处理

电子表格软件可利用函数、公式、图表对数据进行分析管理，被广泛应用于文秘、财务、统计、审计、金融、管理等各个领域。图像处理功能如下：

（1）制作图表　可以根据表格的数据建立一个既美观又实用的图表，同时还可使用自定义图表，将表格数据图形化（可视化）。预定的图表类型包括柱形图、条形图、折线图、饼图、XY 散点图、面积图、圆环图、雷达图、曲面图、气泡图、股价图、圆柱图、圆锥图、棱锥图等。

（2）图表向导　可使用图表向导完成某一种类型图表的创建。对于不满意的图表可进行编辑，包括更改图表类型、更改数据系列产生方式、添加或删除数据系列、设置各种图表选项、修改图表的位置、向图表中添加文本等。也可利用趋势线以图形的方式显示某个系列中数据的变化趋势，并可编辑或删除。

（3）插入图片 / 艺术字　在单元格可插入图片 / 艺术字，图片可来自于剪贴画或图形文件，还可用设置图片格式，并利用图片工具栏对所插入的图片进行编辑，编辑功能、艺术字的设置与文字处理软件类似。

4. 演示文稿制作

演示文稿在工作汇报、企业宣传、产品推介、会议庆典、项目竞标、管理咨询、教育培训等领域得到了广泛的应用。演示文稿制作软件在图像处理方面提供的主要功能如下：

（1）插入图形对象　图像对象可以是剪贴画、来自于图形文件的图片、自选图形对象，并可编辑、修饰，也可以调整位置。

（2）掺入图表　可以插入电子表格软件产生的图表，也可以导入电子表格软件的工作表，并且可以进行适应性编辑和调整。

（3）插入组织结构图　可创建组织结构图，也可以进行结构、文字和图框的编辑修改和设置。

（4）插入多媒体对象　插入的多媒体对象可以是影片，也可以是音乐和声音文件。

另外，为了提高视听效果，可以为幻灯片上的文本、图片、图表、多媒体和其他对象设置动画效果。动画的设置主要包括顺序和时间、效果（对象出现的方式、声音效果及动画控制）以及图表对象的动态显示效果，或多媒体对象的播放效果设置等。

5. 动画

动画的基本原理与电影、电视一样，都是利用了视觉暂留原理。人的眼睛看到一幅画或一个物体后，在 0.34 秒内不会消失，利用“视觉暂留”这一原理，在一幅画还没有消失前播放下一幅画，就会给人造成一种流畅的视觉变化效果。相对准确的动画定义是：动画是一种通过连续画面来显示运动的技术，通过一定速度投放画面以达到连续的动态效果；或动画是一系列物体组成的图像帧的动态变化过程，其中每帧图像只是前一帧图像的微小变化。

实质上，动画是集合了绘画、摄影、音乐、文学等众多艺术门类于一身的艺术表现形式。传统动画片是用画笔画出一张张不动的但又是逐渐变化着的连续画面，经过摄影机、摄像机或计算机的逐个拍摄、扫描，然后以每秒 24 或 25 帧的速度连续放映或播映，就成了传统动画片。按工艺技术可分为平面手绘动画、立体拍摄动画、虚拟生成动画、真人结合动画；按传播媒介可分为影院动画、电视动画、广告动画、科教动画；按动画性质分为商业动画、实验动画。

传统动画的制作主要包括以下环节：脚本→分镜头→人物、道具、背景设计→原画→动画与动检→拷贝与描线→上色→摄影及冲印→剪接→配音→试片。计算机动画可使用专用的动画制作软件，包括传统动画的几乎所有工序：脚本→分镜头→人物、道具、背景设计→原画→动画→扫描动画线稿→电脑上色→合成→配音→输出影片，计算机大大提升了生产的效能和时间。需要注意的是，不同的计算机动画制作软件的功能和性能有很大差别，在使用方法上也有较大差异，需要根据应用场景选定适当的计算机动画制作软件，熟练掌握其动画制作方法和流程后方能得心应手。

计算机动画的应用非常广泛，典型应用领域如下：

（1）用于电影电视动画片制作　可免去大量模型、布景、道具的制造，可节省大量的色片和动画师繁重的手工劳动，提高生产效率，降低成本。

（2）用于商业产品电视广告片制作　便于产生夸张、嬉戏等特技镜头，可取得特殊的艺术效果，提高宣传感染力。

（3）用于辅助教学演示　制作大量的教学模型、挂图，运用交互式教学方式，教师可根据需要选择和变换画面，使教学过程更加生动直观。

（4）用于医疗诊断　配合超声波、X光片检测，显示人体内脏的横切面，模拟各种器官的运动状态和生理过程，为疾病的诊断治疗提供直观的辅助手段。

（5）用于指挥调度演习　根据不同的指挥调度结果，显示不同的状态图，可以迅速准确地调整格局，做出正确的决断，提高指挥调度效率。

除此之外，动画在模拟训练、实时监控仿真、模拟产品的检验或实验等多种应用场景中也得到了广泛的应用。

6．多媒体

在计算机系统中，多媒体（Multimedia）指组合两种或两种以上媒体的一种人机交互式信息交流和传播媒体。使用的媒体包括文字、图片、照片、声音、动画和影片，以及程序系统中所提供的互动功能。

（1）文本　文本是以文字和各种专用符号表达的信息形式，是现实生活中使用的最多的一种信息存储和传递方式。主要用于对知识的描述性表示，如阐述概念、定义、原理和问题及标题、菜单等内容。

（2）图像　图像是多媒体中最重要的信息表现形式之一，包括计算机生成或处理的图像，以及用其他方式产生并已输入到计算机内的图像。

（3）动画　动画是利用人的视觉暂留特性，快速播放一系列连续运动变化的图形图像，也包括画面的缩放、旋转、变换、淡入淡出等特殊效果。

（4）声音　声音包括人类语音和非人类声音，人类语音是人们用来传递信息、交流感情时发出的声音，非人类声音是指大自然中的各类声音（如鸟鸣、风声、雨声等）和人造声音（如机器轰鸣声、乐器演奏声等）。声音在计算机内以音频方式处理、存储、传输与播放。

（5）视频影像　视频影像具有时序性与丰富的信息内涵，类似于电影和电视，有声有像，在多媒体中充当着重要的角色。

多媒体技术就是通过计算机对语言文字、数据、图像、音频、视频等各种信息进行存储和管理，使用户能够通过多种感官与计算机进行实时信息交流的技术。多媒体技术可以使人们跨越时空了解天文地理、古往今来的历史文化、高新技术、风土人情。上至国家政府，下至平民百姓，每天无不在和多媒体技术打交道。因此，必须了解和掌握多媒体知识与多媒体技术。

5.3.2　进阶图像知识

前述的通识图像知识不仅是后续专业课程学习的重要基础，也是当代大学生在科技竞赛、社团活动和社会实践等第二课堂中展示自我必备的知识与技能。在各学科专业大学生的专业教育过程中，有关图像知识构建与应用的基础课程众多。例如，绘画（插画）专业设置了素描、色彩、插图基础、平面构成、色彩构成等课程；工业设计专业设置了素描、色彩、视觉艺术表达等课程；数码与网页设计专业设置了素描、色彩、三大构成、基础图案等课程。下面仅简单介绍在各学科专业中较通用的，与图像知识构建有关的专业基础课程。

1．摄像构图

构图是指利用视觉特征，将现实生活中的三维空间环境下的物体再现于由边角限定的二维空间内，突出主体、吸引视线、简化杂乱，达到均衡和谐画面的作用，并通过画面构造传达作者的认识和感情。而摄影构图是指照片画面上的布局、结构，运用相机镜头的成像特征和摄影造型手段，根据主题思想的要求，组成富有表现力和艺术感染力的画面。摄像构图课程的主要内容如下：

（1）构图的三项标准　须明确通过照片想表达的主题内容；主体画面中要有吸引力的能传达主题的构图要素；简洁的画面中纳入的内容不能太多。

（2）构图的五种基本规律　通过对称物体镜面、水面倒影等方式实现对称构图；在内容和表现形式上实现对比（如高矮、大小、颜色）；黄金分割定位主体的位置上；视觉感要均衡；从复杂中寻找节奏感变化。

（3）构图要素　主体是画面形式与内容的核心；主体的位置位于画面的中心、黄金分割处、对角线、三角形；尽量放大主体，只保留对画面主题表达有帮助的陪体；优化画面形式感的陪体。在主体前面的为前景，在主体后面的为背景。尽量把无效的背景从画面中剔除，保持画面的简洁，处理复杂背景的方法包括景深、光线、拍摄角度。适当留白有助于营造主体气氛，提高画面的观感和想象感。

（4）拍摄角度　距离与景别是摄影者与拍摄对象的物理距离，远景呈现空间广阔感，要寻找主体作为支点；全景可反映主体与环境的关系及相关程度；中景反映物体或人物的姿态和动作；近景反映物体的神态和细节；特写可反映事物的内心动态，如人的眼神、花蕾花蕊。图片从不同角度、不同方向拍摄可展示事物之间的关系，拍摄方向可为正面、侧面、斜侧面、背面。图片拍摄高度可以采取平拍、仰拍、俯拍和低拍。

概言之，画面结构要做到：明确主题、辨别主次、弃繁就简、布局适宜。主体要突出，恰当衬托以陪体和背景，使画面既不杂乱又不单调，多样而统一，鲜明而简练。总之，简洁、多样、统一、均衡是构图的基本要求。

现代人基本都会使用智能手机或相机拍照，在生活中拍照的体验也越来越好。因此，无论从事什么职业，摄影构图都应该是不可或缺的必备知识。摄影构图不仅需要满足美感，还需要能够传达图片的主题，有吸引力的主体，足够的境界，以提升摄影构图的立体感、质感、空间感、在图片中的视觉感。

2. 素描

素描是绘画的基础，绘画的骨骼，也是学习绘画、雕塑、艺术设计等专业必须学习的技艺。初期的素描被视为绘画的底稿，例如，作壁画先要有构想的草稿，然后有素描的底稿，同时也要有手、脸部分的精密素描图。然而，近代素描已脱离了原来的底稿和习作的地位，可以作为艺术品来欣赏。

在严格的意义上素描只有单色的黑与白，但如加上淡彩或颜色，仍可认作是素描。素描的分类方法有如下几种：

1）以描画材料划分可分成木炭素描、铅笔素描、炭精素描、钢笔素描、银笔素描、毛笔素描等。

2）以所画的题材划分可分成石膏像素描、风景素描、静物素描、人体素描、幻想素描等。

3）以素描目的划分可分成作为构想的素描、用作画稿的素描、速写、作品、习作等。

素描是其他艺术形式的必需基础，尤其是水彩、油画、版画、雕刻（浮雕）等。对于平面设计，素描也是画草图的必要基础。素描的步骤如下：

（1）确立构图　推敲构图的安排，使画面上的物体主次得当，构图均衡而又有变化，避免散、乱、空、塞等弊病。

（2）画出形体结构　用长直线画出物体的形体结构（物体看不见的部分也要轻轻画出），要求物体的形状、比例、结构关系准确。再画出各个明暗层次（高光、亮部、中间色、暗部，投影以及明暗交接线）的形状位置。

（3）逐步深入塑造　通过对形体明暗的描绘（从整体到局部，从大到小）逐步深入塑造对象的体积感，对主要的、关键性的细节须精心刻画。

（4）调整完成　深入刻画时难免忽视整体及局部间的相互关系，要全面予以调整（包括色调、质感、空间、主次等），做到有所取舍、突出主体。

从图像学角度看，素描是一种用绘图工具使其表现在二维（平面）材质上的视觉艺术和造型艺术，其目的是在两维的纸面上创造三维的立体形态。与素描相关的还有漫画，并由此而发展成连环图画，进而演变成现代卡通动画片。

3. 色彩

色彩作为专业基础课，用于培养色彩表达和色彩运用的能力，以及对色彩的思维灵活性、敏锐感受力、正确审美观和艺术鉴赏能力。色彩课程通常包括色彩原理和色彩表现两大部分。

（1）色彩原理

1）光与色的关系，包括色彩的来源、光与色的关系等。

2）色彩的物理原理、生理原理、视觉案例。

3）色彩的常用概念与术语，主要包括原色、间色与复色，色相、明度、纯度、条件色、固有色、光源色，色彩空间透视、补色关系等。

4）色彩的心理及情感，包括色相对比、明度对比、纯度对比、面积对比、形态及位置对比、色彩对比等，使学习者了解光源色与物体固有色以及画面整体色彩的关系，体验色彩引起的视觉心理感应，掌握色的混合与调和、采集与重构，理解色彩的形成、变化与类型。

（2）色彩表现

1）色彩绘画技法（干画法、湿画法、肌理技法）。

2）笔触、观察和表现方法，使学习者掌握色彩的具象表现和抽象表现。

3）具象表现：通过静物写生练习，熟悉色彩画工具材料的特点，掌握整体的观察方法和一般的作画步骤，了解色彩造型的一般规律，运用色彩塑造静物形体结构，表达出静物形体的结构特征、质感特征。学会如何取景、构图，运用色彩表现外光色调，细心观察大自然光色的变化规律，研究天、地（或水）、物三者的相互关系，表现不同季节和时间的光色气氛。

4）抽象表现：体会和积累两个高纯色相对比关系构成的色彩意象、色相对比关系形成的不同意象、清色浊色和暗色系色彩组合构成的色调意象等经验，把握主色调特性和感情效应，以及色彩的解构和重组的方法。

色彩是以写生为主的一门实践性课程，在探索自然色彩中获取色彩内在的表现力，从而超越色彩对表面的模仿，达到主动性的认识与创造，并把色彩基础训练有机地同专业联系起来，以期达到自由驾驭色彩的应用能力。

4．平面构成

平面构成是旨在传授知识、技能、创造、艺术为一体的基础理论知识，使学习者了解平面构成的基本知识和基础理论，以拓展形象思维、逻辑思维与设计思维复合的创意能力。主要内容如下：

（1）基本知识　掌握平面构成的概念、特征与分类。

（2）三要素　正确理解平面构成的三要素，点、线、面的基本构成规律，以及点、线、面构成规律的创意性表达。

（3）基本骨骼形式　了解并掌握平面构成的基本骨骼形式（重复构成、近似构成、特异构成、渐变构成、发射构成、矛盾空间、对比构成、密集构成、肌理构成），以及在作品创作中的创意表达。

（4）形式美法则　正确理解平面构成的形式美法则，包括对比与统一、对称与均衡、节奏与韵律、比例与权衡，以及在作品创作中的灵活运用。

平面构成课程通过点、线、面构成设计的训练，让学习者体验从对写生物象的分析和描绘到点、线、面的抽象表达，掌握由具象表现到抽象表现的转变。结合专业特点培养学习者的平面构成意识、空间感表现和意象的构图，为后续专业的学习与发展打好基础。

5．立体构成

立体构成也称为空间构成，指用一定的材料，以视觉为基础，以力学为依据，研究立体造型各元素的构成法则，旨在揭开立体造型的基本规律，阐明立体设计的基本原理，应用于建筑设计、工业设计、会展设计等领域。主要内容如下：

（1）基本知识　立体构成概念、平面形态与立体形态的关系，使学习者对立体形态的特点有基本的认识。

（2）立体构想　从平面到立体的构想、创造，与立体造型相关的元素与要素、材料与工艺，引导学习者将平面思维逐步转换为空间立体思维。

（3）线材　线材特点、基本结构方式（框架、垒积、网架、伸拉、线织面），了解硬质线材与软质线材的特点与结构形式。

（4）面材　面材的特点、加工与结构，面材的空间表现和面体结构（柱体结构、多面体结构）。

（5）块材　块材的特点、加工与成形，以及块材的切割、扭曲、挤压表现等。

通过立体构成的学习，使学习者能够按照形式美规律，组织线、面、块的空间构成，使构成元素的色彩及材质与创意相符合，确保形态的科学合理性。

6．工程制图

在高等教育工科课程设置中，工程制图是一门重要的必修课，研究用投影法解决空间几何问题，在平面上表达空间物体。主要内容包括：

（1）投影基础　投影法、点线面及立体的投影。

（2）构型设计　根据已知条件构思组合体的形状、计算机造型技术的基本原理、基本立体及简单组合形体的造型过程和方法。

（3）表达方法　组合形体的表达、轴测图的表达、零件及装配体的表达。

（4）绘图技能　徒手绘图方法、尺规绘图的步骤和方法、计算机绘制基本体和组合形体的投影图方法、用计算机进行基本体和简单组合形体的造型方法。

（5）制图规范　《技术制图》与《机械制图》国家标准、CAD 标准、视图和图样画法、尺寸注法等方面的基本规定，以及包含上述内容的物体投影图的阅读。

（6）专业图样绘制与阅读　绘制和阅读与本专业相关的工程图样，对形状、尺寸、技术能够理解正确。

工程制图课程旨在于培养学生空间思维的能力，把空间思维变成图形和立体的能力，以及仪器绘图、徒手绘图及计算机绘图的能力，尤其是三维建模能力及以三维建模为基础的创新设计能力的培养越来越受到高度重视。

5.3.3　专业图像知识

经过小学、初中、高中图形与几何知识，以及大学阶段通识图像知识、进阶图像知识的学习和应用技能的训练，建立了合理的基本图像知识结构。可以借助图形图像工具总结凝练知识点（如流程图、思维导图），也可以熟练使用专业领域的图形工具（如动画制作软件、计算机辅助设计软件、印制电路板设计软件），为后续更加专业的图像知识学习打下了坚实基础。但是，为了开发专用的图形图像软件工具，或者利用图形图像技能解决更加专业的问题，还必须学习一些专业的图像知识，如计算机图形学和数字图像处理。

1. 计算机图形学

计算机图形学（Computer Graphics，CG）是一种使用数学算法将二维或三维图形转化为计算机显示器的栅格形式的学科。简单地说，计算机图形学的主要研究内容就是研究如何在计算机中表示图形，以及利用计算机进行图形的计算、处理和显示的相关原理与算法。主要内容如下：

（1）基本概念　计算机图形系统的组成，图形输入与输出设备；计算机图形学的应用与研究领域；计算机图形学的发展。

（2）光栅图形学　①直线、圆、椭圆的光栅化算法，多边形的扫描转换，区域填充、图像填充，字符的存储及显示，图元属性；②直线裁剪，多边形裁剪，内裁剪、外裁剪，文本裁剪；③图形失真和反走样算法，常用的消隐算法。

（3）几何造型　①常用的参数曲线和曲面；②图形的几何变换（平移、旋转、缩放、对称、复合变换）；③坐标系变换及常用的投影变换；④三维图形的显示流程，常用的形体表示模型。

（4）真实感图形学　①颜色论（颜色的视觉特性、三色学说、CIE-RGB 系统、CIE-XYZ 系统、CIE 色度图）；②简单光照模型（Phong 模型、Gouraud 明暗处理、Phong 明暗处理）；③纹理、阴影、透明；④整体光照模型。

（5）图形标准　基本几何元素的绘制，坐标变换，光照处理，显示列表，纹理贴图，真实感图形基础。

通过计算机图形学课程的学习，使学习者掌握基本的二、三维图形的计算机绘制方法，理解光栅图形生成基本算法、几何造型技术、真实感图形生成、图形标准与图形变换等概念和知识。学会图形程序设计的基本方法，为图形算法的设计、图形软件的开发打下基础。随着计算机图形学的不断发展，其应用范围也日趋广泛。目前计算机图形学的主要应用领域包括：计算机辅助设计与制造（CAD/CAM）、计算机动画、科学计算可视化、计算机游戏、虚拟现实等。

2. 数字图像处理

数字图像处理（Digital Image Processing）又可称为计算机图像处理（Computer Image Processing），是指将图像信号转换成数字信号并利用计算机对其进行去除噪声、增强、复原、分割、提取特征等处理的方法和技术。数字图像处理的常用方法包括图像变换、图像编码压缩、图像增强和复原、图像分割、图像描述、图像分类（识别）等，主要内容包括：

（1）基本概念　数字图像的表示、显示、存储；图像像素间的关系；数字图像处理技术应用。

（2）数字图像处理基础　数字图像处理系统；图像与视觉之间的关系，图像数字化过程及图像的三种彩色模型。

（3）图像变换　图像的空域变换；图像的正交变换；傅里叶变换和离散余弦变换。

（4）图像增强　时域图像增强；频域图像增强；直方图均衡化技术及常用的图像频域平滑和锐化技术。

（5）图像压缩编码　统计编码；数字图像压缩的国际标准；常用统计编码的编译码方法。

（6）图像分割　阈值分割；边缘检测；Hough 变换。

（7）图像描述　形态学描述；膨胀和腐蚀；开和闭；细化；形态学的图像处理应用。

（8）图像复原　图像退化模型；非约束复原；约束复原；逆滤波和维纳滤波。

通过本课程的教学，使学习者掌握数字图像处理的基本理论、概念、方法和技术，包括图像的数学表征、变换、增强、复原、压缩编码、分割、描述等内容，培养和增强学生的创新意识和创新思维，提高解决实际问题的动手能力和创新能力，为后续课程的学习，以及从事本领域或相关领域的工作、深造、研究做好准备。数字图像处理应用非常广泛，在航空航天、通信、工业、医学、军事公安等领域，在智能监控、视频内容分析、虚拟现实、人工智能等方面具有重要的作用。

可以说，计算机图形学和数字图像处理是最重要的专业图像知识，虽然各自的出发点和采用的技术截然不同，但其处理的最小粒度是相同的。计算机图形学从点（像素）产生开始生成图形（图像），而数字图像处理是把图形（图像）处理最终归于点（像素）的处理，因此，要学好、用好计算机图形学和数字图像处理技术就必须明晰点（像素）的地位、功能和作用，也许从这个理念出发可以发现更加有价值的图像生成和图像处理方法。

5.4　几何学知识体系

英文单词 Geometry 从希腊语演变而来，其原意是土地测量，后被我国明朝数学家徐光启翻译成“几何学”（也曾有“形学”的译法，但20世纪中期后已鲜有“形学”一词的使用出现）。几何是研究空间结构及性质的科学，其以人的视觉思维为主导，培养人的观察能力、空间想象能力和洞察力。几何学的发展历史悠长，内容丰富，从古代的欧氏几何，到19世纪上半叶的非欧几何，再到射影几何，形成了多分支的几何学体系。下面仅介绍主要的几何分支起源和应用，以及重要的概念和理论。

5.4.1 欧式几何与解析几何

在原始社会的人类生产和生活中，积累了许多有关物体的形状、大小和相互之间位置关系的知识。例如，古代的人们认识他们的猎物的形状和大小，记住他们的居住地与打猎地之间的距离，以及打猎地在居住地的哪个方位。随着人类社会的不断发展，人们对物体的形状、大小和相互之间的位置关系的认识越来越丰富，逐渐地积累起较丰富的几何学知识。

1. 实验几何

任何一门科学都离不开实验，都要去认识和反映现实世界的本质并且用来解决问题，几何学的发展初期就与人类的生产实践活动有着密切的联系，这一时期的几何学通常被称为实验几何学。实验几何学的中心思想是通过对现实世界（空间）的各种物体（几何图形）的形状、性质以及它们之间的相互关系（位置）的实验观察、分析，确立空间的基本概念，把握空间的基本性质和联系，发现几何问题，提炼几何思想，从而去解决问题。

我国对几何学的研究有着悠久的历史。在公元前一千年前，我国黑陶文化时期的陶器上的花纹就有菱形、正方形和圆内接正方形等许多几何图形。公元前五百年，在《墨经》里就有几何图形的一些知识。在《九章算术》里，记载了土地面积和物体体积的计算方法。在《周髀算经》里，记载了直角三角形三条边之间的关系，也就是著名的“勾三股四弦五”的勾股定理。还有我国古代数学家祖冲之、刘徽、王孝通等对几何学都做出了重大的贡献。

2. 推理几何

到了公元前约7世纪，几何知识的探讨方法在古希腊开始由实验归纳逐步改为推理演绎，把几何学的研究推进到了高度系统化、理论化的境界。古希腊的推理几何借助于一些空间的最基本性质，运用分析、演绎的逻辑推理方法来论证推导空间的许多其他性质。

3. 欧式几何

公元前338年，希腊人欧几里得（Euclid）把公元前7世纪到公元前4世纪的几何学知识加以系统的总结与整理，撰写了《几何原本》。1607年，我国的徐光启和意大利人利玛窦（MatteoRicci）合作，把欧几里得的《几何原本》第一次介绍到我国。《几何原本》在一系列公理、公设、定义的基础上，创立了欧几里得几何学体系，简称欧式几何。《几何原本》全书共分13卷，包含了5条“公理”、5条“公设”、23个“定义”和467个“命题”，成为用公理化方法建立起数学演绎体系的最早典范。现今我国小学、初中、高中所学习的平面几何、立体几何大多是以《几何原本》为依据编写的。

4. 解析几何

解析几何又称为坐标几何，其基本思想是用代数的方法研究几何问题，包括平面解析几何和立体解析几何两大块，其部分内容被纳入了现今我国高中的解析几何教学范围。法国的费马（Pierre de Fermat）和笛卡儿（René Descartes）各自独立发明了解析几何，但他们发明的方式和目的不尽相同。

早在 1629 年费马就发现了坐标几何的基本原理，他更强调轨迹的方程和用方程表示曲线的思想，并给出了直线、圆、椭圆、抛物线、双曲线等方程的表示形式。1637 年，笛卡尔以其《方法论》附录的形式发表了《几何学》，其中阐述了解析几何的全部思想。只是他们最初使用的都是斜坐标系，把直角坐标系作为特殊情况，而现在更多使用的是直角坐标系，并称之为笛卡尔坐标系。实质上，笛卡儿和费马建立的坐标系并不是唯一的坐标系。1671 年，牛顿建立了极坐标系，有些图形用极坐标表现会更简单，如阿基米德螺线、悬链线、心脏线、三叶或四叶玫瑰线等。

5.4.2　球面几何与非欧几何

在科学技术不太发达的年代，人类的活动范围非常有限，如果把大地看成了一个平面，在测量土地、计算面积时用平面几何知识就可以了。但是，航海技术发展起来以后，人们逐渐认识到大地不是一个平面，如果仍然用平面几何知识来计算航海路线将会产生很大的误差，需要更加适用的几何知识。

1. 球面几何

空间中与定点 O 的距离等于 r 的所有点构成的曲面，叫作以 O 点为球心、以 r 为半径的球面，球面几何学就是建立在球面表面上的几何学。目前球面几何已经成为航海、天文观测、航空以及卫星定位的基本工具。

在球面几何中，点的观念和定义与平面几何相同，但两点间的最短线不再是“直线”，而是“大圆”的弧，称为测地线。球面几何与平面几何相比较，有以下几点异同：

1）相对半径来说，很小的一小片球面看起来几乎是一个平面，这也是人们常将“大地”的整体形状误认为是“平面”的原因。

2）一个过球心的平面和球面的交截线称为该球面的一个“大圆”，其相当于平面几何中的直线。例如，一个小于半圆的大圆圆弧就是其两端点之间在球面上的所有路径之中的唯一最短者，换句话说，大圆具有和平面上两点之间的直线段相同的特征。

3）在平面几何中，平面对于其中任何一条直线都成反射对称，同样的，球面对于其中任何一个大圆也都成反射对称。

4）三角形的研究是平面几何的核心问题，同样的，球面三角形（由连接三个顶点的大圆圆弧所构成的图形）的研究也是球面几何的核心问题。

2. 非欧几何

欧式几何有以下五个公设：

公设一：任意一点到另外任意一点可以画直线。

公设二：一条有限线段可以继续延长。

公设三：以任意点为心及任意的距离可以画圆。

公设四：凡直角都彼此相等。

公设五：同平面内一条直线和另外两条直线相交，若在某一侧的两个内角和小于二直角的和，则此二直线经无限延长后在这一侧相交。

第五条公设也称为“平行公设”，从公元前 4 世纪欧式几何诞生到公元 1800 年间，许多数学家都在尝试用欧氏几何中的其他公设来证明平行公设，但结果都归于失败。直到 19 世纪，数学界终于认识到这种证明是不可能的。也就是说，平行公设是独立于其他公设的，并且可以用不同的“平行公设”来替代它，由此也创立了多种非欧几何理论。

非欧几何学是一门大的数学分类，有广义、狭义、一般三种不同含义。所谓广义的非欧几何泛指一切与欧氏几何不同的几何学；狭义的非欧几何是指罗氏几何；而一般意义的非欧几何是指罗氏几何和黎曼几何。

1）罗氏几何也称双曲几何，是俄国的数学家罗巴切夫斯基（Nikolas lvanovich Lobachevsky）创立并发展的，欧氏几何的第五公设被替代为“双曲平行公理”：过直线外一点至少有两条直线与已知直线平行。在这种公理体系中，通过演绎推理可以证明一系列与欧氏几何完全不同的命题，例如，三角形的内角和小于 180°。在罗氏几何中，凡涉及平行公理的欧式几何结论都不成立。

2）黎曼几何由德国数学家黎曼（Georg Friedrich Bernhard Riemann）创立，也称椭圆几何。黎曼几何中的一条公设是：在同一平面内任何两条直线都有公共点（交点），而且不承认平行线的存在。黎曼几何的另一条公设是：直线可以无限延长，但总的长度是有限的，黎曼几何模型可以看作是一个经过改进的球面。随着黎曼几何的发展，其不仅是微分几何的基础，也应用在微分方程、变分法和复变函数论等方面，并在广义相对论中得到了应用。

5.4.3 射影几何与微分几何

射影几何是关于几何图形经过投影变换后仍然不会变化的几何性质的研究。与基本几何相比，射影几何有投影后不变的独特性质，也正是因为这样的性质，射影几何能够更容易地与其他几何系统互相联系。通过这种联系，可以使用射影几何处理一些度量问题。

1. 射影几何

射影几何亦称近世几何或投影几何。17 世纪，当笛卡儿和费马创立的解析几何问世的时候，还有一门几何学同时出现在人们的面前。一些古希腊数学家基于绘图学和建筑学的需要开始研究透视法，也就是投影和截影。但是，射影几何的基础论述直到 1822 年才被法国数学家彭赛列（Jean-Victor Poncelet）在其著作《论图形的射影性质》一书中具体描述，彭赛列也因此被数学界称为射影几何的创始人之一。

概括地说，射影几何学专门研究图形的位置关系，是专门用来讨论在把点投影到直线或者平面上时，图形的不变性质的科学。在射影几何里，两条平行直线在无穷远处相交，该点称为无穷远点。无穷远点的轨迹是一条无穷远直线，这是与欧氏几何完全不相同的观点。另外，射影几何中还有一个最基本的概念是“交比”，交比的不变性是射影变换下不变性质中最基本的一种性质，并且射影几何里许多重要的性质都是从交比性质推导出来的。而且，为了能用代数方法来处理射影空间的几何问题，引进了齐次坐标和齐次方程。

在射影几何里，把点和直线称为对偶元素，把“过一点作一直线”和“在一直线上取一点”称为对偶运算。若两个图形都是由点和直线组成，把其中一图形里的各元素改为它的对偶元素，各运算改为它的对偶运算，可得到另一个图形，这两个图形称为对偶图形。若在一个命题中叙述的内容只是关于点、直线和平面的位置，可把各元素改为它的对偶元素，各运算改为它的对偶运算，可得到另一个命题，这两个命题称为对偶命题。这就是射影几何学所特有的对偶原则。

另外，在射影平面上，如果一个命题成立，那么它的对偶命题也成立，这称为平面对偶原则。同样，在射影空间里，如果一个命题成立，那么它的对偶命题也成立，称为空间对偶原则。目前，射影几何在航空、测量、绘图、摄影等方面都有着广泛的应用。

2. 微分几何

微分几何以分析方法来研究空间（微分流形）的几何性质，即应用微分学来研究三维欧几里得空间中的曲线、曲面等图形性质，其与微积分学同时起源于 17 世纪。18 世纪初，法国数学家蒙日（Gaspard Monge）首先把微积分应用到曲线和曲面的研究中，并于 1807 年出版了《分析在几何学上的应用》一书，这是微分几何最早的一本著作。1827 年，德国数学家高斯（Gauss）发表了《关于曲面的一般研究》的著作，其理论奠定了现代形式曲面论基础。

微分几何学以光滑曲线（曲面）作为研究对象，因此微分几何学由曲线的弧线长、曲线上一点的切线等概念展开。在曲面上有两个重要概念：曲面上的距离和角。例如，在曲面上由一点到另一点的路径是无数的，但这两点间最短的路径只有一条，称为从一点到另一点的测地线。在微分几何里，怎样判定曲面上一条曲线是这个曲面的一条测地线与测地线的性质有关，另外，讨论曲面在每一点的曲率也是微分几何的重要内容。

在微分几何中，为了讨论任意曲线上每一点邻域的性质，常常用所谓“活动标形法”。对任意曲线的“小范围”性质的研究，还可以用拓扑变换把这条曲线“转化”成初等曲线进行研究。而且，由于运用数学分析的理论，可以在无限小的范围内略去高阶无穷小，一些复杂的依赖关系可以变成线性的，不均匀的过程也可以变成均匀的，这些都是微分几何特有的研究方法。

另外，近代由于对高维空间的微分几何和对曲线、曲面整体性质的研究，使微分几何和拓扑学、变分学、李群理论等有了密切的联系。而且，微分几何在力学和一些工程技术问题方面也有了广泛的应用，例如，在弹性薄壳结构方面，在机械的齿轮啮合理论应用方面，都充分应用了微分几何学的理论。

5.4.4　向量张量分析与拓扑学

向量（Vector）又称矢量，既有大小又有方向的量称为向量。希腊的亚里士多德（Aristotle）已经知道力可以表示成向量，两个力的合成可以从向量运算的平行四边形的法则得到，即以此两力所代表的向量为边作平行四边形，其对角线的大小和方向即表示合力的大小与方向。

1. 向量分析

向量分析关注向量场的微分和积分，由美国人吉布斯（Josiah Willard Gibbs）和英国人亥维赛德（Oliver Heaviside）于19世纪末提出。向量分析在微分几何与偏微分方程的研究中起到了重要的作用，被广泛应用于物理和工程中，特别是在电磁场、引力场和流体流动的描述方面。主要内容如下：

（1）代数运算　向量分析中的基本代数（非微分）运算称为向量代数，定义在向量空间，可应用到整个向量场，包括：矢量的加法和减法、矢量与数量的乘法、数量积、矢量积、三矢量积等。

（2）微分运算　在标量场或向量场定义不同微分的算子，重要的微分运算包括：梯度、散度、旋度、拉普拉斯算子、哈密顿算子等。

（3）常用坐标系　直角坐标系、柱坐标系、球坐标系的矢量表示，以及微分算子的表示形式。

（4）向量场　几种重要的向量场，包括：有势场、管形场、调和场等。

2．张量分析

张量是数学、物理和力学等学科的必备工具，张量分析是用共变微分表示各种几何量和微分算子性质的运算方法，可以看作是微分流形上的“微分法”，是研究流形上的几何和分析的一种重要工具。张量分析起源于德国数学家格拉斯曼（Grassmann，Hermann Gunther）的超复数理论、英国数学家哈密顿（William Rowan Hamilton）于1843年建立的四元数理论，1884～1894年，意大利数学家里奇（Gregorio Ricci-Curbastro）创立了绝对微分学理论，并应用于微分几何和物理学的某些问题中。另外，里奇还引入“张量”概念论述张量分析中的许多基本理论。里奇与他的学生列维－齐维塔（Levi-Civita）合著的《绝对微分法及其应用》（1901年）被认为是张量分析的经典著作。张量分析的主要内容包括：

（1）张量代数　张量代数运算、仿射量（二阶张量）、二阶张量的逆与行列式、二阶张量特征值、特征方向、各向同性张量。

（2）张量函数和张量分析　张量函数、各向同性张量函数、张量函数的导数和微分、Leibniz法则和链式法则、张量场绝对微分。

（3）曲线坐标　曲线坐标系、曲线坐标局部对偶基、协变（逆变）基底矢量导数、曲线坐标系张量场分析等。

3．拓扑学

拓扑学（Topology）是研究几何图形或空间在连续改变形状后还能保持一些不变的性质的学科，其只考虑物体间的位置关系而不考虑它们的形状和大小，更加关注的拓扑性质包括连通性与紧致性。拓扑学是由几何学与集合论发展出来的学科，研究空间、维度与变换等概念，来源可追溯至莱布尼茨（Gottfried Wilhelm Leibniz）在17世纪提出“位置的几何学”和“位相分析”的说法，而且哥尼斯堡七桥问题、多面体的欧拉（Leonhard Euler）定理、四色问题等都是拓扑学发展过程中的重要问题。

拓扑学在泛函分析、李群理论、微分几何、微分方程等其他许多数学分支中都有广泛的应用。拓扑学发展到今天，在理论上已经十分明显地分成了两个分支。一个分支偏重于用分析的方法来研究，即点集拓扑学，或者称为分析拓扑学；另一个分支偏重于用代数方法来研究，即代数拓扑。

（1）点集拓扑学　点集拓扑学（Point Set Topology）又名一般拓扑学（General

Topology），是用点集的方法研究拓扑不变量的拓扑学分支，主要处理的基本概念是“连续性”“紧性”和“连通性”。

任何点集只要定义了拓扑就成了拓扑空间，任何拓扑空间中均有开集、基、闭集、闭包。任何点集均可能有凝聚点，任何点均有邻域。指定了顺序的元素就成了序列。常见的拓扑空间有：度量空间、平庸空间、离散空间、有限补空间、可数补空间等，任何集合均可通过指定开集而构成上述空间。因此一个集合与不同的拓扑（开集族）配对，可以构成不同的拓扑空间。

（2）代数拓扑　代数拓扑（Algebraic Topology）是使用抽象代数的工具来研究拓扑空间的拓扑学分支，其试图将拓扑问题转换成一个代数问题，利用代数的相关理论工具来加以解决。

代数拓扑要用代数方法去研究拓扑问题，首先需要解决如何将拓扑学研究对象（即拓扑空间和连续映射）转化为代数形式表示。1895 年前后，法国数学家庞加莱（Jules Henri Poincaré）写了名为“Analysis Situs”（位置分析或位势分析）的一系列文章，在这些文章中他引入了同调群和基本群的概念。粗略地说，同调群是把考虑“连接两个点的通路”换成了考虑“连接两个闭道路的曲面”，而基本群则是考虑“闭道路构成的空间的道路连通性”。除此之外，代数拓扑还引入了复形、同伦、同调、上同调、流形、对偶等概念和相关理论。

5.4.5　直观几何与几何直观

数学与其他科学研究一样，有两种倾向。一种是抽象的倾向，即从所研究的错综复杂的材料中提炼出其内在的逻辑关系，并根据逻辑关系把这些材料做系统的、有条理的处理。另一个是直观的倾向，即更直接地掌握所研究的对象，侧重它们之间的关系的具体意义，也可以说领会它们生动的形象。

1. 直观几何

就几何而言，抽象的倾向已经引导到解析几何、黎曼几何和拓扑学等宏伟的系统理论，在这里抽象的思考方法以及代数性质的符号获得了广泛的运用。然而，直观在几何中所起到的作用应该更大，古代如此，近代如此，现在和将来更应该如此。具体的直观不仅对于研究有巨大的价值，对于理解和欣赏几何中的研究成果也是绝佳的工具和手段。

1932 年，德国数学家希尔伯特（Hilbert）和康福森（Cohn-Vossen）合著了一本书，名为《直观几何》（Anschauliche Geometrie）。该书基于直观的图形处理方法，以粗线条的形式介绍几何，目的是可以让更多的人而不是数学家更准确地欣赏几何的研究成果。“几何”在此书中得到了非常广泛的直观解读。例如，除了平面曲线之解析几何，曲线和曲面的微分几何之类的一般几何外，还包括了共形映射、最小曲面、数的几何及其在数论中的应用、位形空间之几何、多面体与曲面的拓扑等。

2. 几何直观

直观想象是《普通高中数学课程标准（2017 年）》中所提出的六大核心素养之一：借助几何直观和空间想象感知事物的形态与变化，利用空间形式特别是图形，理解和解决数学问题的素养。其具体涉及：利用空间形式认识事物的位置关系、形态变化与运动规律；

利用图形描述、分析数学问题；建立形和数的联系；构建数学问题的直观模型，摸索解决问题的思路。从上述直观想象的定义来看，该素养主要包括两个方面：几何直观和空间想象。那么，这里的几何直观指的是什么呢？它有什么作用呢？

通俗讲，几何直观表示借助图形和图形、图形和数字来认知与研究问题。借助几何直观将不容易掌握的数学问题转化为更为具体化、简单化和形象化的问题，有利于寻找化解问题的思路与方式。也就是说，几何直观有利于将繁杂的数学数据问题直观化展现。正因如此，借助几何图形不仅在认识和理解数学问题时十分实用，而且利用图形图像工具解决生产生活中的实际问题也非常给力，所以几何直观是现代人必须予以重视和掌握的思维方法和技术手段。例如，数据可视化就是几何直观的应用案例。

思考题与习题

5-1　结合自身经历，举例说明图像知识的传承。

5-2　查阅资料，了解我国古代几何知识教育。

5-3　了解现代小学、初中、高中的图形与几何知识教育体系。

5-4　到目前为止，自己掌握了哪些通识图像知识？选一种进行简单描述。

5-5　到目前为止，自己掌握了哪些进阶图像知识？选一种进行简单描述。

5-6　什么是计算机图形学？了解计算机图形学的主要研究内容。

5-7　什么是数字图像处理？了解数字图像处理的主要研究内容。

5-8　理解实验几何、推理几何、欧式几何、解析几何的概念，及其产生的背景。

5-9　射影几何与微分几何的主要思想是什么？有哪些应用？

5-10　矢量分析关注的问题是什么？主要包括哪些内容？

5-12　张量分析关注的问题是什么？主要包括哪些内容？

5-13　简述拓扑学的两个理论分支：点集拓扑、代数拓扑。

5-14　什么是直观几何？有何用途？

5-15　什么是几何直观？有何用途？

5-16　查阅资料，了解我国发行的古代名画、书法作品邮票的情况。

参考文献

[1] 高纪洋. 中国古代器皿造型样式研究 [D]. 苏州大学，2012.

[2] 李砚祖. 艺术设计概论 [M]. 武汉：湖北美术出版社，2002.

[3] 王琥. 装饰与器物造型 [M]. 重庆：重庆出版社，2003.

[4] 吴小平. 汉代青铜容器的考古学研究 [M]. 长沙：岳麓书社，2005.

[5] 胡玉康. 战国秦汉漆器艺术 [M]. 西安：陕西人民出版社，2003.

[6] 张景明. 辽代金银器研究 [M]. 北京：文物出版社，2011.

[7] 胥筝筝. 近代汉族民族民间服饰中几何纹样的流变及启示 [D]. 江南大学，2011.

[8] 李斌. 清代染织专著《布经》考 [J]. 东南文化，1991（1）: 79-86.

[9] 李孙霞. 几何形吉祥纹样在中国宁式家具中的应用与思考——以椅类家具为例 [J]. 艺术科技，2015,

28（5）: 209-210.
[10] 章小亮．中国古代小学算题研究 [D]．华东师范大学，2008.
[11] 潘有发．趣味诗词古算题 [M]．上海：上海科学普及出版社，2001.
[12] 孟令赞．幼儿数学教法—几何形体的教育 [J]．教育教学论坛，2014（12）: 271-272.
[13] 项武义，王申怀，潘养廉．古典几何学 [M]．北京：高等教育出版社，2014.
[14] 包志强．点集拓扑与代数拓扑引论 [M]．北京：北京大学出版社，2013.
[15] 希尔伯特，康福森 . 直观几何（上册）[M]．王联芳，译．北京：高等教育出版社，2017.

第6章 CHAPTER 6 图像处理与应用

众所周知，在当今社会图像是信息的主要载体。因此，作为传递信息的重要媒介，图像是非常重要的，而且图像处理对科学技术的发展具有深远的影响。随着科学技术的飞速发展，图像处理的应用也越来越广泛，已经渗透到了众多领域，包括通信、工业、医疗保健、航空航天、军事、科研、安全保卫等各个方面，在国民经济中发挥着越来越重要的作用。

6.1 科学技术与生物识别

数字图像处理（Digital image processing）是通过计算机对图像进行去噪、增强、复原、分割、提取特征等处理的方法与技术，是计算机科学与技术的主干。数字图像处理的产生和迅速发展主要受三个因素的影响：一是计算机的发展；二是数学的发展，特别是离散数学理论的创立与完善；三是广泛的农牧业、林业、环境、军事、工业和医学等方面应用需求的增长。

6.1.1 科学技术发生与发展

任何科学技术的发生与发展都不是偶然的，即使出现的时间和地点具有偶然性，即使由什么人发现也具有偶然性，但是，某一门科学技术究竟是否应该发生以及如何发展，则遵从人类社会进步的需求，以及科学技术发生和发展的规律。

1. 科学技术发生学——辅人律

人类的发展历史证明，人类的进化分为两个阶段：生物学进化阶段和文明进化阶段。在生物学进化阶段，人类主要通过自身器官功能的分化和强化来增强自身的能力，直立行走和手脚分工是人类生物学进化阶段的主要标志。而在文明进化阶段，人类试图通过利用外部世界的力量来增强人类自身的能力。

科学技术发生学的辅人律逻辑模型如图 6-1 所示。由“内部器官功能分化和强化”机制向“利用身外之物强化自身功能”机制的转变，是科学技术发生的根本前提。即，科学技术之所以会发生，根本原因在于人类希望“利用身外之物强化自身功能”。“身外之物”就是通过科学技术手段创造出来的各种工具，正是通过使用这些工具，人类自身的能力才得到了有效加强。其中，科学主要扩展人类认识世界的能力，技术主要扩展人类改造世界的能力。

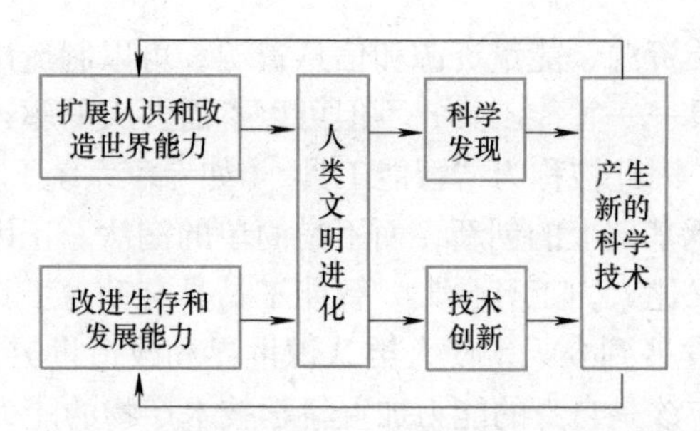

图 6-1　科学技术发生学的辅人律逻辑模型

事实上，一切科学技术都是“辅人”的，只不过有些科学技术的“辅人”作用非常直接明显，而有的则比较间接和隐含。但无论如何，科学技术的“辅人”本质是无可争辩的。

2. 科学技术发展学——拟人律

人类和人类社会的固有本性之一，是不断追求更好的生存和发展条件。原有的目标实现了，又会进一步追求更高的生存和发展目标，永远不会停留在一个水平上，这就是人类社会得以不断前进的永恒定律，也是科学技术发展的永恒动力。科学技术发展学的拟人律逻辑模型如图 6-2 所示。

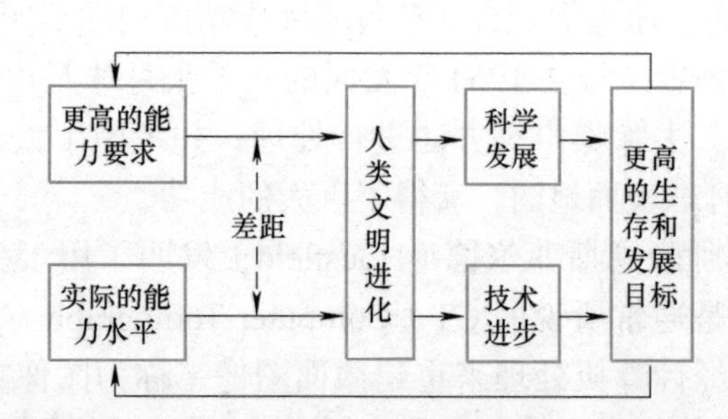

图 6-2　科学技术发展学的拟人律逻辑模型

人类的“实际的能力水平”与“更高的能力要求”之间存在的差距，成为一种无形却又巨大的驱动力，支配人类在实践探索中自觉或不自觉地朝缩小“差距”的方向努力。努力得到的理论成果就沉淀为“科学发展”，工艺成果则成为“技术进步”。科学技术的发展不但缩小了“差距”，也必然推动人类提出新的“更高的生存和发展目标”。于是，新的更高的能力又会成为新的需求，新的能力差距又会出现，新一轮的实践探索和科学技术进步又开始了。如此，人类科学技术水平呈螺旋式上升，永无止境。

由此可以清楚地看到，科学技术的发展方向一直在跟随人类能力扩展的需求，亦步亦趋，始终把缩小“实际的能力水平”与“更高的能力要求”之间差距、科学技术发展水平拟合人类需求水平为前进动力，宏观上从来没有脱离这个轨道，这就是为什么把科学技术发展的规律称为“拟人律”的原因之所在。

3. 科学技术未来学——共生律

人类进步发展的历程中，单纯利用物质资源和力学原理构成的工具为质料工具，既要靠人力来驱动，也要靠人来驾驭，因此被称为“人力工具”（如镰刀、锄头等）。随着时代的进步，同时利用物质资源和能量资源制造出了自身具有动力的工具——动力工具，不需要人力驱动，但还需要人来驾驭，因此被称为“动力工具”（如机床、火车等）。在现代的信息社会，综合利用物质资源、能量资源和信息资源，可以制造出自身不仅具有动力，而且还具有智能的高级工具——智能工具，不但可以不需要人的驱动，也可以不需要人的驾驭，是一种自主的机器，因此被称为“智能工具”（如专家系统、机器人等）。

工具的换代是在继承基础上的创新，而不是简单的淘汰。正因为如此，动力工具能够具有人力工具的功能而又比人力工具强大，智能工具具有动力工具的功能而又比动力工具聪明。总之，科学技术发展到今天，使人类认识世界和改造世界的能力得到了空前提高。因此，人类的全部能力应该是自身的能力加上科学技术产物的能力，这就是“共生律”。

在这个共生体中，人类和智能工具之间存在着合理的分工，智能工具可以承担非创造性的劳动，人类主要承担创造性劳动。人有人的作用，机器有机器的作用，两者合理分工，默契合作，人主机辅，相得益彰。

6.1.2 图像识别与分类检索

数字图像处理最早出现于20世纪50年代，当时的电子计算机已经发展到了一定的水平，人们开始利用计算机来处理图形和图像信息。20世纪60年代初期，图像处理的目的是改善图像的质量，输入质量低的图像，输出改善质量后的图像，常用的图像处理方法有图像增强、复原、编码、压缩等。首次获得实际成功应用的案例是美国喷气推进实验室（JPL）对航天探测器徘徊者7号在1964年发回的几千张月球照片使用图像处理技术，利用几何校正、灰度变换、去除噪声等方法进行处理，并考虑了太阳位置和月球环境的影响，由计算机绘制出了月球表面地图，获得了巨大的成功。

1972年，英国工程师豪恩斯菲尔德（Housfield）发明了用于头颅诊断的X射线计算机断层摄影装置，也就是通常所说的CT（Computer Tomograph）。CT的基本方法是根据人的头部截面的投影，经计算机处理来重建截面图像，称为图像重建。1975年又成功研制出全身用的CT装置，获得了人体各个部位鲜明清晰的断层图像。1979年，这项无损伤诊断技术获得了诺贝尔奖，说明它对人类做出了划时代的贡献。

从20世纪80年代末开始，图像处理技术在航空航天、生物医学、遥感遥测、工业检测、机器人视觉、公安司法、军事制导、文化艺术等诸多应用领域受到了广泛重视并取得了重大的开拓性成就，使数字图像处理成为一门引人注目、前景远大的新型学科。随着计算机技术和人工智能、思维科学研究的迅速发展，数字图像处理向着更高、更深层次的发展。

在第5章所介绍的数字图像处理常用方法中包括图像变换、图像编码压缩、图像增强和复原、图像分割、图像描述、图像分类（识别）等，其中图像分类（识别）部分常被抽取出来纳入到模式识别领域。图像分类是根据图像信息中所反映的不同特征，把不同类别的目标区分开来的图像处理方法，以代替人的视觉判断。而图像识别是指利用计算机对图像进行处理、分析和理解，以识别各种不同模式的目标和对象的技术。

1. 图像识别基本原理

通常，图像识别由两个阶段组成，即训练设计阶段与识别实现阶段。训练设计指用一定数量的训练样本建立标准模式库，选定适当的识别算法、距离测度及判决准则。识别实现指将待识别的样本所形成的未知模式与标准模式进行匹配比较，根据测度估计及判决准则输出图像识别结果。图像识别系统主要由数据获取、预处理、特征抽取、标准模式库、测度估计和判决六部分组成，如图 6-3 所示。

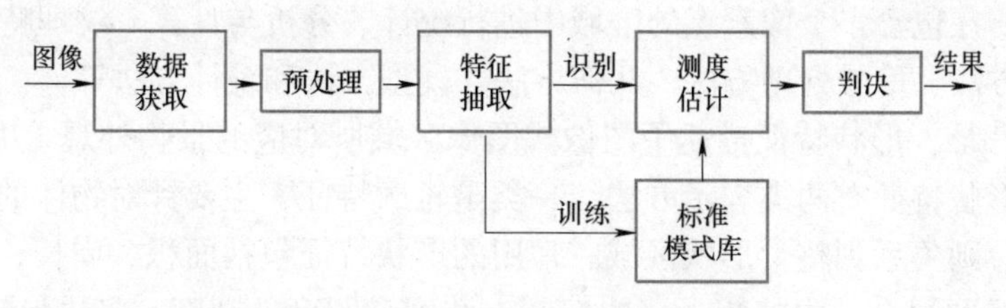

图 6-3　图像识别系统基本原理框图

（1）数据获取　采用适用的图像传感（CCD 或 CMOS）技术获取数字图像数据，必要时可同时采样其他物理参量（如光照强度，签字识别时的签字速度、运笔力度等）作为图像识别时修正结果的参考。

（2）预处理　预处理的目的是去除噪声，加强有用信息，并对测量传感器或其他因素所造成的退化现象进行复原。

（3）特征抽取与标准模式库　对原始数据进行变换，得到能反映识别本质的 M 个特征参数。在训练阶段由样本所获得的特征向量（由 M 个特征参数构成的 M 维特征空间中的一个点）作为标准模式存入库中。

（4）测度估计与判决　距离测度可以采用欧氏距离及其变形的距离、似然比测度、隐马尔可夫模型（HMM）之间的距离测度等。基于未知模式与标准模式的距离测度估计值，根据若干准则及专家知识进行判决，输出图像识别结果。

2. 图像特征提取

众所周知，图像具有直观性和易理解性，通过不同的颜色和亮度来表现景物的内容和相关信息。特征是某一类对象区别于其他类对象的相应（本质）特点或特性，或是这些特点和特性的集合。对于图像而言，每一幅图像都具有能够区别于其他图像的自身特征，这些特征实质上是可以通过分析、测量或处理而被抽取出来的数据，有些是可以直观地感受到的自然特征，如亮度、边缘、纹理和色彩等；有些则是需要通过变换或处理才能得到的，如矩、直方图以及主成分等。

从人类视觉角度看，图像特征主要有图像的颜色特征、纹理特征、形状特征和空间关系特征等几大类。对数字图像而言，特征提取就是按照预定的方法，以图像像素为最小粒度对图像信息进行分析和处理，以获取图像特征（值）的过程。

（1）颜色特征　颜色特征是一种全局特征，描述了图像或图像区域所对应的景物的表面性质，它是基于像素点的特征，所有属于图像或图像区域的像素都有各自的贡献。颜色特征的提取一般在 RGB 彩色空间中进行，但 R、G、B 数值和色彩的三个基本视觉特性（亮度、色调、饱和度）没有直接的关系，未考虑到人眼对亮度和色彩的区分度。因此，颜色特征的提取也可在 HSV、CIE 或其他彩色空间中进行。颜色特征提取（描述）的方法包括颜色直方图、颜色集、颜色矩（颜色分布）、颜色聚合向量，以及颜色相关图等。

（2）纹理特征　纹理是图像的内在特征，表征图像中物体表面的组织结构及相邻内容的联系等重要信息。纹理常包括纹理基元（组成纹理的基本元素）以及纹理基元的排列规则，体现了图像中物体表面的具有缓慢变化或者周期性变化的表面结构的组织排列属性。纹理通过像素及其周围空间邻域的灰度分布来表现，即局部纹理信息。另外，局部纹理信息不同程度上的重复性，就是全局纹理信息。与颜色特征不同，纹理特征不是基于像素点的特征，它需要在包含多个像素点的区域中进行统计、分析与计算。纹理特征提取（描述）方法包括结构方法、信号处理方法、几何方法、模型方法和统计方法等。

（3）形状特征　形状特征描述了图像或图像区域所对应的景物外观（几何）形状的空间分布情况，形状特征有两类表示方法，一类是轮廓特征，主要针对物体的外边界；另一类是区域特征，则关系到整个形状区域。常用的形状特征包括面积、周长、重心、外接矩形、外接圆、椭圆拟合、内接矩形、内接圆、凸度、凹度、圆度、多边形拟合、连通域、孔洞、方向度、紧密度、矩形度等。典型的形状特征提取方法包括边界特征值法（图像的外边界）、几何参数法（图像几何参数化处理）、形状不变矩法（图像不变矩特征）、傅里叶形状描述法（傅里叶变换法）等。

（4）空间关系特征　空间关系特征是指图像中分割出来的多个目标之间的相互的空间位置或相对方向性的关系，这些关系可分为连接 / 邻接关系、交叠 / 重叠关系和包含 / 包容关系等。空间位置信息可以描述为相对空间位置信息或绝对空间位置信息，前一种强调的是目标之间的相对情况，如上下左右关系等；后一种强调的是目标之间的距离大小及方位。常用的图像空间特征提取方法有两种：第一种是根据图像中的对象或者颜色等其他特征对图像进行分割后提取特征；第二种是把图像分割成规则的子块，分别对图像的每个子块进行特征提取。运用空间关系特征描述图像内容虽然能起到更完备的功效，但是一旦图像或目标发生反转、旋转等变化，空间关系特征发生的变化就非常明显。因此，空间特征关系一般不单独使用，而是要与其他特征相融合使用。

3．图像特征选取与融合

通常情况下，经过图像分析处理后提取的图像特征数量是很大的，这会给后续的图像分类 / 识别效率和准确率带来负面影响。因此，从大量的特征中选取出对分类 / 识别最有效的有限特征，降低分类 / 识别过程的计算复杂度，提高准确性，是特征选取环节的主要任务。

特征选取是从已有的特征中选择一些特征，抛弃掉其他特征，目的是为了降低特征的维度，提高所选取的特征对分类 / 识别的有效性，这是因为在很多实际问题中，图像的某些特征可能与分类 / 识别任务是不相关的或者特征之间存在冗余。特征选取的主要任务是研究如何从众多的特征中找出那些对分类 / 识别任务最有效的特征。为使特征能够代表对象，且便于实际操作和算法实现，并使分类 / 识别结果准确可靠，要求所选用的特征应满足以下三个基本条件：

（1）特征应当容易提取　换言之，为了得到这些特征所付出的代价不能太大，当然，这还要与特征的分类 / 识别能力权衡考虑。

（2）选取的特征应对噪声和相关转换不敏感　例如，要识别车牌号码，车牌照片可能是从各个角度拍摄的，而所关心的是车牌上字母和数字的内容，因此就需要得到对几何失真变形等转换不敏感的特征，从而得到旋转不变或是投影失真不变的特征。

（3）所选用的特征对分类 / 识别有效　尽量使得图像易于分类 / 识别，寻找最具区分或分辨能力的特征。

特征选取都是在不降低或较少降低分类 / 识别性能的情况下，降低特征空间的维数。

其主要作用在于：

1）简化计算。特征空间的维数越高，需要占用的计算资源越多，计算的复杂度也就越高。

2）简化特征空间结构。特征选取是去除类间差别小的特征，保留类间差别大的特征，使得每类所占据的子空间结构可分离性更强，从而也可以简化分类 / 识别的复杂度。

需要特别指出，特征提取和选择并不是截然分开的。例如，可以先将原始特征空间映射到维数较低的空间，然后在此空间中进行特征选择来进一步降低维数。

在图像分类 / 识别的实际应用中，由于主客观条件的不可预测性，单模态（一种）图像特征分类 / 识别技术不仅受到样本采集方法、采集成功率、采集设备硬件水平和成本等因素的制约，还可能会受到图像特征自身特点固有缺陷的限制，这些都会影响其应用场景，降低分类 / 识别的成功率和准确率。多模态特征分类 / 识别技术是以多个图像特征为基础，利用数据融合算法进行特征融合，不仅可以提高分类 / 识别的准确率，扩大系统的适用性，还能解决单模态图像特征分类 / 识别中小样本引起的系统错误率较高的问题，同时也可降低系统的风险性，使之更具实用性。

目前，多模态特征融合主要有三种融合方式：前端融合（Early-fusion）或特征水平融合（Data-level fusion）、后端融合（Late-fusion）或决策水平融合（Decision-level fusion）和中间融合（Intermediate-fusion）。

前端融合将多个独立的特征集融合成一个单一的特征向量，然后输入到分类器中。由于多模态特征的前端融合往往无法充分利用多个模态特征间的互补性，且前端融合的原始特征通常包含大量的冗余信息，因此，多模态前端融合方法常常与特征提取方法相结合以剔除冗余信息，如主成分分析（PCA）、最大相关最小冗余算法（mRMR）、自动解码器（Autoencoders）等。

后端融合则是将不同模态特征的分类器输出打分（决策）进行融合，这样做的好处是融合模型的错误来自不同的分类器，而来自不同分类器的错误往往互不相关、互不影响，不会造成错误的进一步累加。常见的后端融合方式包括最大值融合（Max-fusion）、平均值融合（Averaged-fusion）、贝叶斯规则融合（Bayes'rule based）及集成学习（Ensemble learning）等。

中间融合是指将不同的模态特征先转化为高维特征表达，再与模型的中间层进行融合。以神经网络为例，中间融合首先利用神经网络将原始特征转化成高维特征表达，然后获取不同模态特征在高维空间上的共性。中间融合方法的一大优势是可以灵活地选择融合的位置。

4．图像分类与检索

图像处理应用正显著地改变着人们的生活方式和生产手段，例如，人们可以借助于图像处理技术欣赏月球的景色，交通管理领域中的车牌照识别、机器人领域中的计算机视觉等都离不开图像处理、分类 / 识别技术。而且，在传统的基于关键词描述的图像检索、视频检索不再满足实际需求的情况下，基于内容的图像检索（Content-Based Image Retrieval，CBIR）和基于内容的视频检索（Content-Based Video Retrieval，CBVR）越来越实用化。

（1）图像分类技术　图像分类技术是根据图像信息中所反映的不同特征，把不同类别的图像区分开来的图像处理方法。利用计算机对图像特征进行分析处理，把图像划归为若干个类别中的某一种，核心是给定一幅测试图像，利用训练好的分类器判定它所属的类别，给待分类的图像打上一个标签，标签来自于预定义的可能类别集，而分类器就是利用带类别标签的训练数据训练出来的。在训练一个分类器完成指定的分类 / 识别任务时，往往需要一个包含各个类别大量图像的训练集，而得到这个训练集就需要对采集到的图像样本进行类别标注，标注的方法可以是人工的，也可以是自动完成的。聚类分析能够实现图像样本集合的初始划分，为分类器后续学习过程的启动准备好训练图像，这就使得“无监督学习”可以用于图像分类 / 识别。

（2）图像识别技术　图像识别技术是利用计算机对图像进行处理、分析和理解，以识别各种不同模式的目标和对象的技术。传统的图像识别方法有统计模式识别方法、结构模式识别方法、模糊模式识别方法等。图像识别过程主要包括图像处理、特征提取、识别（测度估计与判决）等步骤。图像识别包含图像分类，但与图像分类相比，图像识别可以理解为给定一幅测试图像，识别其中所含目标的类别及其位置（即目标检测和分类）。常用的传统分类器（测度估计与判决）有 K- 近邻（KNN）、支持向量机（SVM）、人工神经网络（ANN）等。在训练阶段，用已知识别 / 训练结果的样本训练识别器，确定测度估计与判决准则。近年来，深度学习技术在图像识别领域有了长足的发展，基于深度学习的图像识别算法包括 R-CNN、SPP-Net、FastR-CNN、FasterRCNN、YOLO 及 SDD 等，各种应用也层出不穷，如人脸识别、车牌识别、医学影像识别等。

（3）图像检索技术　图像检索主要指基于内容的图像检索，即以图搜图，给定一幅查询图像，搜索与之相似（视觉或语义上）的图像。图像检索一般是提取图像特征后直接基于相似性（距离）度量标准计算查询图特征和数据库中图像特征之间的相似性，然后根据相似性大小排序输出结果。进行图像检索时，用户往往将自己的意图用具体的视觉查询表达出来。根据图像的不同类型，查询构成方式可以分为基于示例图像、基于草图、基于颜色图、基于上下文图等。需要明确的是，图像分类和识别必须是有监督的，而图像检索可以是无监督的。还有一点，图像检索是相对于图像的某些属性或特征（颜色、形状、纹理等），而图像分类和识别是相对于图像和其中对象的类别。

（4）视频检索技术　视频检索主要指基于内容的视频检索，是针对音视频使用视频分割、自动数字化、语音识别、镜头检测、关键帧抽取、内容自动关联、视频结构化等技术，以图像处理、模式识别、计算机视觉、图像理解等领域的知识为基础，实现对视频数据的有效检索。视频检索可以分为四个层次结构：视频、场景、镜头、图像帧，可根据视频内容的不同，分别采用基于低层特征的视频检索、基于音频特征的视频检索、基于运动对象的视频检索、基于文本的视频检索、基于多特征融合的视频检索等方法。近年来，基于内容的视频检索技术不断发展和完善，在数字图书馆、传媒和娱乐业、远程教育、安全监控与刑侦办案、医学分析和远程会诊以及军事情报处理等领域发挥着越来越大的作用。

6.1.3　身份验证与生物识别

身份验证是人们日常生活中经常遇到的一个基本问题，几乎每时每刻都需要鉴定别人的身份，证明自己的身份。例如，到图书馆借阅资料要出示借书证，到银行办理存取款需提供存折和身份证等。传统的身份验证方法可分为两类，一类为基于身份标识物品（如钥匙、证件、银行卡等）的验证方法；另一类为基于身份标识知识（如用户名、密码等）的验证方法。在一些安全性要求较高的场景中，往往需要将这两者结合起来。但是，标识物品容易丢失或被伪造，标识知识容易遗忘或记错，更为严重的缺陷是传统身份验证方法往往无法区分标识物品真正的拥有者和取得标识物品的冒充者，一旦他人获得标识物品，就可以具有与拥有者相同的权力。因此，需要安全性更高的身份验证技术。正是因为有此需求，直接驱动人类探索新的身份验证技术——生物识别技术。

1．生物识别技术

生物识别（或生物特征识别）技术是模式识别的一个分支，已经成为一种新的身份验证手段，根据人类自身所固有的生理特征和行为特征来验证身份。生理特征与生俱来，多为先天性的，如指纹、掌纹、视网膜、虹膜、面部、静脉、基因等。行为特征则是习惯使然，多为后天性的，如笔迹、声音、步态等。生物识别包括虹膜识别、视网膜识别、面部识别、指纹识别、签字识别、声音识别、手形识别、步态识别及多种生物特征混合识别等，而且生物识别技术大多是通过承载人类生理特征和行为特征外在表现的图像的识别技术实现。

2．生理特征识别

下面介绍与图像识别密切相关的、应用比较广泛的生理特征识别技术，包括指纹识别、掌纹识别、虹膜识别、视网膜识别、面部识别和静脉识别。

（1）指纹识别　指纹具有终身不变性和唯一性，在法律上已经被认定为人的物证之首。指纹识别系统所抽取的特征有全局特征和局部特征两种。全局特征包括指纹的纹形、中心点、三角点和纹线数等，按照亨利分类法，纹形可分为弓、箕、斗和杂四种基本类型，中心点作为指纹获取和匹配的参考点，三角点至中心点的连线与指纹纹路相交的纹线数量称为纹线数。

指纹识别除依据全局特征之外，还需要局部（细节）特征的位置、数量、类型和方向才能唯一地确定，指纹纹路的脊尾、分支点、三角点、岛、纹路围成的孔等均可作为细节特征点，如图 6-4 所示。

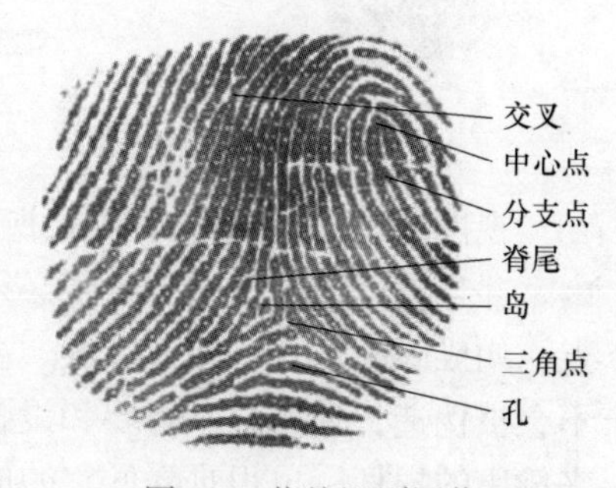

图 6-4　指纹识别图像

采集指纹图像的技术主要有光学取像技术和非光学取像技术两类。光学取像技术利用扫描仪或摄像头等设备将手指捺印转换为灰度图像，或采用活体指纹摄入仪直接将手指指纹转换为灰度图像。非光学取像技术利用硅电容式、压感式或温度感应式半导体传感器取得指纹图像，或利用超声波扫描设备取得指纹图像。指纹是人体独一无二的特征，并且它们的复杂度足以提供用于识别的特征，但使用时留下的印痕存在被复制的可能性。

（2）掌纹识别　掌纹是指手指末端到手腕部分的手掌图像，掌纹图像蕴含丰富特征，其中很多特征可以用来进行身份识别，如主线、皱纹、细小的纹理、脊末梢、分叉点等，以及手掌面上的伤疤、脱皮等的结构、形态、数量、位置、距离、相互关系等。如图 6-5 所示。

掌纹识别是一种非侵犯性的识别方法，用户比较容易接受，而且掌纹图像采集十分便捷，即使手机分辨率较低也可轻易采集。另外，掌纹识别稳定可靠，掌纹的形态主要由遗传基因控制，即使特殊原因导致表皮剥落，新生的纹路依然保持原有不变的结构。所以，掌纹特征识别具有纹理特征丰富、用户易于接受、安全稳定性较高等优点。

（3）虹膜识别　虹膜的位置在晶状体、眼前室间，被巩膜、角膜覆盖呈环形且不具有透光性的薄膜，如图 6-6 所示。

每一个虹膜都包含独一无二的基于水晶体、细丝、斑点、凹凸点、射线和条纹等特征的结构。实践证明，没有任何两个虹膜是完全一样的，虹膜识别技术利用虹膜的终身不变性和差异性来验证身份。虹膜能提供数量众多的特征，使得虹膜识别技术是精确度较高的生物识别技术之一。

通过精密摄像头可获取虹膜图像数据，当摄像头对准眼睛后自动调整焦距确定虹膜的内沿及外沿。经预处理排除眼液和细微组织的影响后，抽取特征形成虹膜代码（Iris Code）作为标准模式或未知模式。虹膜识别的优点是便于使用，只需用户位于设备之前而无须物理接触。缺点是很难将图像获取设备的尺寸小型化，而且投资较大。

（4）视网膜识别　视网膜也是一种常被用于生物识别的生理特征，有些学者认为视网膜是比虹膜更为唯一的生物特征。视网膜是一些位于眼球后部十分细小的神经，它是人眼感受光线并将信息通过视觉神经传给大脑的重要器官，如图 6-7 所示。

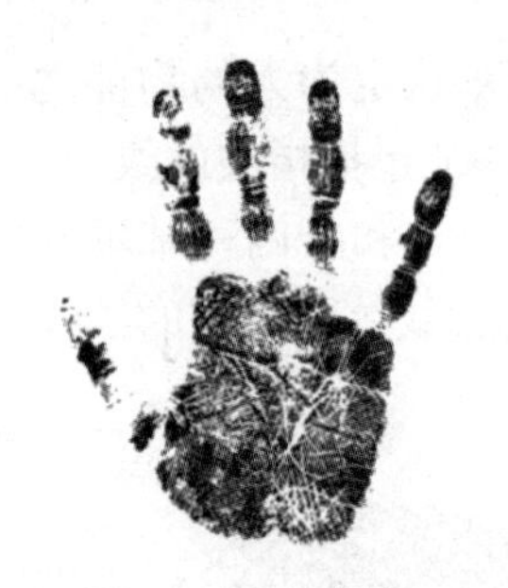

图 6-5　掌纹图像

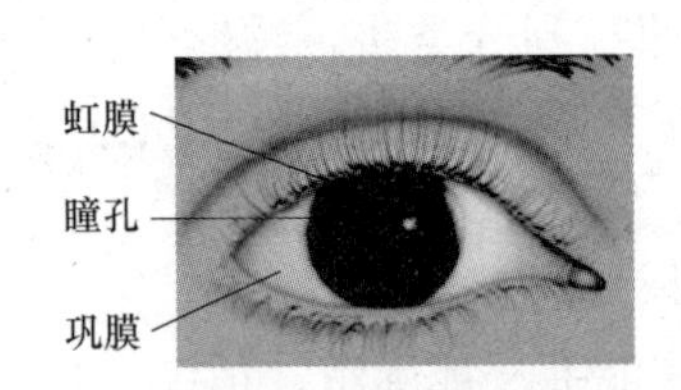

图 6-6　虹膜识别图像

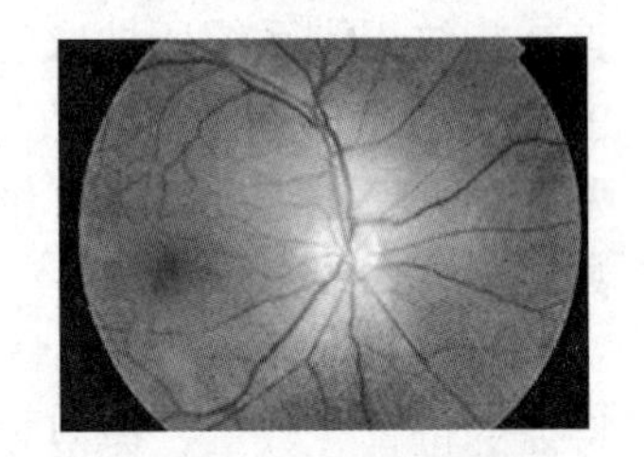

图 6-7　视网膜图像

视网膜扫描设备用来获取视网膜图像数据，使用者眼睛与设备的距离应在 15mm 之内，并且在读取图像时，眼睛必须处于静止状态。经过预处理和特征抽取可获得若干特征点，构成匹配模式和完成确认。视网膜是一种极其稳定的生物特征，因为它是“隐藏”的，不会被伪造，使用时不需要和设备进行直接的接触。缺点是视网膜扫描可能会给使用者带来健康的损坏，也很难降低它的成本。

（5）面部识别　面部识别亦称人脸识别。面部因人而异，绝无相同，即使双胞胎其面部也存在某些方面的差异。获取的面部图像需经预处理消除发型和化妆等因素带来的影响。抽取的特征包括脸部的轮廓，眼睛、嘴巴和鼻子的位置和形状，眉毛的位置和形状等几十个参数，如图 6-8 所示。抽取的特征参数值按预定的规则形成模式，在训练阶段建立标准模式库，在识别实现阶段作为未知模式与标准模式进行比较。

捕捉面部图像可采用视频技术或热成像技术。视频技术通过一个标准的摄像头摄取面部的图像，热成像技术通过分析由面部毛细血管的血液产生的热线来生成面部图像。与虹膜、视网膜等生物识别系统相比，面部识别系统更加直接、友好，使用者无任何心理障碍。但在面部识别系统中，使用者面部的位置与周围的光照环境都有可能影响系统的准确性。

（6）静脉识别　静脉识别分为指静脉识别和掌静脉识别，通过红外线 CCD 摄像头获取手指、手掌、手背静脉的图像，获得较为完整的静脉分布图，并依据专用算法从静脉分布图中提取特征值。用静脉进行身份认证时，获取的是静脉的图像特征，是活体才拥有的特征，非活体是得不到静脉图像特征的，因而也就无法识别，从而也就无法造假。如图 6-9 所示。

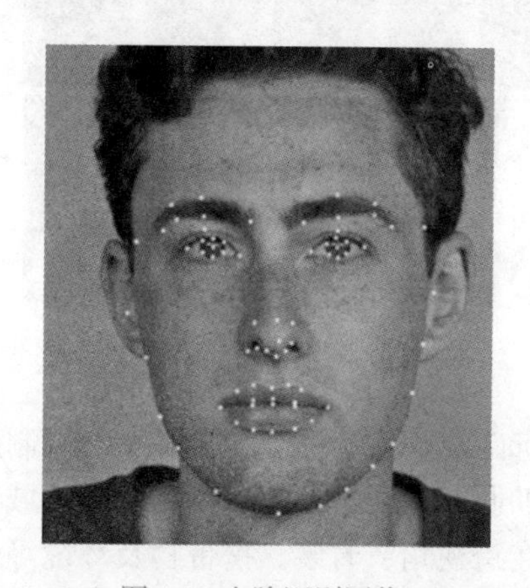

图6-8　人脸识别图像

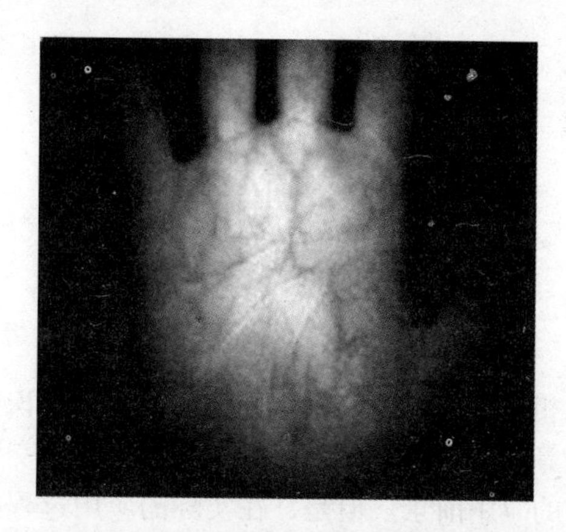

图6-9　手掌静脉识别图像

另外，用静脉进行身份认证时，获取的是内部的静脉图像特征，而不是手指、手掌、手背表面的图像特征。因此，不存在任何由于表面的损伤、磨损、干燥或潮湿等带来的识别障碍。而且，静脉识别无须与设备发生直接接触，扫描过程既简单又自然，减轻了用户可能存在的抗拒心理。因为具有活体识别、内部特征和非接触式三个方面的特征，确保了使用者的静脉特征很难被伪造，所以，静脉识别系统安全等级高，特别适合于安全性能要求高的场所使用。

3. 行为特征识别

下面介绍与图像识别密切相关的、应用比较广泛的行为特征识别技术，包括签字识别和步态识别。

（1）签字识别　签字作为身份验证的手段已经使用了几百年，人们都很熟悉在各种场合用签字作为身份的标志。签字数字化需要测量签字图像本身以及整个签字的动作，通过计算机把手写签字的图像、笔顺、速度和压力等信息与真实签字样本进行比对，以鉴别手写签字的真伪。对于签字图像，人们最先注意的是其中的端点、交叉点及弯曲，这些点均可作为签字识别的特征点，这些反映了签字的几何变化。端点是笔划的起笔或终笔，交叉点是笔划交叉产生的特征，而弯曲点则表明笔划在这点上的方向有明显的变化。签字识别图像如图 6-10 所示。

签字识别技术更容易被大众接受，是一种公认的身份验证的技术，主要应用于电子政务、电子商务、金融服务等各个领域。缺点是随着经验的增长、性情的变化或生活方式的改变，签字也会随之而改变。为了适应签字不可避免的自然改变，签字识别系统在进行正确判决的前提下必须学习后形成的习惯。

（2）步态识别　步态识别利用人的行走姿势实现身份识别，由于行人在肌肉力量、肌腱和骨骼长度、骨骼密度、重心等方面有一定的差异，基于上述这些差异可以唯一地鉴别一个人，则利用这些特性能搭建人体运动模型或直接从人体轮廓提取特征实现步态识别。步态识别图像如图 6-11 所示。

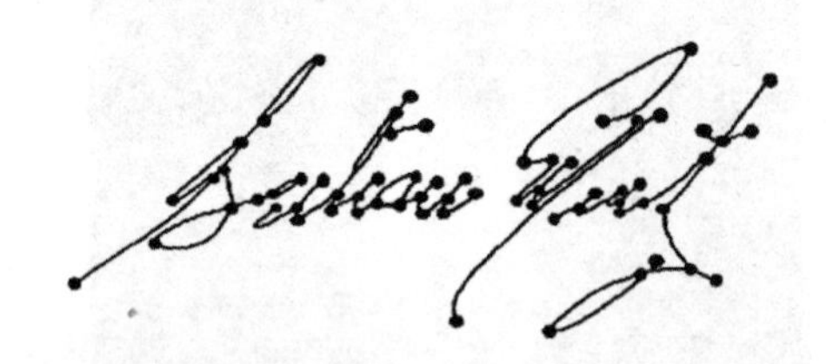

图6-10　签字识别图像

图6-11　步态识别图像

相对于人脸、指纹和虹膜识别，步态识别具备远距离识别、非受控性和不需强制路人配合等显著优势，对于安保、考勤会务、交通、自助服务与智慧社区楼宇管理等领域有着广阔的应用前景。但是，在实际的应用过程中，存在跨视角、着装、携带物及环境等外在因素的干扰，会造成步态轮廓前后不一致的情况，容易导致类内变化大于类间变化，进而发生误判。另外，行人存在的年纪增长、生病、怀孕、劳累等内在因素也会对步态识别造成一定的影响。

6.1.4　生物识别技术应用

随着图像处理技术的快速发展，近些年来生物识别技术取得了长足的进步，并已在人们生活工作的多个领域开始应用，如指纹门禁、指纹考勤、刷脸支付、刷脸进站、刷脸考试、刷脸进出社区或宿舍等。

1. 人脸识别在图书馆的应用

目前图书馆门禁系统由门禁卡技术（如读者一卡通）、二维码识别技术（如读者信息二维码或微信校园卡二维码等）以及生物特征识别技术（如指纹、人脸识别）三种技术组成，其中刷脸入馆是一种较新颖的门禁方式。图书馆刷脸入馆的信息注册和录脸方式主要有三种：一是安装刷脸识别设施的通道，刷一卡通并录脸；二是无须录脸，自动识别匹配用户一卡通系统的照片；三是上传符合要求的读者手机自拍照到人脸识别系统。另外，人脸识别技术不仅可应用于入馆门禁的身份识别，还可应用于借还书服务。

读者从进馆到阅览、借书，无须校园卡和身份证，刷脸即可。具体流程为读者首先需刷脸注册，与个人信息绑定，保存到人脸识别系统资料库，即可体验刷脸进馆和刷脸借书。进馆和借书时，读者只要将脸部对着摄像头，门禁系统和自助借还机就会自动识别身份，完成无卡进馆和无卡借阅。

2．指纹识别在教育领域的应用

指纹识别技术在教育领域的应用主要有以下三个场景：

（1）指纹准考证　为了保证考试（尤其是社会化考试）的公平、公正，在考生考试报名时采集照片和指纹，制作出含有指纹信息的 IC 卡准考证。考生在进入考场时可以人工查看考生准考证，核对照片，并采用专用设备对考生的指纹进行自动比对，可有效防止替考人员进入考场。

（2）校园一卡通　校园一卡通作为工作证或学生证，既可以刷卡进出校门、教室、实验室、办公室等场所，也可到食堂、餐厅、商店等地点消费，通常其表面印有持卡人的信息和照片。若系统保存有持卡人的指纹数据，可以有两个保证：一是当检测是持卡人本人时，自动保存检测记录，以免持卡人否认；二是如果卡丢失或被窃，活体指纹的采集和匹配技术可以有效保证其他人无法使用此卡。

（3）数据加解密　利用指纹每次按捺采集的特征都不会完全一样的特点来生成数据加解密中的秘钥，具有很好的加密效果，只有加密者本人或授权人才能够使用指纹打开加密数据。文档资料等信息加密后，即使计算机硬件被窃或信息传输中被截留，加密数据也不会失密，这项技术可以应用在试卷电子版等机密数据在网络传输过程中的保密操作。

3．虹膜识别在金融领域的应用

目前，虹膜识别技术在金融领域主要有三类应用场景：

（1）银行内控　在银行金库、机房、会计档案中心、柜台内室等严格限制出入的重要区域，使用虹膜识别技术实现身份认证，防止无关人员进入重要地点。在银行内部业务管理系统中，也可使用虹膜识别技术对各级管理员进行人员、身份、权限匹配，提高内部风控水平，保证业务管理系统安全运行。另外，利用虹膜的唯一性和活体判别技术也可有效识别员工的出勤情况，提高内控管理效率。

（2）支付结算　支付结算业务在线上、线下、移动终端的快速发展对身份识别的准确性、安全性、便捷性提出了较高的要求。针对这种需求，许多企业都推出了自己的支付结算虹膜识别解决方案，可以在零点几秒的时间里完成支付认证操作；或在手机上集成虹膜识别功能，为虹膜识别技术在移动支付领域的进一步应用做好了铺垫。

（3）自助设备　在银行自助设备上使用虹膜识别代替传统卡密方式进行用户身份验证，该方式要求用户先在银行前台将虹膜信息注册到银行交易系统内，并与用户银行账户进行绑定，之后在任何一台部署了虹膜识别设备的自助设备上均可实现无卡办理自助服务业务。

4．步态识别在监控领域应用

步态识别技术可在以下场景中获得应用：

（1）安防监测　将装有步态识别功能的摄像机安装于工厂、医院、居民楼甚至野外等环境之中，像人脸识别一样发挥防盗、防窃等功能，通过全面有效的安防布控，保证生命财产安全。例如，石油行业的野外设施主要依靠人类安防力量进行巡检、防护，虽然有摄像头等监控设备，但是受限于客观原因，识别有效性不足。而步态识别技术可及时发现非巡检人员接近石油设施，及时发现隐患，保护位于野外露天环境的石油设施设备。

（2）刑侦监测　大多数情况下，视频中犯罪嫌疑人往往不会露脸，或者清晰度不高，办案人员很难从中获取到有效信息，而步态识别技术应用之后，上述现象将得到明显改观，降低办案难度，节约办案时间和成本。例如，通过步态识别技术先锁定犯罪嫌疑人，再进行取证和深入调查。

（3）公共监控　步态识别可用于公交车、旅游景区等公共领域。在这些领域，步态识别能实施对安防的布控，实现无卡出行，以及对人群密度的预测或进行超流量预警，从而有效地保护公共安全。例如，采用步态识别技术的空调，可依据用户步态信息，自动进行温湿度、风力、风向调控等操作。

（4）家居监控　人们可通过自己的步态，对家居设备进行智能控制。例如，步态识别可提升空调的智能水平，根据家庭成员的步态特征可及时识别老人、小孩等特殊人群的活动范围，根据不同的人群调整空调的出风角度、出风量及温度，让温度控制更适合人们自身的需求。

6.2　医学图像与医疗诊断

医学影像是指为患者进行临床诊治或医学研究对人类身体的某个部位或整个人体进行非侵入式，对内部组织的影像进行显现和处理的过程。随着社会的发展与科技的进步，医学影像在临床上的应用越来越广泛，医学影像的种类也越来越多。常见的医学影像技术包括 X 光、CT、MRI、超声等，这些医学影像技术具有各自的特点，在对各种疾病的临床诊断、检查的应用中，各自都具有一定的优越性和局限性，没有哪一种医学影像技术是万能的。

医学影像技术与医学影像诊断是一个辩证统一的整体，这二者在临床医疗服务工作中互相依赖、互相制约、互相促进，二者都是促进医疗技术发展，帮助患者尽快摆脱疾病折磨的重要因素。

6.2.1　X 光与 X 光诊断设备

X 光诊断是特殊的也是常用的临床检查方法之一，在近代医学中，除了病史、体征和常规化验外，X 光诊断的发展使人类能更全面地了解人体内组成器官的生理，解剖及病理生理，以及病理解剖的变化，由此促进了基础医学研究和临床诊断技术的发展。

1. X 光的诞生

1895 年 11 月 8 日傍晚，德国物理学家伦琴（Wilhelm Konrad Rontgen）在维尔茨堡大学（University of Würzburg）的一个实验室做一项关于阴极射线的实验。为了防止外界光线对放电管的影响，也为了不使管内的可见光泄漏出管外，他把房间的遮光窗帘全部放下来变成暗室，还用黑色硬纸给放电管做了个黑色纸板封套。在实验过程中，他偶然发现给放电管接上电源时，距离放电玻璃管两米远的地方，一块用铂氰化钡溶液浸洗过的纸板发出了明亮的荧光。再进一步试验，用纸板、木板、衣服及厚约两千页的书，都遮挡不住这种荧光。更令人惊奇的是，当用手去拿这块发荧光的纸板时，竟在纸板上看到了手骨的影像。

当时伦琴认定，这是一种人眼看不见、但能穿透物体的射线。因无法解释它的原理，不清楚它的性质，故借用了数学中代表未知数的“X”作为代号，称为 X 射线（简称 X 线或 X 光），这就是 X 射线的发现与名称的由来，此名一直沿用至今。后人为纪念伦琴的这一伟大发现，也把它称为伦琴射线。

尽管伦琴对这个新发现异常兴奋，但他仍保持非常严谨的态度，并没有急于对外宣布。在接下来的几个星期，伦琴一直研究这种令人惊奇的光线。他进一步发现，几乎没有什么东西可以阻挡 X 射线，但它却无法穿透 1.5 毫米厚的铅板。另外，X 射线同可见光一样能使胶片感光。

1895 年 12 月 22 日，当妻子安娜到实验室看望他时，伦琴让安娜把左手放在用黑纸包严的胶片上，然后用 X 射线对着手照射，胶片显影后，上面清晰地呈现出安娜的手骨像，无名指上的戒指也非常清楚。安娜看到自己的手骨影像时惊呼：我看到我的死亡了！人类历史上第一张 X 光片就此诞生，如图 6-12 所示。

1895 年 12 月 28 日，伦琴把这一重大发现写成论文，题目是《论一种新的射线》。人体不同组织吸收 X 射线的程度不同（骨骼吸收的 X 射线比肌肉吸收的要多），这样，X 光片上就出现了阴影浓淡对比，据此可以判断人体某一部位是否正常。由此，X 射线诊断技术成为世界上最早的非创伤性检查技术，人类可以借助 X 光片诊断疾病，为医治疾病提供了可靠依据。1901 年，伦琴因发现 X 射线成为第一个诺贝尔物理学奖获得者，也被尊称为“放射诊断学之父”。

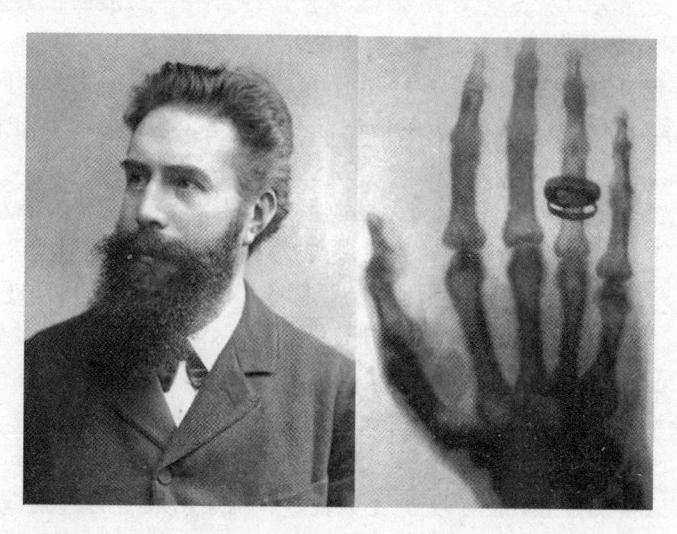

图6-12 伦琴与第一张X光片

2. X 光的悲壮灾难

如何推广科技成果呢？当一项新技术并未完全被人们理解和充分掌握时，应该谨慎从事和循序渐进。然而，最早的 X 线先驱们却毫无防护意识，结果“遭受重创”，印象最深的一个细节是，在他们专业会议的宴席上，居然因为断指残手、缺膀少臂而不能使用刀叉，连端上来的烤鸡都“无福消受”。

在德国汉堡圣乔治医院的花园里，静静伫立着一座X光纪念碑，它是德国伦琴射线学会于1936年4月4日建成揭幕的，旨在缅怀和哀悼世界上最早的X光事业献身者。纪念碑上铭刻着350人的名字，其背后有着一段段独特而悲壮的故事。早年的X光先驱们并不知道，这种波长在紫外线和伽马射线之间的电离辐射虽无色无嗅无感觉，却对人体组织有着致命的伤害，也对此几乎毫不设防。

享誉世界的发明家爱迪生制作出了方锥形X光观察仪，并曾在纽约举行的全国电器博览会上展出了4台便携式X光设备，当时有成百人排起长队，为了一睹自己的骨头。后来爱迪生也逐渐开始感到左眼失焦和肠胃不适，而其助手达利因长期暴露在X光照射中，出现了手部脸部伤害，因癌变导致右手四个指头和整个左手截肢，后来又截掉两只胳臂。最终在1904年10月去世，年仅39岁，是美国第一位X光的捐躯者。爱迪生由此受到了巨大的打击和震撼，决定彻底放弃对X光的一切研究。

勋伯格是德国第一位X射线专家，还创建了期刊《X射线新进展》，撰写了X射线的教科书，发起成立德国伦琴学会并担任主席。1908年，勋伯格的双手患了皮肤癌，后截掉了右手中指和左臂膀。1921年6月4日，勋伯格在汉堡去世，终年56岁，他成了早期德国医学界最重要的“X光烈士”

吉赛尔是德国最负盛誉的X光摄影师，他和好友沃克霍夫共同创办了世界上第一所牙科医院，他的许多经典X光片收进了口腔放射学教科书。吉赛尔也因过度承受辐射而罹患癌症，于1927年溘然病逝。

1896年，芝加哥大学哈内曼医学院学生格鲁伯安装了美国第一台X光治疗仪，格鲁伯毕业后研究X光疗法，发表论文90多篇，于1929年左手截肢后，又接连经受90多次手术磨难，最后死于癌扩散。

美国第11届伦琴协会主席布朗于1936年6月出版书籍《美国献身于伦琴射线的科学烈士》，深情撰写了28位X光殉难者的传记，不幸的是，1950年布朗也因X光辐射引发的癌症而去世。

实际上，X光设备最早被人们无知无畏地用在了“娱乐至死”。由于人们不满足于“只有皮相没有骨相”，当时新郎新娘拍一张X光结婚照也成为时尚，达官贵人更是利用权势率先“品尝”X光的辐射。就连刚刚诞生的电影也不放过X光的热门题材，制作出五花八门的荒诞作品。X光就这样在人类乍见初识的情况下，全面进入了公共生活和大众文化，这是科学史上罕见的特例。

回首X光技术的拓荒年代，可以说人类最勇敢的先遣队遭受重创，几乎全军覆没。1925年，第一届国际放射学大会在伦敦召开，首次提出X射线的防护问题，1928年斯德哥尔摩召开的第二届大会上成立了防护委员会，并制定出最早的X射线操作规范。随着防护措施的日趋严格和X光设备的迅速改进，医疗中的X光灾难终于成为了历史。

3. X射线的多种用途

一定剂量的X射线照射人体后，能产生不同程度的影响，但近代X射线机及机房设计已采取了防护措施，能确保安全使用，使接收到的放射剂量控制在允许范围内，不会给身体造成损害。因此，对X射线损伤要有正确的认识，但放射线接触者必须采取正确的防护措施。例如，工作人员须严格遵守操作规程，并使用各种防护器材。患者应尽量避免短期内反复多次检查及不必要的复查，尤其是人类的生殖器官（妇女骨盆、男性睾丸）必须予以保护。

X 光机是产生 X 射线的设备，其主要用途如下：

（1）医学诊治　医用 X 光机也称为 X 光确诊设备或医用 X 光透视仪，此类 X 光机广泛应用于医疗机构与场所，提供医疗诊断用影像，这也是 X 光机在医学中最为广泛的使用领域，主要包括拍片和透视。另外，X 光机也可以用于放射治疗，产生高剂量 X 射线的设备对准癌细胞进行照射，可以导致癌细胞的结构和细胞活性的改动，以达到杀死癌细胞以及抑制其成长分散的效果。

（2）工业检测　工业检测用的 X 光机一般是指工业无损检测 X 光机（无损耗检测），此类 X 光机是广泛应用于大量工业品、电子元器件、IC 半导体、电路板等制品的封装、焊接（虚焊、错焊、漏焊）、结构、裂纹、气泡等检测的首选检测设备。

（3）安全检查　X 光机也广泛使用在火车站和机场等场合的安全检查，X 射线安全检查设备借助于传送带将被检查行李送入履带式通道，行李进入通道后触发射线源发射 X 射线束照射行李，高效半导体探测器把接收到的 X 射线变为电信号传送到计算机处理显示在计算机屏幕上，用以辨认图像、评价物件的安全性。

4. X 光人体成像

X 射线之所以能使人体在荧屏上或胶片上形成影像，一方面是基于 X 射线的特性，即 X 射线的穿透性（X 射线成像基础）、荧光效应（透射检查的基础）、感光效应（X 射线摄影的基础）和电离效应（放射治疗的基础）；另一方面是基于人体组织有密度和厚度的差别。由于存在这种差别，当 X 射线透过人体各种不同的组织结构时，它被吸收的程度不同，所以到达荧屏或胶片上的 X 射线量也就有所差异。这样，在荧屏或 X 射线胶片上就形成了黑白对比不同的影像。

（1）人体组织结构密度　人体组织结构是由不同元素所组成，依各种组织单位体积内各元素量总和的大小而有不同的密度。人体组织结构的密度可归纳为三类：属于高密度的有骨组织和钙化灶等；中等密度的有软骨、肌肉、神经、实质器官、结缔组织以及体内液体等；低密度的有脂肪组织以及存在于呼吸道、胃肠道、鼻窦和乳突内的气体等。当强度均匀的 X 射线穿透厚度相等的不同密度组织结构时，由于吸收程度不同，在 X 射线胶片上或荧屏上显出具有黑白（或明暗）对比、层次差异的 X 射线影像。

X 射线穿透低密度组织时，被吸收的少，剩余的 X 射线多，使 X 射线胶片感光多，经光化学反应还原的金属银也多，故 X 射线胶片呈黑影；使荧光屏所生荧光多，故荧光屏上也就明亮。高密度组织则恰相反。例如，在人体结构中，胸部的肋骨密度高，对 X 射线吸收多，照片上呈白影；肺部含气体密度低，对 X 射线吸收少，照片上呈黑影。胸部 X 光片如图 6-13 所示。

另外，病理变化也可使人体组织密度发生改变。例如，肺结核病变可在原属低密度的肺组织内产生中等密度的纤维性改变和高密度的钙化灶。在胸片上，于肺影的背景上出现代表病变的白影，肺结核病变 X 光片如图 6-14 所示。因此，不同组织密度的病理变化可产生相应的病理 X 射线影像。

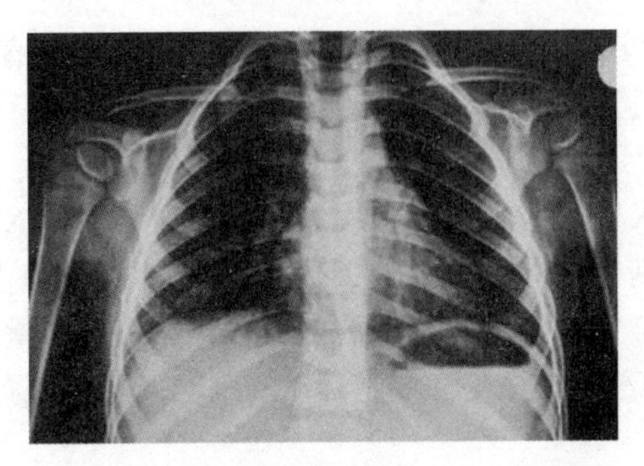

图 6-13　胸部 X 光片

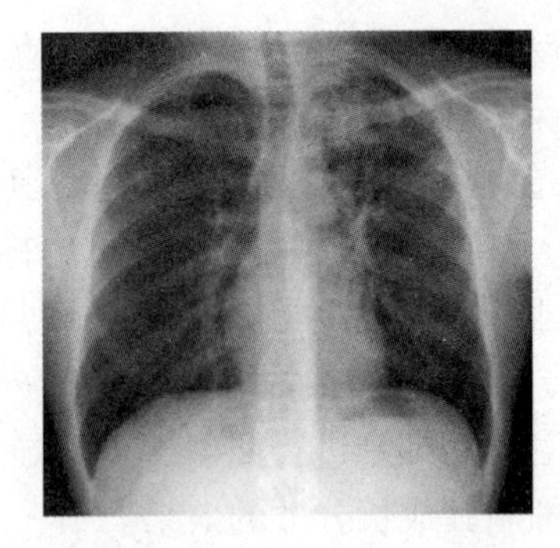

图 6-14　肺结核病变 X 光片

（2）厚度　人体组织结构和器官形态不同，厚度也不一致。其厚与薄的部分，或分界明确，或逐渐移行。厚的部分吸收 X 射线多、透过的 X 射线少，薄的部分则相反。在 X 光片和荧屏上显示出的黑白对比和明暗差别以及由黑到白和由明到暗，其界线呈比较分明或渐次移行，都是与它们的厚度差异相关的。

6.2.2　心电图与超声诊断

心电图与超声心动图都是用来检查心脏的，但各自的侧重点有所不同。通过对心电图的分析，可了解心脏跳动的节律、频率，以及心电在心脏传导系统中的传导情况，根据各种图形特点可以判断有无心律失常、心房心室肥大、心肌供血不足、心肌梗死等。而超声心动图是用于检查心脏解剖形态和功能的一种无创检查方法。通过超声心动图可以观察心脏形态、心脏瓣膜、心脏各腔室大小、各腔室血流速度和方向、心脏收缩和舒张的心室容积变化，分析这些信息，可了解有无先天性心脏病、风湿性心脏病、冠心病、心肌病、心脏肿瘤、赘生物、血栓形成及心包积液，判断人工瓣膜功能情况，解释和鉴别异常心音和心脏杂音，测量心脏各腔室大小，计量心搏量，了解心脏功能情况等。

1. 心电图

心电图（Electrocardiogram，ECG）是利用心电图机从体表记录心脏每一心动周期所产生的电活动变化图形的技术。在心电图的发展历史中有两件大事：

第一件大事是 1887 年英国生理学家沃勒（A. D. Waller）采用毛细管式电压表测量人体与动物四肢间的电位差，取得了随时间连续变化的心电信号。但是，由于这种装置的频响特性很差，频率稍高的信号难以测出，因此得到的心电信号误差较大。

第二件大事是 1903 年荷兰生理学家爱因托芬（W. Einthoven）首次从体表记录到了完整的心电波形，而且当时是用弦线电流计，由此开创了体表心电图记录的历史。1924 年，爱因托芬因此获得诺贝尔医学生物学奖。

心电图诞生后的相当一段时间未能在医院临床上推广使用。20 世纪 20 年代，电子技术有了突破性进展，产生了放大器，心电信号可以经放大处理后再显示或记录在纸上，为心电图的普及创造了良好条件。20 世纪 50 年代，心电图得到迅速普及，在心脏疾病的诊断中开始发挥重要作用。

心电图可分为普通心电图、24 小时动态心电图、His 束电图、食管导联心电图、人工心脏起搏心电图等。应用最广泛的是普通心电图及 24 小时动态心电图，普通心电图的检查过程一般为 2 ～ 3 分钟，只能记录即时刻短暂的心电活动。心电图能非常灵敏地提示心律失常、高血压、冠心病、心肌梗死、电解质异常等疾病，所以常规体检中一般都有心电图这一项。然而，通常情况下心电图还需要专业医生解读。图 6-15 所示为普通心电图片段。

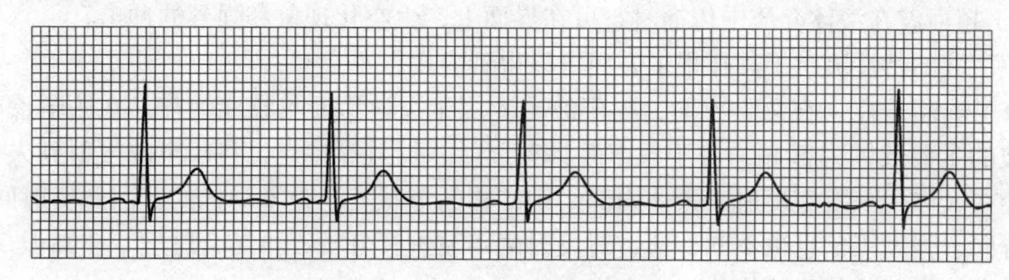

图 6-15　普通心电图片段

动态心电图 24（甚至 48 ～ 72）小时连续记录受检者全日的心电活动信息，能显著提高偶发性、短阵性心律失常和一过性心肌缺血发作的检出率。图 6-16 所示为 24 小时动态心电仪器佩带图。

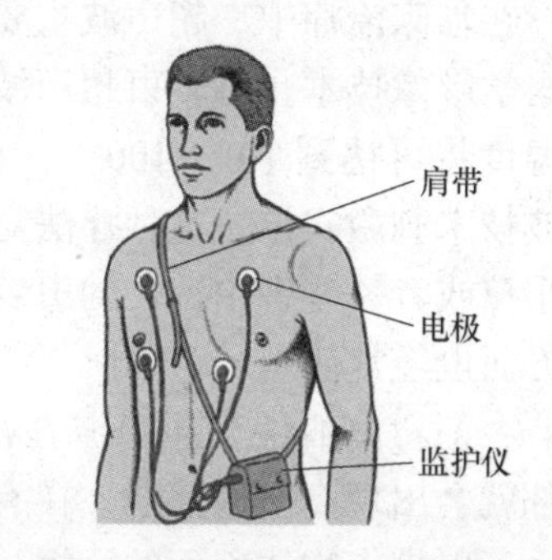

图 6-16　24 小时动态心电仪器佩带图

24 小时动态心电图（监护仪）是一种长时间连续记录并分析人体心脏在活动和安静状态下心电图变化状况的仪器，其能记录全部的异常电波，检出各类心律失常和病人在 24 小时内各种状态下所出现的有或无症状性心肌缺血，可对心脏病的诊断提供精确可靠的依据，尤其对早期冠心病有较高的检出率。

监测结束后，专业的心电图医师或心内科医师把全天记录的心电图导入计算机系统，对照被监测人所记录的 24 小时活动和感觉情况，只需在计算机上输入时间就会调出对应的心电图，进而做出准确的判断。

2. 超声波特性

人耳能听到的声音（波）频率范围大概是 20Hz ～ 20kHz，把频率高于 20kHz 的声音（波）称为超声波。超声波具有良好的方向性和穿透能力，特别是在水中，传播距离更远。无论是在医学诊断、军事、农业还是在生活中都有广泛的应用，可用来测速、测距，以及消毒杀菌、清洗、焊接等。

超声波与普通声波一样，也具有反射、折射、衍射、散射等特点，但是超声波的波长较短，有的只有几厘米，甚至低至千分之几毫米。波长越短，声波的衍射特性就越差，可以在介质中稳定地进行直线传播，因此波长较短的超声波具有很强的直线传播能力。而且声音在空气中传播时，会推动空气中的粒子振动做功，而声波功率的大小表示声波做功的快慢，在相同环境下，声波的频率越高功率就越大。由于超声波的频率大于 20KHz，因此超声波的功率也较高。

超声波主要有两个参数：

1）频率：$f \geqslant 20000\text{Hz}$（有时也把 $f \geqslant 15000\text{Hz}$ 的声波也称为超声波）。

2）功率密度：p = 发射功率（W）/ 发射面积（cm^2），通常 $p \geqslant 0.3\text{W/cm}^2$。

超声波具有如下特性：

1）超声波具有在气体、液体、固体等介质中进行有效传播的能力。

2）超声波具有很强的传递能量的能力。

3）超声波具有反射特性，还会产生干涉、叠加和共振现象。

4）超声波在液体介质中传播时，可在界面上产生空化现象和强烈的冲击。

超声波的特性决定了其在很多方面可以得到应用，主要有：

（1）诊断治疗　在医学方面，超声波主要用于医学诊断与临床治疗。在医学诊断中，超声波的主要载体为B超。由于超声波具有反射、折射等特点，将超声波发射到人体内，它就会在人体内部发生反射，人体内部组织结构的形状大小是不一样的，因此反射回来的声波方向、强度等信息也不同，通过对反射的声波进行分析，再结合医学专业知识，就可以知道人体内部的某些部位是否产生病变。

在临床治疗中，超声波主要被用来杀死肿瘤细胞和超声针灸，超声波的功率很大，利用医学影像技术，将多束超声波聚焦在病变的细胞上，控制好照射的强度和时间，短时间的温度将可达到70～100℃，在保护周围组织的同时杀死病变细胞。超声针灸是利用超声波技术刺激穴位，这种疗法对组织没有损伤，而且具有无痛、无不适应感等优点，在治疗小孩或者一些害怕针灸的患者时有很好的效果。此外，超声波在体外碎石、理疗、牙科等方面也经常使用。

（2）超声清洗　超声波在液体内部不断地进行透射作用，在没有压力作用时，液体内部就会出现真空核泡群，在有压力作用时，真空核泡群在压力的作用下产生强大的冲击力，可以带走物体表面的污垢，完成清洗工作。一些表面凹凸不平的器件，或者特别小难以清洗的部件，如钟表、电子元器件、电路板等，都可以达到很好的清洗效果。

（3）超声测距　由于超声波的波长相对较短，具有良好的方向性和穿透能力，能量消耗较慢，在介质中传播距离较远。而且超声测距的原理简单，比其他的测距方式都方便，容易操作，计算也比较简便，因此在一些移动式机器人或者导盲系统中有广泛的应用。

3．超声诊断设备

超声诊断（Ultrasonic diagnosis）是将超声检测技术应用于人体，通过测量了解生理或组织结构的数据和形态，发现疾病或做出提示的一种诊断方法。用于医学诊断的超声波主要采用脉冲反射技术，包括A型、B型、D型、M型、V型等，从发展趋势看，近年来超声已经在向彩色显示及三维立体显示进展。

（1）A型超声检查　超声束以线状径路穿入人体，在不同组织介面上产生相应不等强度的反射，由不同距离和不同幅度的回波组成一曲线组，X轴（横坐标）为时间（反应距离），Y轴（纵坐标）为幅度（反应强度），根据曲线组中各反射波的位置、幅度、组合状态等，分析探查组织部位的结构状态，判断有无异常，发现疾病。A型超声是人类试图把超声用于检查疾病的早期方法。我国于20世纪50年代末开始发展超声诊断，盛行于20世纪六七十年代，广泛应用于多种疾病的检查。但此一维探测信息量少、盲目性大，自B超发展后已极少使用。但此种方法对回声各种参数量的变化颇为灵敏，在脑中线、眼及脂肪层测量方面仍不失为理想手段。

（2）B型超声检查　B超是应用最广、影响最大的超声检查，该种方法是在声束穿经人体时，把各层组织所构成的介面和组织内结构的反射回声，以光点的明暗反映其强弱，由众多的光点排列有序地组成相应切面的图像。尤其是灰阶及实时成像技术的采用促进了 B 超的发展。灰阶成像使图像非常清晰，层次丰富，实时成像功能可供动态观察，随时了解器官与组织的运动状态，犹如一幅连续的电影画面。B 超声图像检查应用极广，遍及颅脑、心脏、血管、肝、胆、胰、脾、胃肠、胸腔、肾、输尿管、膀胱、尿道、子宫、盆腔附件、前列腺、精囊、肢体、关节，以及眼、甲状腺、乳腺、唾腺、睾丸等表浅小器官。

（3）C 型与 V 型超声检查　即额断切面与立体（或三维）超声，这是在计算机科学高度发展的前提下才出现的。一般 B 超二维图像是取得平行声束切入体内的画面，而不能取得垂直声束方位的图像，即 C 型切面图像。而以计算机的复制产生 C 型图像，在 B 型二维图像上加以 C 型的组合，三维立体的超声（即 V 型）亦同期出现。V 型超声可以取得被检物体纵、横、额三方位断面，使立体位置更明确，信息量更丰富，有助于诊断技术准确性的提高。在画面分割、组合的过程中，对小病变的发现很有实际意义。

（4）D 型超声检查　利用多普勒效应，即超声射束在运动体上反射回改变频率的超声，其所产生的频移可以由音响、曲线图表现出来，D 型超声主要用来检查运动的器官和流动的体液，如心脏、血管及其中流动的血液（包括胎儿心动），用以了解运动状态，测量血流速度及方向。D 型与 B 型的组合形成双功能超声，既可观察欲检部位的形态，又可观测血流的方向和速度，减少了盲目性，提高了准确性。应用计算机技术把血流的方向与流速以数字编码进行假彩色处理，使不同方向的血流产生了鲜明对比的颜色，更提高了双功能超声分辨血流的能力，泾渭分明，一目了然，这就是彩色超声波。彩色多普勒超声诊断仪如图 6-17 所示。

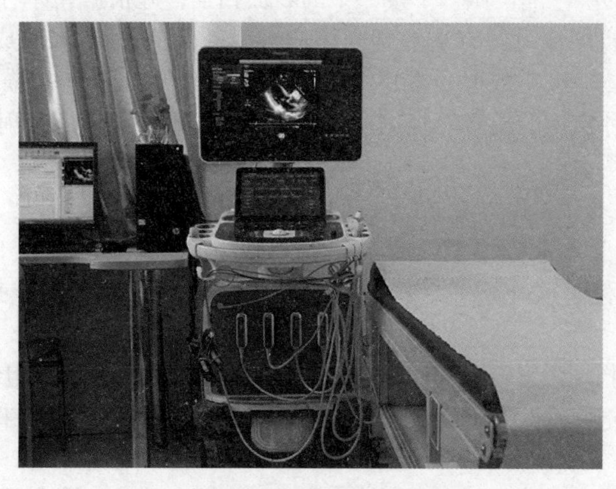

图 6-17　彩色多普勒超声诊断仪

（5）M 型超声检查　在辉度调制型中加入慢扫描锯齿波，使光点自左向右缓慢扫描，形成心脏各层组织收缩及舒张的活动曲线。能将人体内某些器官的运动情况显示出来，主要用于心脏血管疾病的诊断。探头固定地对着心脏的某部位，由于心脏规律性地收缩和舒张，心脏的各层组织和探头之间的距离也随之改变，在屏幕上将呈现出随心脏的搏动而上下摆动的一系列亮点，当扫描线从左到右匀速移动时，上下摆动的亮点便横向展开，呈现出心动周期中心脏各层组织结构的活动曲线，即 M 型超声心动图。

作为一种基于超声的医学影像学诊断技术，超声检查在人体各组织脏器的检查上运用很广泛。然而，超声波是一种频率超过 2 万赫兹的机械波，反复照射同一部位时会产生一定的生物学效应，只要在仪器设置的安全输出功率下检查，对人体是没有任何危害的。另外，很多人认为彩超就是彩色的 B 超，就好像彩色电视机一样，而 B 超就好像黑白电视机一样，其实不是这样的。B 超是对组织器官的二维灰阶成像，而彩超则是在 B 超二维灰阶成像的基础上加上了彩色多普勒功能，它可以显示所观察组织器官内的血管结构、血流分布情况，通过对血流的观察来达到提高诊断准确率的目的，而且图像质量更清晰。

对于超声检查，由于检查方式及检查部位的不同，检查前受查者要做的准备工作也会有所差异。因此，在做超声检查之前，一定要先咨询主治医生，做好相关的准备工作，如需要空腹的，前一天晚上就要避免进食，需要喝水的就及时喝水等，以避免准备工作未到位而影响检查结果。

6.2.3 CT 与磁共振成像

CT 利用 X 射线成像，有一定的辐射。磁共振利用磁场成像，对人体没有辐射，但体内有金属物的人不适合做磁共振检查。磁共振与 CT 检查相比费用更高、时间更长，但若检查血管、神经、骨骼方面的问题，磁共振检查更准确。

1. CT 诞生与发展

CT（Computed Tomography）即电子计算机断层扫描，其利用 X 射线束、γ 射线、超声波等围绕人体的某一部位做一个接一个的断面扫描，并根据人体对射线或超声吸收率的不同，利用计算机图像重建方法得到人体二维横断面的图像。CT 成像的基本过程为：射线（超声）→人体→采集数据→重建图像→显示图像。CT 具有扫描时间快、图像清晰等特点，可用于多种疾病的检查。根据所采用的射线不同可分为：X 射线 CT（X-CT）及 γ 射线 CT（γ-CT）等。

自从发现 X 射线后，医学上就开始用它来探测人体疾病。但是，由于人体内有些器官对 X 射线的吸收差别极小，因此 X 射线难以发现那些前后重叠的组织的病变。于是，美国与英国的科学家开始了寻找一种新的手段来弥补用 X 射线技术检查人体病变的不足。

1963 年，美国物理学家科马克（Cormack）首先发现人体不同的组织对 X 射线的透过率有所不同，在研究中还得出了一些有关的计算公式，这些公式为后来 CT 的应用奠定了理论基础。

1967 年，英国电子工程师亨斯菲尔德（Hounsfield）在并不知道科马克研究成果的情况下，也开始了研制一种新技术的工作。他首先研究了模式的识别，然后制作了一台能加强 X 射线放射源的简单扫描装置，即后来的 CT 机，用于对人的头部进行实验性扫描测量，后来又用于测量全身。1971 年 9 月，亨斯菲尔德与一位神经放射学家合作，在伦敦郊外的一家医院安装了他所设计制造的这种装置，开始了头部检查。

1972 年，第一台 CT 机诞生，仅用于颅脑检查。同年 4 月，亨斯菲尔德在英国放射学年会上公布了这一结果。1974 年制成全身 CT 机，检查范围扩大到胸、腹、脊柱及四肢。

自 1972 年第一台 CT 机问世，其先后经历了五代结构性能的发展和改变。就扫描和收集信息方式而言，第一代和第二代 CT 机采取旋转 + 平移的方式，第三代 CT 机采取旋转 + 旋转的方式，第四代 CT 机采取旋转 + 固定的方式，第五代 CT 机采取静止 + 静止的方式。探测器数量也从第一代的 1 ～ 3 个增加到 1000 ～ 2400 个，最多可达 72000 个，扫描速度也更快，图像质量也更高。图 6-18 所示为 CT 设备图片。

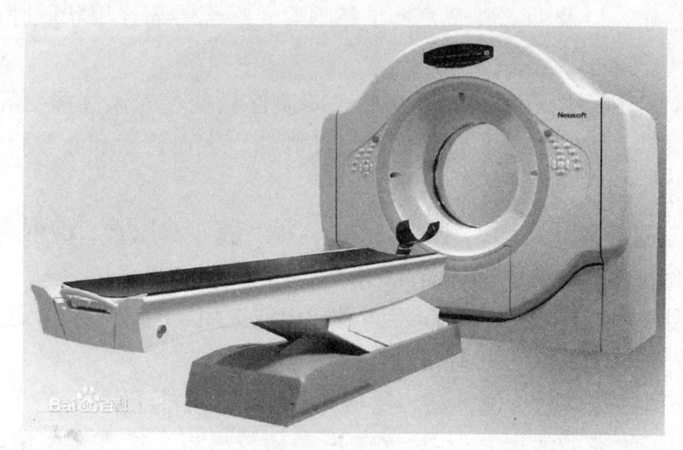

图 6-18　CT 设备图片

2. CT 诊断与图像重建

CT 图像是以不同的灰度来呈现，反映了器官和组织对 X 射线的吸收程度，如图 6-19 所示。因此，与 X 射线图像所示的黑白影像一样，黑影表示低吸收区，即低密度区，如含气体多的肺部；白影表示高吸收区，即高密度区，如骨骼。但是与 X 射线图像相比，CT 的密度分辨力高，即有高的密度分辨力。

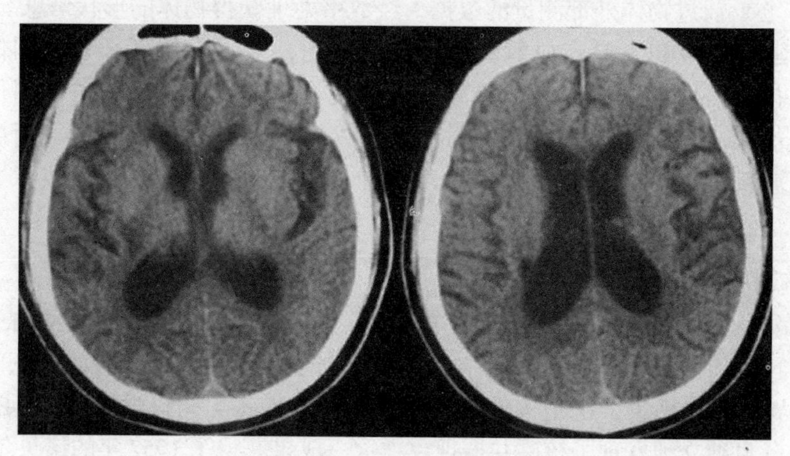

图 6-19　脑部 CT 图像

CT 可以更好地显示由软组织构成的器官，如脑、脊髓、纵隔、肺、肝、胆、胰以及盆部器官等，并在良好的解剖图像背景上显示出病变的影像。CT 图像是层面图像，常用的是横断面，为了显示整个器官，需要多个连续的层面图像。通过 CT 设备上图像重建程序的使用，还可重建冠状面和矢状面的层面图像，以多角度查看器官和病变的关系，用于全身各器官的检查，对疾病的诊断、治疗方案的确定、疗效观察和后期评价具有重要的参考价值。

（1）颅脑　对颅内肿瘤、脑出血、脑梗死、颅脑外伤、颅内感染及寄生虫病、脑先天性畸形、脑萎缩、脑积水和脑髓鞘疾病的诊断。

（2）头颈部　对眼眶和眼球良恶性肿瘤、眼肌病变、乳突及内耳病变、鼻窦及鼻腔法人炎症、息肉及肿瘤，以及咽部肿瘤尤其是鼻咽癌、喉部肿瘤、甲状腺肿瘤和颈部肿块等的诊断。

（3）胸部　对肺肿瘤性病变、炎性病变、间质性病变、先天性病变等的诊断，例如，支气管扩张、支气管肿瘤，以及心包疾病、主动肿瘤、大血管壁和心瓣膜的钙化，冠状动脉的走行、狭窄等。

（4）腹部和盆腔　对肝、胆、脾、胰、肾、肾上腺、输尿管、前列腺、膀胱、睾丸、子宫及附件，腹腔及腹膜后病变的诊断。

（5）脊柱和骨关节　对椎管狭窄、椎间盘膨出或突出、脊椎小关节退变等脊椎退行性病变，以及脊柱外伤、脊柱结核、脊椎肿瘤等的诊断。

CT 诊断由于其特殊诊断价值，已广泛应用于临床。而且随着工艺水平、计算机技术的发展，CT 得到了飞速的发展。但是，CT 设备比较昂贵，检查费用偏高，某些部位的检查、诊断（尤其是定性诊断）中，还有一定的局限性，所以不宜将 CT 检查视为常规诊断手段，应在了解其优势的基础上，合理的选择应用。此外，CT 诊断辐射剂量比普通 X 射线更大，虽然有减少辐射的措施，但免疫力极度低下的病人、怀孕妇女不宜进行 CT 检查。

CT 技术是一项近年来快速发展的多学科交叉的先进技术，除了广为人知的医学应用，还应用在工业无损检测、射电天文学、精密仪器反演等多个重要的领域。CT 图像重建是 CT 技术的核心，通过物体外部测量的数据，经数字处理获得物体的形状信息。

图像重建技术最初主要在放射医疗设备中应用，显示人体各部分的图像，即计算机断层摄影技术，后来逐渐在许多领域获得应用。从维数上可分为二维图像重建、三维图像重建；从成像方式上可分为发射断层成像、反射断层成像、透射断层成像；从采用的射线波长可分为 X 射线成像、超声成像、微波成像、核磁共振成像、激光共焦成像等。

3. 磁共振成像 MRI

磁共振（Magnetic Resonance，MR）实际上是指核磁共振（Nuclear Magnetic Resonance，NMR），由于担心“核”字引起误解与疑惧，目前统称为磁共振。核子自旋运动是自然界的普遍现象，也是核磁共振的基础。1946 年美国科学家 Flelix Bloch 和 Edward Purcell 各自独立地发现了核磁共振现象，这一成果获得了 1952 年的诺贝尔物理学奖。1967 年，Jasper Jackson 在活的动物身上首次获得 MR 信号。1972 年，Paul Lauterbur 发明了一套对核磁共振信号进行空间编码的方法，这种方法可以重建出人体图像。从 20 世纪 80 年代开始，MR 进入了临床应用阶段，图 6-20 所示为 MRI 设备照片。

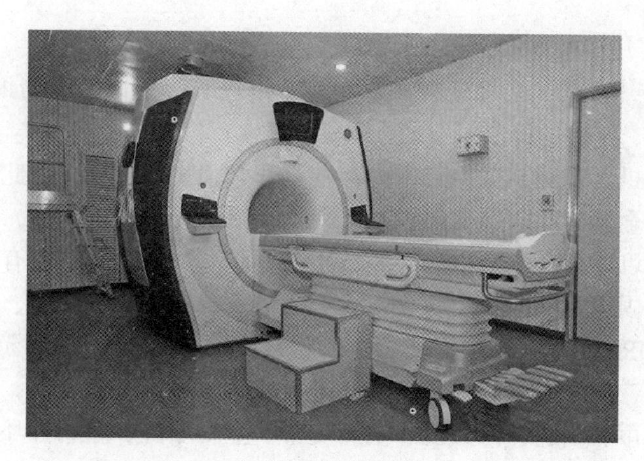

图 6-20　MRI 设备

磁共振成像（Magnetic Resonance Imaging，MRI）是断层成像的一种，与其他断层成像技术（如 CT）有一些共同点，例如，它们都可以显示某种物理量（如密度）在空间中的分布。MRI 利用磁共振现象从人体中获得电磁信号，并重建出人体信息，可以得到任何方向的断层图像、三维图像，甚至可以得到空间－波谱分布的四维图像。

磁共振成像已应用于全身各系统的成像诊断，可以检查的适应症包括：

（1）神经系统病变　脑梗死、脑肿瘤、炎症、变性病、先天畸形、外伤等的诊断。图 6-21 所示为头颅磁共振图像。

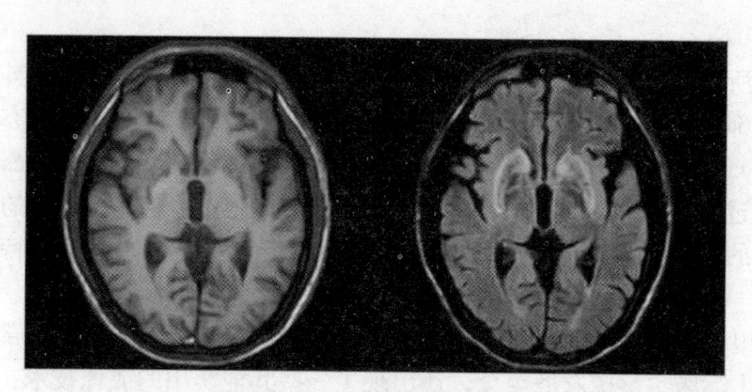

图 6-21　头颅磁共振图像

（2）心血管系统病变　心脏病、心肌病、心包肿瘤、心包积液以及附壁血栓、内膜片的剥离等的诊断。

（3）胸部病变　纵隔内的肿物、淋巴结及胸膜病变等的诊断，可以显示肺内团块与较大气管和血管的关系等。

（4）腹部器官病变　肝癌、肝血管瘤及肝囊肿的诊断与鉴别诊断，腹内肿块的诊断与鉴别诊断，尤其是腹膜后的病变。

（5）腔脏器病变　子宫肌瘤、子宫其他肿瘤、卵巢肿瘤，盆腔内包块的定性定位、直肠、前列腺和膀胱的肿物等。

（6）骨与关节病变　骨内感染、肿瘤、外伤的诊断与病变范围，尤其对一些细微的改变，如骨挫伤等有较大价值，关节内软骨、韧带、半月板、滑膜、滑液囊等病变，以及骨髓病变的诊断。

（7）全身软组织病变　来源于神经、血管、淋巴管、肌肉、结缔组织的肿瘤、感染、变性病变等的定位、定性的诊断。

由于在磁共振机器及磁共振检查室内存在有非常强大的磁场，因此，装有心脏起搏器者以及手术后留有金属夹、金属支架者，严禁做核磁共振检查，否则，由于金属受强大磁场的吸引而移动，可能会产生严重后果导致生命危险。另外，身体内有不能除去的其他金属异物，如金属内固定物、金属避孕环、人工关节、金属假牙、支架、银夹、弹片等金属存留者，必须在 MRI 检查时应严密观察，以防检查中金属在强大磁场中移动而损伤邻近大血管和重要组织，产生严重后果。而且在进入核磁共振检查室之前，应去除身上所携带的手机、手表、硬币、钥匙、打火机、金属皮带、金属项链、金属耳环、金属纽扣及其他金属物品。

6.2.4　影像归档和通信系统

影像归档和通信系统（Picture Archiving and Communication Systems，PACS），其主要任务是把医院日常产生的各种医学影像（包括 X 光机、心电图、CT、超声、磁共振、各种红外仪、显微仪等设备产生的图像）通过各种接口（模拟、DICOM、网络）以数字化的方式传输保存，需要时在一定的授权下能够快速调用，同时具有诸如辅助诊断等功能。

1. 医学影像

正如前面所述，医学影像是指为了医疗或医学研究，对人体或人体某部分，以非侵入方式取得内部组织影像的技术与处理过程，它包含两个相对独立的研究方向：医学成像系统（Medical Imaging System）和医学图像处理（Medical Image Processing）。前者是指图像形成的过程，包括对成像机理、成像设备、成像系统分析等问题的研究；后者是指对已经获得的图像做进一步的处理，主要包括图像复原、图像增强、特征抽取、模式分类等。

X 光、心电、超声、CT 及 MRI 所产生的各类图像只是医学影像的一部分，或者说一大部分。实际上，医学影像发展至今，还出现了一些其他实用的成像技术，并发展出多种形式的医疗影像技术应用，例如：

（1）眼底照相　眼底照相是指利用眼底照相机通过不散瞳的方式获得眼底后极部的清晰照片，用于检查眼底的视盘、血管、视网膜或脉络膜等是否出现问题。

（2）血管摄影　血管摄影（Angiography）或称动脉摄影、血管造影，是用 X 光照射人体内部，观察血管分布的情形，包括动脉、静脉或心房室。

（3）心血管造影　心血管造影（Cardiac angiography）是指将造影剂通过心导管快速注入心腔或血管，使心脏和血管腔在 X 射线照射下显影，同时使用快速摄片、电视摄影或磁带录像等方法将心脏和血管腔的显影过程拍摄下来，从显影的结果可以看到含有造影剂的血液流动顺序以及心脏血管的充盈情况，从而了解心脏和血管的生理和解剖的变化。

（4）乳房摄影术　乳房摄影术（Mammography）是利用低剂量（约为 0.7 毫西弗）的

X 光检查人类（主要是女性）的乳房，能侦测各种乳房肿瘤、囊肿等病灶，有助于尽早地发现乳癌。

（5）正子发射断层扫描　正子发射断层扫描（Positron Emission Tomography，PET）是一种核医学成像技术，利用人体生命元素诸如 18F、11C、15O、13N 等正电子核素标记的药物，从体外无创、定量、动态地观察这些物质进入人体后随时间变化的生理、生化变化。PET 是目前唯一的用解剖形态方式进行功能、代谢和受体显像的技术，具有无创伤性的特点。

从伦琴发现 X 射线到现在已经 100 多年了，这 100 多年里，影像学的发展经历了由模拟成像到数字化成像的变迁过程，新的医学成像技术、手段和设备不断出现，而且现代阅片模式也改变了影像医生、临床医生的工作习惯。以往影像医生、临床医生需要依靠自己看过的影像、阅读、专业书籍或文章，才能提高诊断水平，在这过程中其实也是在脑海中建立一个图像库来进行比较研究。而 PACS 通过比较和提纯，则很容易建立影像库系统，将大大提高医学界整体的诊断水平。

2. PACS 组成与作用

从学术角度，PACS 以高速计算机设备及海量存储介质为基础，以高速传输网络连接各种影像设备和终端，管理并提供、传输、显示原始的数字化图像和相关信息，具有查找快速准确、图像质量无失真、影像资料可共享等特点。其主要包括医疗影像采集、医疗影像存储、医疗影像管理以及与 HIS 等系统无缝集成等几部分组成，如图 6-22 所示。

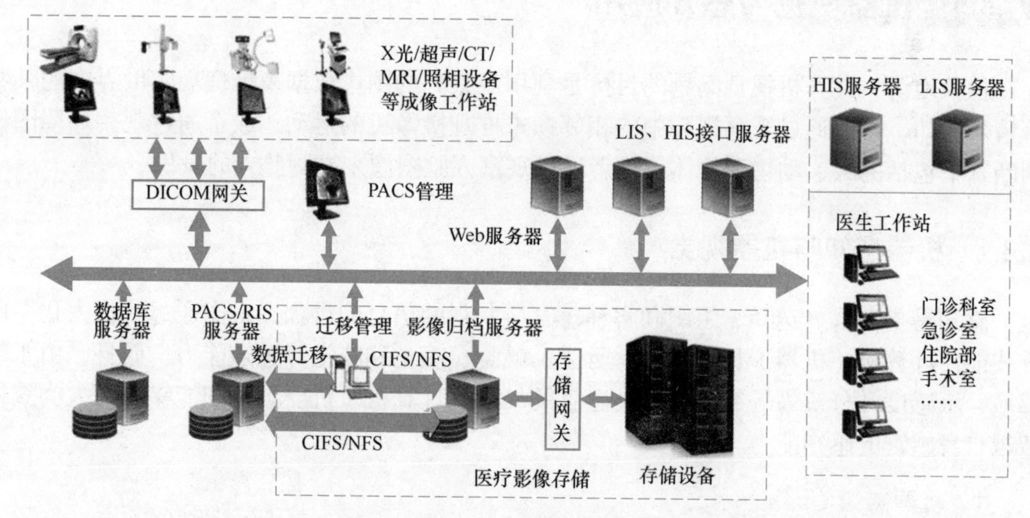

图 6-22　PACS 系统构成

医学数字成像和通信（Digital Imaging and Communications in Medicine，DICOM）是医学图像和相关信息的国际标准，它定义了质量能满足临床需要的可用于数据交换的医学图像格式，涵盖医学数字图像的采集、归档、通信、显示及查询等几乎所有信息交换的协议。DICOM 标准的推出与实施，大大简化了医学影像信息交换的实现，推动了图像归档和通信系统（PACS）的研究与发展。并且由于 DICOM 的开放性与互联性，使得其与医院信息系统（Hospital Information System，HIS）、实验室信息管理系统（Laboratory

Information Management System，LIS）等的集成成为可能。

对 PACS 的建设而言，各类服务器和存储是整个系统的核心，因此合理地规划和配置 PACS 的服务器和存储架构对整个系统的长期可靠运行是至关重要的。不仅要拥有良好的可扩展性，充分考虑数据存储的可靠性和安全性，还要规划设计必要的服务器双机热备和存储的远程容灾 / 备份。网络节点主机之间的网络文件共享通过使用通用 Internet 文件系统（Common Internet File System，CIFS）、网络文件系统（Network File System，NFS）来实现。

从 PACS 的技术发展历史来看，可分为三个阶段：20 世纪 80 年代中期到 90 年代中期的孕育与初级发展阶段；20 世纪 90 年代中期到 20 世纪末的发展与成熟阶段；20 世纪末到现在的升级和集成、完善阶段。PACS 的作用主要有以下几方面：

1）医学影像的数字化采集、保存和调用，节约了购买、冲洗和保存胶片的费用，而且可永久保存图像。

2）能快速、高效地调用医学影像和信息资料，提高工作效率。

3）提供强大的后处理支撑功能，可同时看到不同时期、不同成像手段的多帧图像，以便于对照、比较。

4）实现同医院、同区域甚至不同地域的医学影像和信息资料共享，便于实现线上 / 线下会诊和远程医疗。

6.3 机器视觉与感知应用

抽象地讲，计算机视觉问题的目标是利用观察到的图像数据来推理现实世界中的某些事情。例如，可以通过观察视频中的相邻帧来推理摄像机的运动，或者通过观察环境图像判断其中包括的人、动物和物体，或者通过观察人脸图像来推测此人的身份。

6.3.1 机器感知与机器视觉

感知是指获取、选择、组织和解释感官所获得的信息的过程，人类通过“拟人化”的方式能使计算机（机器）具备视觉、听觉、触觉、嗅觉和味觉等感知能力。而且，由于敏感域、敏感度和分辨力等突破了人类感官的局限，计算机（机器）感知能够帮助人类获得超越自身感官的感知能力。

1. 机器感知

机器感知是指机器以人造感官系统与外部世界联系，并对外部世界的运动状态及其变化方式进行感知。也就是说，在外部世界运动状态及其变化方式的刺激下，机器能够对其做出相应的响应，该响应须足够敏感和保真，以便于机器感知能够尽量反映事物的本来面貌。通俗地讲，机器感知就是要让机器拥有人性化的感知能力，如视觉、触觉、听觉、味觉、嗅觉等，即机器通过由硬件与软件组成的信息感知与处理系统，对外界刺激做出具有一定敏感度和保真度的响应，从而能够得到类似于感官所能得到的结果。

任何模拟生物感知的技术，都可以称为机器感知技术。而且，机器感知在具体的看、听、触、嗅、味等方面的能力，可能会超越人类自身感官的感知能力，例如，人眼对红外光不可见，而配置有红外传感器的机器却能看到红外光线。因此，机器感知是人类感官感知能力的延伸与拓展，它使得人类能够“看”得更远、更清，“听”得更多、更丰富、更有层次感。亦即，机器感知在敏感域、敏感度和分辨力等方面都将极大地改善人类的感知能力。

由此可见，机器感知就是使机器具有类似于生物的感知能力，机器通过模拟人或生物的视觉、听觉、触觉、嗅觉和味觉，去看懂文字、图像、画面，听懂语言和声音，拥有触摸感，闻到气味和尝到酸、甜、咸、苦和辣等味道。

2. 计算机视觉

计算机视觉（Computer vision）指用摄像机和计算机及其他设备，对生物视觉的一种模拟。其主要任务是通过对采集的图片或视频进行处理以获得相应场景的信息，就像人类和许多其他类生物每天所做的那样。因此，计算机视觉是一门研究如何使机器“看”的科学，更进一步地说，就是指用摄影机和计算机代替人眼对目标进行识别、跟踪和测量等，并进一步做图形处理以获取更适合人眼观察或传送给仪器检测的图像。

计算机视觉的最终目标是使计算机能像人那样通过视觉观察和理解世界，具有自主适应环境的能力。但真正实现计算机能够通过摄像机感知这个世界却是非常之难，因为虽然摄像机拍摄的图像或视频就像人类平时所见一样，但对于计算机来说，任何图像都只是像素值排列，是一堆呆板的数字。如何让计算机从这些数字里面读取到有意义的视觉线索，是计算机视觉必须要解决的问题。

计算机视觉已经发展多年，却依然存在着一系列难以解决的难题。例如，目前人们掌握的计算机视觉理论和方法也仅仅适用于狭隘的人脸识别、指纹识别等相对简单的任务，无法应用于图像内容的理解、书法的艺术水平鉴赏等场景。不过，随着机器学习方法的日渐普及以及大数据技术的应用，计算机视觉实现质的飞跃将指日可待。

3. 机器视觉

机器视觉（Machine vision）就是用机器代替人眼从客观事物的图像中提取信息，进行处理并加以理解，最终用于实际检测、测量和控制。机器视觉伴随计算机技术、现场总线技术等的日臻成熟，已是现代加工制造业不可或缺的技术手段，广泛应用于食品和饮料、化妆品、制药、建材和化工、金属加工、电子制造、包装、汽车制造等行业。

机器视觉是一项综合技术，在一些不适合于人工作业的危险工作环境或人眼视觉难以满足要求的场合，常用机器视觉来替代人工视觉，同时在大批量工业生产过程中，用人眼视觉检查产品质量效率低且精度不高，用机器视觉检测方法可以大大提高生产效率和生产的自动化程度。而且机器视觉易于实现信息集成，是实现计算机集成制造的基础技术。

4. 计算机视觉与机器视觉的异同

计算机视觉与机器视觉在技术和应用领域上都有相当大的重叠，而且基础理论与技术也大致相同，如图 6-23 所示。

图 6-23　计算机视觉、机器视觉与人工视觉相关基础理论与技术

从定义角度来看，计算机视觉是一门研究如何使机器“看”的科学，而机器视觉是用机器代替人眼来做测量和判断。因此，计算机视觉的研究很大程度上是针对图像的内容。例如，如何让计算机判断出图片中的对象是猫。机器视觉主要研究工业领域的视觉检测和测量，更加强调准确性和精度。例如，机器视觉是在成百上千个有猫的图像中，检查哪只猫缺只耳朵，把它剔除出去。

从实现原理与应用角度来看，计算机视觉就是用成像系统代替视觉器官作为输入敏感手段，由计算机来代替大脑完成处理和解释。计算机视觉的最终研究目标就是使计算机能像人那样通过视觉观察和理解世界，具有自主适应环境的能力。机器视觉检测系统采用照相机将被检测的目标转换成图像信号，传送给专用的图像处理系统，基于像素分布和亮度、颜色等信息抽取目标的特征，如面积、数量、位置、长度，再根据预设的允许度和其他条件输出结果，包括尺寸、角度、个数、合格 / 不合格、有 / 无等，实现监测与控制功能。

从以上论述可以看出，计算机视觉与机器视觉没有本质的区别，只是应用领域和主要目标有些差异。而且，机器视觉实现的核心硬件也是计算机，即使在产品化和批量生产时，可以使用 DSP 或 FPGA 代替一般意义上的计算机完成图像处理、特征提取、计算判断等操作，但 DSP 或 FPGA 是另外一种形式的计算机，或者说是固化了模型和算法的处理器件。因此，计算机视觉和机器视觉可以不加区别地相互替用。

5. 人工视觉

人工视觉（Artificial vision）是指帮助失明者恢复视觉的技术与方法。据统计，全球存在各类视力问题的人群超过 4.5 亿人，不仅给他们日常生活带来了巨大的困难，也给他们的信息接收带来了巨大障碍。早期，可借助一些外部的帮助，如拐杖、导盲犬、盲文等，使有视力障碍或失明者能完成一些日常工作。随着工业文明的飞速发展，出现了大量人造新工具、新器件来解决视力障碍问题或者提高视力系统功能。

1752 年，本杰明 • 富兰克林（Benjamin Franklin）提出了“人工视觉”的概念。1755 年，法国科学家查尔斯 • 勒罗伊力（Charles Le Roy）尝试用一根绕在头上的金属丝诱发盲人的视觉反应。1918 年，洛文斯坦（Lówenstein）和博尔查特（Borchardt）通过电刺激视觉皮质来激发视觉感知。1974 年，多贝尔（Dobelle）对 15 名视力障碍患者进行了颅内视觉皮层电极刺激实验。到 20 世纪末，随着科技的发展，研究人员逐渐将人工视觉辅助系统的研究重点集中在视网膜，出现了各类眼内植入器件。

近年来，视觉皮层的植入电子器件也有了新的进展。例如，视网膜区域（包括视网膜前、视网膜下、脉络膜上等）植入器件和颅骨内视觉皮层植入器件，以及利用现代摄像技术、芯片技术和人工智能技术的体外视觉辅助设备，如智能盲人眼镜、舌传感图像输入系统等。展望未来，“眼内投影系统（眼中眼）”“头皮触觉编码输入行动指令的头盔装置”等构想，应用最新的芯片技术、光学技术、光电转换材料阵列技术和透明脑壳等技术，将有潜力发展成为可以广泛应用的人工视觉辅助系统，为视力障碍患者带来福音。

6.3.2　机器视觉应用场景

按照功能与应用的用途划分，机器视觉系统应用主要包括视觉测量、视觉检测、视觉定位、视觉跟踪与导航、视觉识别等。当然，这些场景分类之间存在着一定的重叠与交叉。在机器视觉各种应用中，最重要的一步就是图像特征的检测与提取，包括点特征、线特征和区域特征，这是图像处理和诸多计算机（机器）视觉应用的共性核心问题。

1. 视觉测量

视觉测量是指获取被测物体的光学图像后，利用图像处理技术提取被测物体的特征信息，计算出目标物的空间几何尺寸进行精确测量和定位，进而指导、改进后续的生产过程与工艺。

例如，在电子接插件的视觉测量场景中，由于电子接插件尺寸较小，传统的人工测量或测量仪抽检方法根本无法满足电子生产企业的品质要求，而机器视觉在线测量正好可以解决这一问题。利用摄像设备获取电子接插件图像，由专用软件从图像中识别引脚与定位基准片，提取引脚的长度、宽度、中心位置以及定位基准的坐标，计算引脚的间距、共面度、正位度等参数，判断测量结果是否在允许的误差方位之内以控制相关设备执行相应的操作。

由此可见，视觉测量具有非接触、高精度、高效率、避免二次损伤等特点，不仅如此，视觉测量在恶劣的测量环境中更能发挥其优势。例如，在大型锻件的尺寸测量场合，锻件体积庞大，而且传统的人工接触式测量方法需在高温环境下进行，容易给测量人员带来人身伤害，存在测量速度慢、测量精度难以保证的问题。一旦测量不准确，锻件尺寸不满足加工要求，也再无法回炉加热造成废品，而机器视觉测量正好可以克服传统人工测量的缺点，可在线测量锻件的各维度尺寸，并实时加以控制，确保产品质量符合要求。

如前所述，视觉测量技术把图像作为检测和传递信息的手段或载体加以利用，从图像中提取有用的信号，通过处理被测图像而获得所需的各种参数。视觉测量技术以机器视觉为基础，融光电子学、计算机技术、激光技术、图像处理技术等现代科学技术为一体，组成光、机、电、算综合的测量系统，具有非接触、全视场测量、高精度和自动化程度高等特点。

另外，基于视觉测量技术的仪器设备能够实现智能化、数字化、小型化、网络化和多功能化，具备在线检测、动态检测、实时分析、实时控制的能力，具有高效、高精度、无损伤的检测特点，可以满足现代精密测量技术发展的需要，目前已广泛应用于工业、军事、医学等各领域，并得到了极大关注。随着机器视觉技术自身的成熟和发展，视觉测量技术必将在现代和未来制造企业中得到越来越广泛的应用。

2．视觉检测

视觉检测就是用机器代替人眼来做测量和判断，其在缺陷检测方面具有不可估量的价值。视觉检测主要包括完整性检测和表面质量检测两个方面。

完整性检测通常用在产品装配过程中，检查被检对象的当前状态是否合格。例如，电气附件类产品行业，自动装配线或流水线上需要检测最终成品的完整性，即检测是否有零件漏装或部件不良的情况。若采用人工检测，长工作时间容易疲劳误判，而且费时、效率低。应用机器视觉检测可长时间稳定工作，缩短检测时间，提高生产效率。另外，还可配合机械手将漏装零件或不合格的产品剔除，确保出厂的产品品质。

表面质量检测侧重于检测产品表面是否存在缺陷，如纺织品表面是否存在破洞、断经、断纬、抽丝、跳纱等瑕疵，或者导爆管中填充的炸药粉末是否均匀、管径是否符合要求，或者印制电路板上是否存在焊点未镀金、短路、铜残、导体过细或过粗、导体剥离、保胶不良或异物、折伤、补强不良等。

视觉检测是机器视觉应用中最常见也是最典型的一类，多为合格或次品的定性判断，再辅以一定的定量判断，借助尺寸测量以判定是否在允许的误差范围之内。随着制造领域的产业升级，生产制造过程中的自动化程度越来越高，目前机器视觉相关的硬件性能越来越高且价格越来越低，图像处理的算法技术也越来越成熟，使得机器视觉应用越来越广泛。机器视觉已然成为很多机器和生产线上的必备组成部分，使用机器视觉技术来检测产品的完整性，无论在效率、成本等各方面都具有人工检测所无法比拟的优势。

3．视觉定位

视觉定位主要用于确定被检对象的位置信息，并利用获取的精确位置信息指导后续的运动和加工控制。根据使用视觉传感器数目的不同，视觉定位方法可分为单目视觉定位、双目视觉（立体视觉）定位和多目视觉（全方位视觉）定位。根据应用场合的不同，视觉定位可以是二维或三维。由于二维定位忽略了高度信息，在某些场合容易导致定位不准确，所以三维定位日益引起了人们的重视。

例如，机器视觉与机器人相结合，引导机器人运动或手臂的定位，实现自动组装、自动包装、自动灌装、自动焊接、自动喷涂等。又如表面贴装技术（Surface Mount Technology，SMT）设备利用视觉定位确定印制电路板的贴片位置，然后控制吸嘴吸取待贴装元器件，并放置在指定位置。基于机器视觉的视觉定位技术得到了业界的普遍关注，全自动视觉定位方法不但克服了传统人工定位方法的缺点，同时也发挥了自身快速准确定位的优点：

1）定位精度高，定位结果可靠、稳定。

2）定位速度快，并且可以长时间工作，可以达到 24 小时全天运行。

在视觉定位检测系统中，能够准确识别产品的方向和位置是系统的核心。定位检测可分为两个步骤，一是制作标准模板，二是搜索。视觉定位系统采用先进的图像视觉检测技术，实现对高速运动的工业产品进行实时全面的视觉定位分析。当系统配备一台高性能彩色数字摄像机，摄像机采集工业品图像，并将图像数据传送到图像处理系统时，图像处理系统对每幅图像进行匹配搜索，准确定位出产品的位置和方向，以控制机械手臂等自动化装备。

4．视觉跟踪与导航

视觉跟踪是指对图像序列（视频）中的运动目标进行检测、提取、识别和跟踪，获得运动目标的运动参数，如位置、速度、加速度和运动轨迹等，从而进行下一步的处理与分析，实现对运动目标的行为理解，以完成更高一级的检测、控制任务。近年来视觉目标跟踪技术取得了长足的进步，特别是利用深度学习的目标跟踪方法取得了令人满意的效果，使目标跟踪技术获得了突破性的进展。

视觉导航是一种利用可见光与不可见光成像技术进行导航的方法，其具有隐蔽性好、自主性强、测量快速、准确，以及廉价、可靠等优点。尤其是进入 21 世纪以来，随着新概念、新方法、新理论的不断涌现，视觉导航在飞机、无人飞行器（Unmanned Air Vehicle，UAV）、自动导引车（Automated Guided Vehicle，AGV）、巡航导弹、星际探测器（玉兔号月球车、祝融号火星车）及室内外机器人等方面得到了广泛的应用。

AGV 小车是指安装了电磁或光学等自动导航装置，能够沿规定的导航路径行驶，具有安全保护以及各种移载功能的运输车，广泛应用在仓储业、制造业、邮局、图书馆、港口码头和机场、烟草、医药、食品、化工、危险场所和特种行业。视觉引导式 AGV 是正在快速发展和成熟的 AGV，该种 AGV 上装有 CCD 摄像机和传感器，在车载计算机中设置有 AGV 欲行驶路径周围环境图像数据库。AGV 行驶过程中，摄像机动态获取车辆周围环境图像信息并与图像数据库进行比较，从而确定当前位置，并对下一步行驶做出决策。

5．视觉识别

视觉识别是指利用图像处理与图像分析技术提取图像中的目标信息，并依据不同目标实施相关的匹配与识别，如条码识别、纹理识别、颜色识别等。

二维码又称二维条码，常见的二维码为 QR Code，QR 的全称为 Quick Response，是近几年来移动设备上流行的一种编码方式，它比传统的 Bar Code 条形码能存储更多的信息，也能表示更多的数据类型。二维码特征识别技术路线有以下三步：

第一步，寻找二维码的三个角的定位角点。对图片进行平滑滤波、二值化，寻找轮廓，筛选轮廓中有两个子轮廓的特征，从筛选后的轮廓中找到面积最接近的三个即是二维码的定位角点。

第二步，判断三个角点处于什么位置。对图片进行透视校正（手机拍到的图片）或者仿射校正（对网站上生成的图片进行缩放、拉伸、旋转等操作后得到的图片）。判断三个角点围成的三角形的最大的角就是二维码左上角的点，然后根据这个角的两个边的角度差确定另外两个角点的左下和右上位置。

第三步，根据上述特征确定识别二维码的范围后，利用视觉识别技术识别二维码编码。通常情况下，黑白相间的图案其实就是一串编码，黑色小方块代表的是 1，白色小方块代表的是 0，扫码的过程就是翻译这些编码的过程。

6.3.3 无人驾驶汽车与视觉感知

进入21世纪之后，随着计算机、地图、传感及汽车电子等相关技术的飞速发展，越来越多的机构和厂家开始介入研究自动驾驶技术。无人驾驶汽车的研发推动和促进了各类科学技术的发展。回顾历史，自从人类为了梦想踏上自动驾驶的探索之路，历经了辅助驾驶阶段、半自动驾驶阶段和全自动驾驶阶段。然而，由于技术和法规等的限制，目前的无人驾驶汽车大多仍处于第一或第二阶段。

1. 无人驾驶感知系统

无人驾驶是指以微处理器为中心所构建的智能系统，赋予汽车环境感知、路径规划、车辆自动控制的能力，或者通俗地说，无人驾驶汽车是一类能够实现智能驾驶的汽车。它利用车载传感器来感知车辆的周边环境，包括道路信息、行人信息、指示牌信息等，进而根据所获得的信息对车速和转向进行控制，从而安全、可靠地在道路上行驶。

无人驾驶的研究目标是能够实现汽车的全自动驾驶，就必须依赖于高精度、高准确性的感知系统。无人驾驶汽车感知系统主要包括以下五个子系统。

1）导航子系统。导航子系统具有车辆定位、路径规划、路径指导等多种功能，协助车辆在陌生的环境中准确驾驶。

2）定位子系统。定位子系统通过多种传感器与导航子系统相结合来实现车辆位置的精确定位，能够为汽车运动测量提供最基础的数据，是路径规划、路径指导等其他功能的前提和基础。

3）机器视觉子系统。机器视觉子系统通常包括摄像头和雷达，能够对汽车行驶的周围情况进行近距离勘测，用于校正导航子系统和定位子系统的计算结果，确保行车安全。

4）交通标志识别子系统。摄像头对道路两旁和道路上方进行实时拍摄，并将图像传输到无人驾驶控制中心。无人驾驶控制中心可以基于图像特征进行交通标志牌的检测，并将结果传递至无人驾驶控制中心，辅助车辆的行驶决策。

5）动态避障子系统。判断车辆前方是否存在障碍物，障碍物是运动的还是静止的，并在运动的车辆坐标系中计算障碍物的绝对坐标和运动轨迹，以及障碍物的运动方向、运动趋势，最终交由无人驾驶控制中心选择合适的避障策略。

2. 电磁波与视觉感知

视觉的基本原理可以表述为光作用于视觉器官，使其感受细胞兴奋，信息经视觉神经系统加工后便产生视觉。借助视觉，人和动物可以感知外界物体的大小、明暗、颜色、动静，从而获得对机体生存具有重要意义的各种信息。根据人类视觉的基本工作原理可知，感觉器官（人眼）接受外界环境中波长λ范围在380～780nm电磁波（即电磁波中的可见光部分）的刺激，是视觉产生的基本条件，也就是说视觉离不开电磁波。

电磁波是由同相且互相垂直的电场与磁场在空间中衍生发射的震荡粒子波，是以波动的形式传播的电磁场，具有波粒二象性。电磁波在真空中速率固定，速度约为$c=3\times10^8$

m/s。频率（$f=c/\lambda$）是电磁波的重要特性，电磁波按照频率由低到高分为无线电波、微波、红外线、可见光、紫外线、X 射线和 γ 射线等。

不同频段的电磁波所呈现的世界是不一样的。人眼可接收到的电磁波，称为可见光，仅占电磁波频率非常小的一部分。蛇类的眼睛接收不到可见光，却能够接收到红外线，这让它们具有感知红外线的能力，配合特殊的感官“颊窝器官”（即鼻孔和眼睛之间的鼻口两侧的一对小孔），蛇的大脑将来自颊窝器官的热信号与来自眼睛的信息融合在一起，这样猎物的热成像图就会覆盖在视觉图像上。鸟类是四色视觉，因为它们有四种锥细胞，可以同时看到红、绿、蓝和紫外线。蜘蛛的眼睛也有能力以高灵敏度检测到紫外线，因此，它们可以看到更多的细节信息。根据上面的分析可知，用不同频段电磁波“看”目标，获取的目标信息是不同的，参见表 6-1。

表 6-1　各种电磁波视觉感知技术的性能对比

传感器	优　点	缺　点
微波 / 毫米波雷达	全天时、全天候工作；能穿透植物；大搜索区域；可以获取距离和图像数据；可以获得目标运动速度	中等分辨力；没有隐蔽性；对干扰敏感
红外热成像仪	具有良好的空间和频率分辨力；隐蔽性好	易受雨、雾霾、烟尘等影响；对植物穿透能力差；没有办法直接获得距离信息
激光雷达	良好的空间和频率分辨力；能够得到目标的距离和反射数据；能够获取目标的速度和航迹数据；全天时工作	易受雨、雾霾、烟尘等影响；对植物穿透能力差
可见光相机	能够获得良好的分辨力；隐蔽性好；图像容易理解	只能白天工作；易受雨、雾霾、烟尘等影响；无植物穿透能力；没有距离数据

广义上，摄像头可以认为是被动雷达，因此摄像头、微波雷达、毫米波雷达、太赫兹雷达、激光雷达等对相同场景的观测，会获取不一样的信息，通过这些信息的融合，会获取更加全面的目标信息，进而对目标特征的描述也将更加接近“客观事实”。这也是多模态视觉传感信息融合的理论基础和出发点。多种不同频段电磁波视觉感知技术相融合，获得的效果见表 6-2。

表 6-2　多种不同频段电磁波视觉感知技术的融合效果

传感器 1	传感器 2	效　果
可见光	红外	适用于白天和黑夜
毫米波雷达	红外	穿透力强，分辨力高
毫米波雷达	可见光	穿透力强，目标定位准确
红外	微光夜视	适用于低照度条件下的探测
合成孔径雷达	红外	远距离监视、探测、目标搜索能力强

使用非可见光进行目标和环境的感知，不仅可以看到更丰富的目标和场景信息，而

且也可以借助不同电磁波的特性对人类的视觉感知能力进行拓展。例如，借助特定频段电磁波的穿透能力，雷达可以帮助人类看到遮蔽物后面的目标。目前安防领域的热门技术——太赫兹雷达能探测隐藏物品，可大大地提升安检速度，节约旅客通行时间。穿墙雷达借助微波的穿透能力，可以帮助人们观测到墙体等遮蔽物后面的目标，在建筑物检测、灾害救援、反恐作战等领域具有广泛的应用前景。

3．车外环境视觉感知传感器

视觉技术可以帮助无人驾驶汽车按照交通标线标志的规定行驶，在自动驾驶过程中，环境和周边态势感知是首要环节，离开传感器对车辆周围环境的多维度立体感知，自动驾驶将寸步难行。面向无人驾驶的环境感知技术的感知内容通常可以分为以下三类：一是车道，对于结构化道路而言，包括行车线、道路边缘、道路隔离物的识别，对于非结构化道路而言，包括前方道路路面状况的识别；二是障碍物（包括行人和其他车辆），包括车辆、行人、地面上可能影响车辆通过性、安全性的其他各种移动或静止物体的识别；三是交通标识，包括红绿灯、各种交通标识的识别。

完成车外环境信息的感知，需依靠多种机器视觉传感器的输入，如可见光摄像机、红外传感器、超声波雷达、毫米波雷达以及激光雷达等。通过融合映射到一个统一的坐标系中，这些机器视觉感知获得的图像信息，可以被用以进行物体的识别和分类，如车道、路肩、车辆、行人等。利用深度学习，在计算系统中重构出来一个 3D 环境，这个环境中的各个物体都会被识别并理解。为满足以上各类车外环境感知任务的需求，典型的自动驾驶机器视觉感知传感器配置如图 6-24 所示。

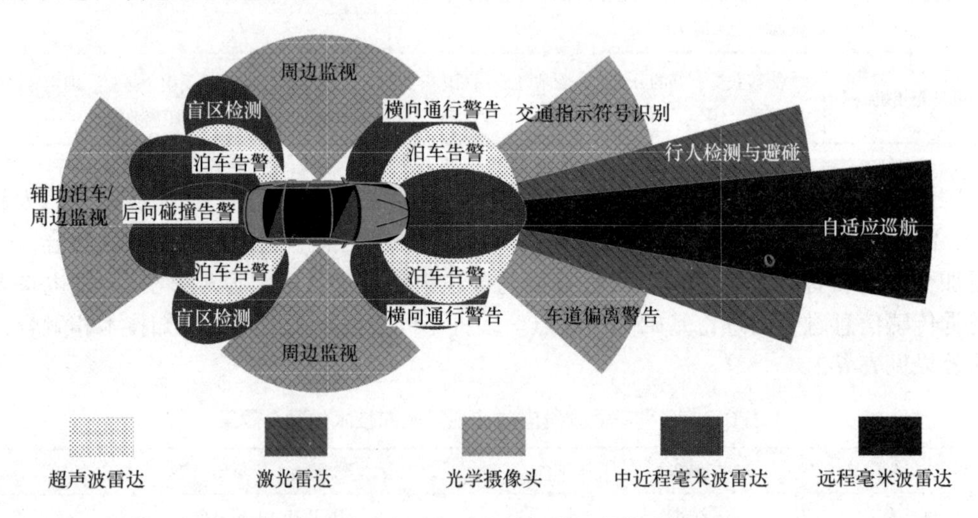

图 6-24　典型自动驾驶车外机器视觉传感器配置

不同类型的机器视觉传感器的工作机制、电磁波波长等不尽相同，各自有着自身的优势，不存在万能传感器去解决所有视觉感知任务。为了满足自动驾驶功能和安全性的全面覆盖，只有多模态异质机器视觉传感器相互融合，借助各自所长，进行功能互补、互为备份、互为辅助，才能满足自动驾驶对车外环境感知的需求。表 6-3 中给出了各种车载视觉感知传感器的性能对比。

表 6-3　各种自动驾驶视觉感知技术的性能对比

类　型	优　点	缺　点	使用案例
可见光摄像机	色彩及文字识别；价格低廉	实现距离识别需要双目摄像头；设置困难；图像识别处理运算量大	车道线识别；行人识别、交通标识识别；泊车辅助；掌握车内乘员状况
激光雷达	长距离视野广；掌握的空间信息丰富	难以直接掌握真正的目标速度；价格昂贵	获取车辆周边的建筑物形状信息
毫米波雷达	掌握正确的中远距离；可应用于运动目标；全天候、全天时探测	分辨力较激光雷达低	自适应巡航；碰撞警告；交通堵塞时的行驶辅助；死角识别
超声波雷达	价格低廉	低分辨力；低速度	后向行驶辅助；泊车辅助
红外摄像机	主动系统：感知生物及无机物；被动系统：识别温度	主动系统不适用于恶劣天气；被动系统不善于识别无机物；低分辨力	夜视

除了感知车外环境之外，对于车内环境的视觉与听觉感知也是自动驾驶感知的重要方面。车内环境指对车内人员的感知和信息交互，包括人数、年龄、身体状况等人员信息，也包括携带物体的信息，还包括娱乐、通信、甚至办公需求信息。为了满足车内环境信息感知和交互，需要配置视频摄像头、雷达等视觉传感器和麦克风阵列等听觉传感器等。

6.3.4　消防机器人与视觉感知

消防机器人是一类承担特殊任务的移动机器人，能够代替消防员进入有毒、浓烟、高温、缺氧、坍塌、狭小空间等火灾事故现场，承担侦查检验、排烟降温、搜索救人、灭火等任务，起到保障消防员安全，增强救援能力的重要作用。环境感知是实现消防机器人侦查检验、排烟降温等作业功能，以及为实现这些作业功能所必需的机器人自定位、地图创建、路径规划等功能的基础和核心。而在各种环境感知方式中，基于视觉传感器的视觉感知具有极大优势。

1. 视觉传感系统

视觉传感器以图像的形式呈现环境信息，是消防机器人实现视觉感知的基础和核心部件。按照工作原理及特性不同，视觉传感器可划分为不同类型，常见的包括红外热像仪、可见光摄像机、TOF 深度摄像机及近红外摄像机等。

（1）红外热像仪　红外热像仪由于依靠被测物体以及它与背景间的温差成像，因而不受光照、阴影干扰，具有良好的云雾穿透性能，可在低能见度环境中有效工作。但是，其所获取的热红外图像的时空分辨率较低，边缘模糊，无法保留物体的几何和纹理等细节信息。

（2）可见光摄像机　相比之下，可见光摄像机采集的图像有较高的时空分辨率，具有丰富的色彩、几何和纹理细节，但其对光线强度敏感，容易受遮挡、阴影等不利因素的影响。

（3）TOF 相机　TOF 相机属于一种深度摄像机，其通过光的飞行时间来获取目标距离，计算精度随距离变化不敏感，而且工作时需要主动光源，图像分辨率较低，且较强的环境光线会影响其深度测量的稳定性。

（4）近红外摄像机　在无可见光或者微光的黑暗环境下，近红外摄像机采用红外发射装置主动将红外光投射到物体上，红外光经物体反射后进入镜头实现夜视成像，但夜视效果往往不理想，存在颜色失真、发热量大等缺陷。

消防机器人运用上述几类成像装置构建视觉系统采集环境信息，常见的消防机器人视觉系统主要有单目视觉系统和立体视觉系统两大类。前者使用单个摄像机感知周围环境，结构较为简单。后者使用多个摄像机，从不同视点拍摄同一空间物体，根据所得到的不同图像中的视差获取目标深度信息并进行三维重建，按所使用的摄像机数目和类型，立体视觉系统又分为双目和多目。

立体视觉系统需要解决摄像机标定、立体匹配和三维重建三方面的主要问题，复杂程度相对单目视觉系统显著提高，而且会随着摄像机数目的增加进一步提高，因此在实际中使用的主要为双目立体视觉系统。

2. 火焰检测

识别和定位火焰属于消防机器人的基本功能，根据火焰检测所使用的火焰特征可划分为三类：基于传统特征、基于模型特征和基于视觉特征的方法。

（1）基于传统特征的方法　主要使用温度传感器、烟气传感器、火焰传感器等分别获取环境温度、烟气离子浓度和紫外辐射强度等信息实现火焰检测。此类方法在大空间中工作时响应时间往往很长，且难以提供火焰的定位信息。

（2）基于模型特征的方法　对火焰（或烟气）在变换域（如傅里叶频域、小波域）进行建模，以达到检测火焰 / 烟气的目的，此类方法的主要缺点是不能实现空间定位。

（3）基于视觉特征的方法　利用颜色特征、动态特征以及纹理特征等实现火焰检测。使用颜色特征的主要问题是输出 RGB 图像的可见光摄像机在浓烟环境下很可能会失效，动态特征则来源于火焰的跳动以及烟气的流动，因此，使用动态特征的代价是需要大量运算补偿摄像机的运动。相对而言，使用纹理特征具有较大优势，这是因为纹理特征反映了检测对象的空间模式，具有良好稳定性，不易受各种运动的干扰，非常有利于实现远距离探测，代价是当特征阶数过高时计算量会大幅度增加。

在火焰定位方面，双目 / 多目立体视觉系统由于能够得到较好的定位精度获得了较广泛的应用，但是这类系统安装、调试难度往往比较大，其中多个摄像机参数的标定过程比较复杂，实际使用时火焰定位还需要较复杂的计算。因此，通过合理设计成像系统结构 / 工作过程，利用图像传感器的特殊性质或者结合 UV 传感器（紫外线传感器）、温度传感器等非图像传感器，可以达到使用单目摄像机实现高精度火焰定位的目的。

3. 人体检测

检测和识别火场中的人体目标，是消防机器人实现受困人员救援的前提和基础功能。基于视觉的人体检测算法大致可分为四类，即人体模型法、模板匹配法、运动检测法和统计分类法。

（1）人体模型法　人体模型法使用简单的二维图形或线图，对人体轮廓、骨架或各个部位进行概括和近似，然后将检测到的目标与这些模型进行匹配。此类方法致力于人体形态的直观表达，易于后续对人体姿态、动作的分析理解。

（2）模板匹配法 模板匹配法首先获得人体整体或部位的模板并有效组织成模板集，在识别时将待识别目标与模板集按某种距离测度进行匹配。

（3）运动检测法 运动检测法通过运动信息检测目标，而且通常是检测人体步态的周期性。此类方法需要时间信息，故对静止以及非常规步态的行人无法识别，此外还要求腿或脚可见，而且由于计算需要多帧图像，因而实时性易受影响。

（4）统计分类法 统计分类法的工作步骤可表述为“目标特征提取 + 分类器判决”。按所使用的目标特征，可划分为基于全局性人体特征的统计识别方法和基于人体局部性特征的统计识别方法两类。全局性特征以整个人体目标为对象描述其轮廓或区域，此类特征的有效性依赖于对人体目标的完整获取。局部特征的获得一般是基于对整个目标区域的稠密扫描，局部二值模式、局部平均亮度、稀疏表示特征等都可用于局部特征，此类特征无须明确的目标模型，对目标遮挡的鲁棒性很好，缺点是计算代价可能相当高。

4. 障碍物检测

消防机器人的移动能力是制约其实战性能的重要因素，在各种复杂的火场环境中，消防机器人应具备正确识别地面上障碍物的环境感知功能，只有这样它才能确定地面上的可通行区域，通过规划路径并导航到达目标位置实施消防作业。

消防机器人大多应用红外传感器、超声波传感器和激光雷达等非常规视觉传感器实现障碍物检测及其测距，有时还融合视觉信息进一步增强检测精度或者实现功能扩展。

障碍物检测可融合建筑内固定摄像机以及消防机器人获得路径信息，以提供全面的可行通道信息。当然，也有基于纯视觉的障碍物检测方法，大致可划分为三类：基于特征、基于光流和基于立体视觉的方法。

（1）基于特征的方法 将障碍物定义为具有与地面不同颜色、轮廓、纹理等特征的物体。此类方法计算量小，但是准确度偏差。

（2）基于光流的方法 先计算图像序列光流场得到自运动，然后通过分析预期速度场与实际速度场的差异来检测障碍物。光流法主要缺点是对自运动存在限定性假设，且不能准确定位障碍物。

（3）基于立体视觉的方法 通过立体匹配获取视差图，并在此基础上使用 V- 视差法等途径实现障碍物检测。此类方法利用丰富的颜色、深度等环境信息获得较好的检测精度，因而被广泛应用。

消防机器人具有十分重大的应用价值，在当前机器人技术整体迅速发展和经济社会发展对机器人需求日益强烈的背景下，积极开展视觉感知技术的应用基础研究，不断提升信息获取和信息分析理解能力，将能够有效地提升消防机器人的智能化程度，不断扩展应用场景，提升消防技术的整体水平。

6.4 数据可视化及应用

实际上，数据可视化从史前时代就已经开始了。结绳、刻划是最初的数据可视化实例，数据可视化的成果可能以某种形式出现在一块兽皮上，现在已经不知漂流到了何方；可能画在一块柔软的沙地上，已经让风儿一吹就跑了；可能雕在一块粘土上，经过烧制已经成了传世佳品；也可能是刻在岩石上，但那个山洞早就在沧海桑田中不知所踪。实际上，我国古代先人、古巴比伦人、埃及人、希腊人等已经开发出了以视觉方式表达数据和信息的方法，有人目光朝上，用来绘制星空的变化，有些人则把目光投向了地平线，那里生长着一座座山川，一条条河流，于是就有了星图、云图、地图、河图等。

6.4.1 数据可视化基础

纵观数据可视化发展历程，人类对数据的需求由粗糙变精确，展现形式由一维到多维，数据类型由简单到复杂，应用领域由有限到丰富。由此也很容易发现不同时期数据的规模、精度、类型、来源是影响数据可视化形式的主要因素，政治经济需求、商业化应用和科学研究则是数据可视化发展的重要推动力。

1. 数据可视化流程

数据可视化是关于数据视觉表现形式的科学和技术研究。数据可视化技术充分使用图形、图像处理、计算机视觉和用户界面来表达、建模和显示立体、表面、属性和动画，对数据加以可视化解释。近年来，各行各业的数据可视化研究与应用越来越普及。数据可视化流程大致分成了三个阶段：分析、处理、生成，如图 6-25 所示。

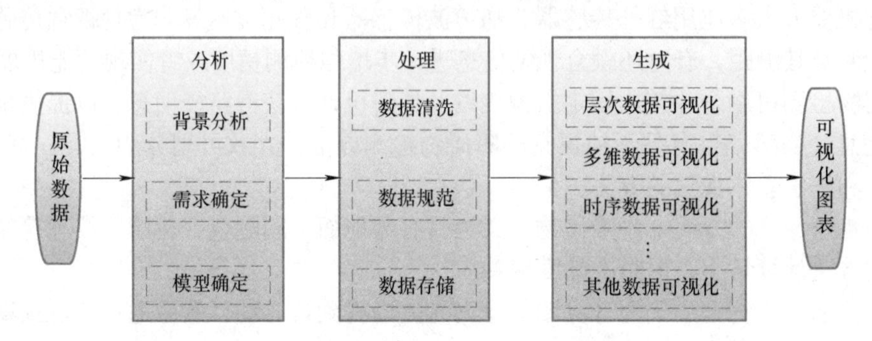

图 6-25 数据可视化流程

（1）分析阶段 分析阶段首先需要明确数据的行业背景，根据现有资料整理可用参考案例，并依据需求目标选取适当的数据模型，进而确定各项指标及工具，以及数据可视化的呈现效果。

（2）数据处理 数据处理主要包括数据清洗、数据规范和数据存储等。数据清洗根据目标需要在数据中剔除错误、冗余等，由此得到结构化数据；数据规范则是针对欲分析的指标，通过消除指标之间的量纲和取值范围差异的影响，将数据规范为确定的格式；数据存储则是将规范化的数据存储为可视化所需要的数据格式，以方便后续数据可视化的使用。

（3）生成阶段 该阶段利用处理过的数据建立符合需求目标的数据模型，将数据通过视觉可视化展现出来。数据可视化的展示方式多种多样，可以分为静态展示和动态（交互）展示两大类。

静态展示可以将处理后的离线数据绘制成图表、词云、模型等，或以图片、网页形式呈现。动态展示则以一定的时间间隔收集数据，再将最新收集的数据清洗整理后汇入总数据，从而实现实时更新的效果。因动态展示数据量庞大，通常会将展示重点以不同图表进行分类，再通过交互操作观察实时变化的结果。展示方式的选择取决于数据的类型，如层次数据、多维数据、时序数据、文本数据、图形数据、空间数据、社交数据等，针对不同类型的数据选择贴合的展示方式，以达到美观易读、吸引眼球的效果。

2．数据可视化作用

数据可视化的价值并不是单单为了吸引眼球，而是可以提供一个关于数据的新视角，而这个新视角无法从其他方式获得。即使对于较小规模的数据集，可视化也可以提供视觉提示以加快摄取内容的速度，这要比阅读原形式的数据要快得多。归纳起来，数据可视化的作用有如下几点：

（1）改进模式 / 异常数据识别　通过展示的图表可以找出数据的构成模式或变化规律，也可以及时发现异常数据，以便予以纠正。

（2）以更宽广的视角观察数据　适当的图表可以展示更多、更高密度的数据，使人们可以一览无遗，就覆盖面而言是阅读原形式数据无法比拟的。

（3）更快的理解数据　通过可视化图表和相关工具，人们可以快速地挑选出数据本质属性和变化规律，对规模、位置和相关性有更好的理解。

（4）作为数据的摘要　可视化图表可以作为摘要展示数据的多维度统计等特征，提高基于可视化需求目标的处理数据假设（期望效果）能力。

由此可以看出，数据可视化可使受众查看和得出观点、确认关联、发现趋势。为尽量避免受众迷失在数据图表中，能有效地阐释数据背后的知识，不仅需要使用正确的工具，还应注意以下几点以确保信息传达的有效性：

（1）用户体验　如果将数据可视化比作艺术，那么使用者就是受众——也就是那些将要仔细品味该艺术作品的人。可视化图表应该直观易懂，要点应从所支持的数据中鲜明呈现，主要信息（结论）要一目了然。例如，为确保提供无缝衔接的用户体验，应当添加一个标题指明图表内容，标明数据源，内置尽可能下钻的能力等。另外，还应该明确图表的发布权人与源数据刷新的频率。

（2）空间布局　图表的空间布局至关重要，一个易读且不会引起视觉疲劳的图表可以让使用者浏览起来更轻松，也更容易领会所传达的信息。例如，设置一个简洁的描述性标题、标识和一些空白区域，可能在无意识中与受众建立联系。空白区域可以让图表显示不那么拥挤，最大限度地减少对重要观点的干扰。

（3）功能应用　大多数的数据可视化工具均在其功能套件中配备了诸多新颖的功能，但在许多情况下，少即是多，适可而止。功能和图表越复杂，受众流失的可能性就越大，而且受众从图表中获取有用信息的能力也会降低。

（4）视觉表现形式选择　图表或视觉形式越简单、越具有相关性，图表展示对受众就越有吸引力。例如，在显示离散值时，水平条形图比垂直条形图更直观，因为人类更习惯于水平视角。

（5）颜色选择　许多可视化工具都有内置的配色方案可供选用，但在颜色选用时，要始终考虑选择那些能使色盲使用者与其他人获得相同观点的颜色，确保色调对比度充足，尽可能增加颜色以外的元素来区分要点。

当代的数据可视化是建立在一系列数据挖掘、数据分析以及人工智能技术基础上的可视化，更加强调数据可视化的需求洞察能力、数据类型理解能力、数据分析能力、可视化表现形式的运用能力、可视化图形符号以及图形变量的运用能力，以及交互部署能力和编程能力等。

3. 图表的视觉机制

常规图表需要在由两个或更多坐标轴构成的平面空间上展现，而坐标轴平面常由横坐标轴和纵坐标轴组成，除少数例外的情况外，数值一般体现于纵坐标轴刻度之上，即所谓的数值轴，分类信息（日期或单位名、指标名、年份等文本标签）体现在横坐标轴，即所谓的分类轴。数值位置反映了数值大小，分类位置则代表了数字的类别标签。因此，坐标轴是图表的生存平台，离开了坐标轴，图表也就失去了意义。

（1）图表对象和视觉属性　图表使用各类图形对象表达数值数据，常见的图形对象包括点、线、柱（条）形、面积等，某些非常规图表则使用颜色、角度等表达数据。在大多数可视化工具软件中，图表类型及其结构变化大多由上述图像对象决定。例如，柱形图和线图的区分主要在于二者分别使用柱形和线条展现数据，其他方面并无差异。

同时，不同的图形对象还拥有不同的视觉属性，这些属性可以分为形状和颜色两大类。前者和图形对象的几何特性有关，后者则使用不同色系或同色系但饱和度不同的颜色表达。显然，视觉属性由图像对象决定。例如，数据标记、线条颜色主要适用于点图和线图，而不适用于柱形图和条形图。填充图案仅适用于柱形图、条形图及面积类型对象。另外，在不同的应用场景中，形状属性和颜色属性可以发挥不同的作用。在黑白印刷或颜色显示受限的情况下，会优先使用形状属性。而在彩色印刷或显示时，颜色属性则凭借视觉吸引力更受用户青睐。

（2）视觉机制和前注意过程　视觉刺激和感知在很大程度上多发生于前注意（Preattentive）过程。作为视觉感知的初期阶段，前注意过程产生于意识层之下，能以极高的速度捕捉视觉对象的各种信息，如颜色、位置和形状等。与之相比，注意过程则是发生于意识层面的高级认知，例如，阅读、理解文字的含义，其效率远远低于前注意过程的效率。

图 6-26 可以说明注意过程和前注意过程的区别，如在图中找出各有几个数字“6”。答案可能相同，但二者所涉及的视觉机制完全不同。图 6-26a 中的数字没有呈现出任何能够激发前注意过程的视觉特性，因此需要在意识层面逐个地计数，使用的是速度较慢的注意处理过程。相比之下，从图 6-26b 中几乎可以瞬间得出答案，其原因在于其中的数字“6”使用了能激发前注意过程的视觉特性：仅数字“6”为黑色，其余为浅灰色。两种颜色形成了反差强烈的前景和背景效应，这是由前注意过程高效处理的。

8 8 3 3 7 0 2 5
5 8 2 7 4 4 3 6
4 2 6 4 4 5 8 1
7 3 6 1 6 2 1 5
4 3 7 8 5 7 7 9
5 1 9 5 3 8 2 9
2 3 5 2 0 1 6 4

a)

8 8 3 3 7 0 2 5
5 8 2 7 4 4 3 **6**
4 2 **6** 4 4 5 8 1
7 3 **6** 1 **6** 2 1 5
4 3 7 8 5 7 7 9
5 1 9 5 3 8 2 9
2 3 5 2 0 1 **6** 4

b)

图 6-26　注意过程和前注意过程的区别

图表展现数据形态，成功的图表能向读者高效地传达数据信息和观点，原因就在于其能充分利用视觉上的前注意过程，这个过程比有意识的认知更加迅速。因此，在某种意义上，制作图表时要用心构思，才可能使受众无须费神即可解读。当然，采用何种方式展现数据，也要视具体的应用需求而定。

（3）可视化目的与视觉属性边界　数据可视化的目的就是通过可视化之后人们可以更加方便地分析了解数据。例如，人们需要花费很长时间才能整理好的数据，转换成为人们一眼就能看懂的标识。通过各种运算和公式计算得出的几组不同的数据，在图表中通过颜色、长度等就可以非常直观地了解到他们之间的差异。简单来说就是将数据以最简单的图表或者图像的方式展现给受众，数据可视化的目的如图 6-27 所示。

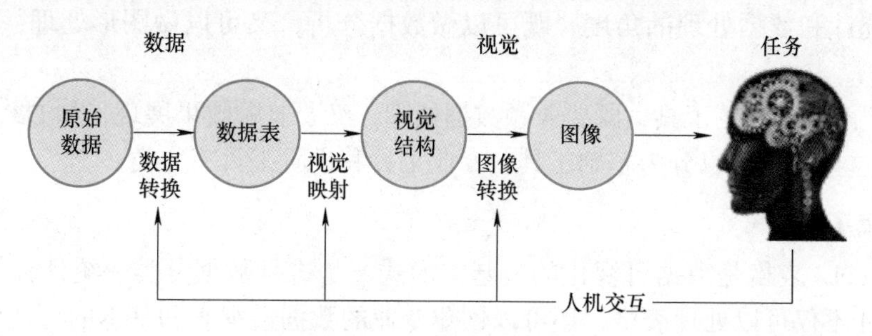

图 6-27　数据可视化的目的

因此，数据可视化是一个非常强大的武器，可以让人们处理各种复杂的信息。通过数据可视化信息，能让大脑更高效地获取到自己想要的信息，加深对所需信息的印象。

需要注意的是，虽然前注意过程非常有效，但前注意过程仅在一定时限范围内，超出范围会导致其效果迅速恶化，最终会妨碍数据表达。在图表中使用单一属性也存在数量限制，随着数量的增加，视觉效果会显著弱化。有研究表明，二维图表中图形对象的任意视觉属性（形状、颜色）都不应该超过四个，否则会造成类似“视觉耗尽”的不良后果。

在颜色数量超出前注意过程处理能力的情况下，无论是应用不同颜色，还是使用强弱不同的同一种颜色，视觉效果都无法改变。同理，在图表中对同一个图形对象使用多种视觉属性的情况下（同时使用形状和颜色），前注意过程几乎更是无法发挥作用，坠入视觉陷阱，丧失最基本的可读性。

6.4.2　数据可视化工具

除传统的电子表格软件具有图形呈现功能外，新型的数据可视化产品层出不穷，各种编程语言基本上都自带数据可视化库，数据分析及商业智能（Business Intelligence，BI）软件也都扩展出了一定的数据可视化功能，另外，还有专门的用于数据可视化的专用软件。所以，在进行数据可视化工作时，数据可视化工具可选范围很大，但选定的数据可视化工具必须满足数据分析需求，能快速地收集、筛选、分析、归纳、展现受众（决策者）所需要的信息，并根据新增加的数据进行实时更新。数据可视化工具软件应具有如下特点：

（1）实时性　数据可视化工具必须适应大数据时代数据量的爆炸式增长需求，能够快速地收集分析数据，并对呈现信息进行实时更新。

（2）简单操作　数据可视化工具应拥有快速开发、易于操作的特性，能满足互联网时代信息多变的特点。

（3）更丰富的展现　数据可视化工具需具有非常丰富的展现方式，能充分满足数据展现的多维度要求。

（4）多种数据集成支持方式　数据可视化工具应支持数据库、协作数据、数据仓库、文本等多种数据源方式，并能够通过互联网进行展示。

数据可视化可以借助非编程类工具实现，也可以通过编程类工具实现。主流编程工具包括：

1）从艺术的角度创作的数据可视化，如 Processing。

2）从统计和数据处理的角度，既可以做数据分析，又可以做图形处理，如 R 语言、Power BI。

3）介于两者之间的工具，既要兼顾数据处理，又要兼顾效果展现，如 D3、ECharts。

另外，这些工具可以分为基础工具、专业工具和进阶工具三大类。

1．基础工具

（1）Excel　表格是数据可视化的最基本形式，是进行数据分类、统计分析的常用手段。而 Excel 不仅可以处理表格，还可以创建专业的数据透视表和基本的可视化图形，虽然默认设置了图形各部件的颜色、线条和风格，但通过修改部分图形属性，也可以生成“高大上”的视觉效果。

（2）亿信 BI　作为国内具有自主知识产权的商务智能工具，亿信 BI 带有类 Excel 在线表格设计器，支持多级表头、表元合并、多级浮动、分组、斜线表元、多表体等复杂的报表样式。其内置了数百种可视化元素和图形，并可在 3D 场景上实现钻取、联动、轮播、旋转、漫游等，通过专业的设计与搭配，可衍生出成千上万种数据可视化效果，辅助决策者快速、轻松地掌握数据中蕴含的规律，发现并预测数据的趋势和相关性。

2．专业工具

（1）D3　D3 是支持 SVG（Scalable Vector Graphics，可缩放矢量图形）渲染的 Java 库，能够提供大量线性图和条形图之外的复杂图表样式，如 Voronoi 图、树形图、圆形集群和单词云等。D3 是数据驱动文件（Data Driven Documents）的缩写，通过使用 HTML CSS 和 SVG 来渲染精彩的图表和分析图，可以在所有主流浏览器上使用。

（2）ECharts　ECharts 是一款基于 JavaScript 的数据可视化图表库，提供直观、生动、可交互、可个性化定制的数据可视化图表，其最初由百度团队开发，于 2018 年初捐赠给 Apache 基金会，2021 年 1 月 28 日发布 ECharts 5。ECharts 提供了常规的折线图、柱状图、散点图、饼图、K 线图，用于统计的盒形图，用于地理数据可视化的地图、热力图、线图，用于关系数据可视化的关系图、Treemap、旭日图，还有用于 BI 的漏斗图、仪表盘，且支持图与图之间的混搭。

（3）R 语言　R 语言是一种数据分析语言，随着作图软件包 ggplot2 的出现让 R 语言成功跻身于可视化工具的行列。R 语言采用自成一派的数据可视化理念，将数据、数据相关绘图、数据无关绘图分离，并采用图层式的开发逻辑，且不拘泥于规则，各种图形要素可以自由组合。在使用 R 语言进行数据可视化开发时，熟悉 ggplot2 的基本套路后，数据可视化工作将变得非常轻松而有条理。

（4）DataV　阿里出品的数据可视化工具，专精于地理信息与业务数据融合的可视化，提供丰富的行业模板和交互组件。DataV 支持自定义组件接入，支持多种数据源。通过拖拽即可完成样式和数据配置，无须编程就能轻松搭建数据可视化大屏，如图 6-28 所示。而且 DataV 内置了丰富的图表模板，支持实时数据采集和解析。图 6-28 为行政审批标准化建设情况。图 6-29 所示为消费维权情况。

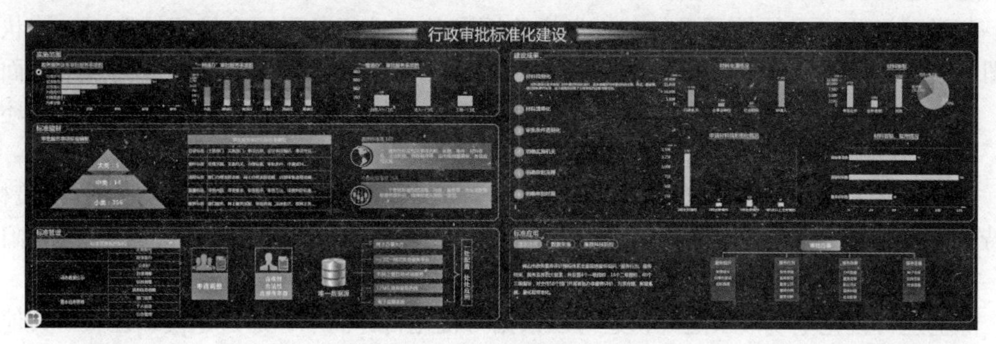

图 6-28　行政审批标准化建设情况

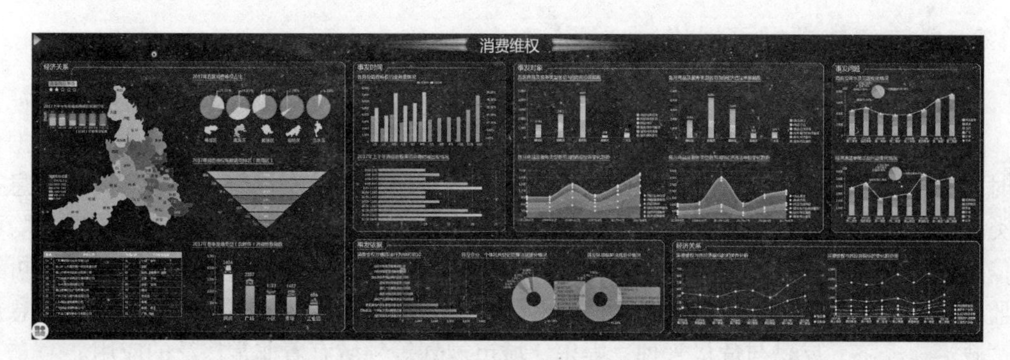

图 6-29　消费维权情况

（5）Power BI　Power BI 是一种先进的自助式 BI 软件，由微软推出，可以选择数百个数据源，简化数据的准备工作，即时完成数据的统计分析，并生成丰富的交互式可视报告，发布到网页和移动设备上。Power BI 除预置了种类全面的常用图表之外，还提供了丰富的自定义可视化图表库，供用户免费下载使用，而且该自定义可视化图表库会不定期更新，补充新的视觉对象。

3. 进阶工具

（1）Processing　Processing 是运行在 Java 虚拟机（Java Virtual Machine，JVM）上的编程语言，其最初的目的是用来形象地教授计算机科学的基础知识。之后，它逐渐演变成了可用于创建数据可视化图形的一种开发环境。Processing 不仅可以绘制二维的静态图形与动画，同时也支持三维立体图形。很多设计师和艺术家常会用这一语言来制作海报，完成创意作品等。

（2）Weka　Weka 首先是一个数据挖掘的利器，能够快速地导入结构化数据，对数据属性做分类、聚类分析。能处理标准数据挖掘问题的方法众多，包括回归、分类、聚类、关联规则挖掘以及属性选择等，可以辅助理解数据。但 Weka 可视化功能同样不逊色，通过界面操作或编程可以轻松完成数据可视化呈现。

4．可视化呈现效果

数据可视化是将单一数据或复杂数据以视觉的形式呈现出来，从而精简又高效地传递某一些信息或知识，利用图形、图像处理、计算机视觉、VR/AR 以及用户界面等技术，通过表达、建模以及对二维、立体、表面、属性或动画的显示，对数据加以可视化的解释。

各类可视化工具软件预设的基本可视化图形包括堆积条形图、堆积柱形图、簇状条形图、簇状柱形图、百分比堆积条形图、百分比堆积柱形图、折线图、分区图、堆积面积图、折线和堆积柱形图、折线和簇状柱形图、功能区图、瀑布图、散点图、饼图、环形图、树形图、漏斗图、仪表盘、卡片图等。

可自定义的可视化图形包括阿斯特图、子弹图、和弦图、相关图、聚类图、决策树、甘特图、直方图、点线图、网络导航图、雷达图、桑基图、社交网络图、流线图、阳光图、时间序列图、龙卷风图、词云图等。

除上述可视化呈现效果之外，还可以根据可视化目标需求，通过建模编程获得其他别具一格的可视化效果。

6.4.3　社交媒体数据可视化

随着移动互联网技术的发展，越来越多的人利用微信、QQ、微博、网上社区等社交媒体发布、浏览和共享信息，由此产生了大量开放的社交媒体数据。这些社交媒体数据包含时间戳和文本，有的还带有地理位置信息，大致可以分为社交网络、文本和时空信息三大类。利用可视化分析技术可以对社交媒体数据进行交互式分析，发现这些数据背后隐藏的信息，如人们的观点、情感倾向和社会行为方式等。社交媒体的可视化分析可用于可视化监控、特征提取、事件检测、异常检测、预测分析和情况感知，在新闻、灾害应急反应、政治、经济、反恐与危机管理、娱乐、城市规划等领域有着非常广泛的应用。

1．可视化分析步骤

社交媒体数据可视化需要经历数据采集与治理、数据存储与管理、数据分析与可视化这三个阶段。

（1）数据采集与治理　根据应用需求，用于可视化分析的数据类型将会是多种多样的，包括结构化数据、半结构化数据和非结构化数据。首先，需要将采集来的数据融合成符合应用需求的形式，并根据应用需求进行数据变换和清洗。因为不同领域的数据通常具有不同的表达方式、不同的分布、不同的规模和不同的密度，所以数据融合的难点在于跨界数据的集成，通常可以采用基于阶段的方法、基于特征的方法或基于语义的方法等。

（2）数据存储与管理　数据存储与管理除了利用传统的关系数据库外，为了适应大数据时代数据量巨大、数据类型复杂的特点，分布式文件系统、NoSQL 数据库、Hadoop 系统得到了广泛的应用，这些数据存储与管理系统可以用来存储音频、视频和各类图像组成的非结构化数据，并且很容易实现扩容。

（3）数据分析与可视化　可视化分析并不是简单地将原始数据直接进行可视化展示，而是结合分析人员对数据的理解进行解释性可视化。同时，对数据要进行交互式探索，使可视化分析达到应用需求。在分析过程中，首先应该对数据进行全局性的概要分析，找出重点内容，然后针对重点内容进行细化和筛选，挖掘数据之间的相关关系和因果关系。

2. 社交网络可视化

在社交媒体平台，不同用户之间通过相互关注、转发和评论建立联系，形成社交媒体消息节点，与社交媒体用户节点一起构成社交媒体网络，可用于探索社会结构、社区关系等。

（1）基于用户之间关系的网络　基于用户之间关系的网络，一般可以用节点链接图和矩阵图来表示。虽然节点链接图比较直观，但是当节点很多时，相互之间会出现交叉和重叠，给网络分析带来困难。矩阵图却可以规避节点之间交叉和重叠的问题。如果将两者结合起来分析，可以用于查找公共邻居、最短路径、社交网络中最大的群体等。社交网络节点的属性有很多，如年龄、性别、教育程度、位置、关系、内容和时间等。这些属性会随时间发生变化，所以社交网络一直处于动态变化之中。

（2）基于信息传播的网络　随着社交媒体的发展，转载和评论信息越来越方便。如果将源信息和被重新发布的信息都看作单独节点，随着转载过程的进行，将构建起一个多级层次网络。通常可以采用树形布局、圆形布局、帆形布局和曲线布局来探索信息的传播过程。其中，树形布局用于突出分层特征，圆形布局和曲线布局用于突出整体扩散模式和关键点，而帆形布局则突出信息转载随时间的演变过程。此外，还可以使用平行坐标来展示各个节点之间的关系和转载的时间顺序，从而说明某事件的演变过程。

3. 时空信息可视化

很多社交媒体用户会在账户中设置自己的地理位置，可能具体到地区、城市，也可能只是宽泛到国家，可以为分析社交媒体信息提供地理背景。虽然这些地理位置不是很精确，但是在进行信息扩散分析时，可以结合这些地理位置信息进行地域扩散分析。通常采用圆形地图隐喻的方式来描述信息在时空背景下是如何传播的，通过进行地理信息扩散分析，可以得到某个特定主题的地理分布，并发现社交媒体参与者的空间分布，还可以同时研究不同区域针对某个特定主题的各种情绪分布情况。

另外一种地理位置信息是来自于信息本身带有的地理标记，虽然这个比例很小，但由于信息基数大，所以具有地理标记的信息数量也是很可观的。这类信息一般包含时间戳、位置（纬度和经度）和文本信息等。对于带有地理标记的消息，可以采用的可视化类型包括散点图、热力图、密度图和 3D 直方图等。将这类信息整合起来，可以用于探索围绕某个事件所产生的社交媒体信息的空间、时间分布等情况。如果将带有地理标记的消息与其他数据融合在一起，还可以支持在一些特定场合的应用，例如，分析市民对某项城市规划的意见反馈。

4. 文本可视化

社交媒体的文本可视化一般包括关键字、主题和情绪可视化。其中，关键字是在文本上下文中使用频率较高的词，主题是社交媒体内容的摘要，情绪是根据文本内容提取的用户的态度。通过分析用户所发表的文本中的关键字、主题和情绪可以得到丰富的语义信息。词云常用于关键字的提取，一系列的词被排列在平面上，词的字体越大代表相应的词出现的频率越高，如图 6-30 所示。

此外，采用分层可视化可以分析关键字随时间的动态演变，首先将不同的文本按照时间顺序进行分层，然后获取不同层次文本的关键字，最后将这些关键字按照时间顺序排列。

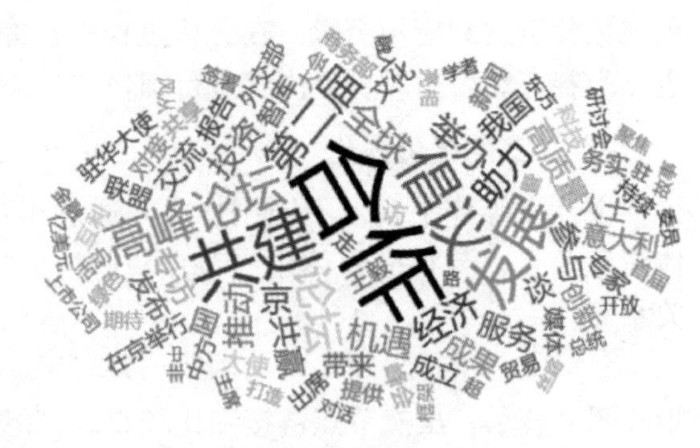

图 6-30　词云图

提取社交媒体内容的主题是一件非常重要的工作，主题体现了用户对文本内容的理解。在主题的可视化过程中，可以采用主题河隐喻的形式展示社交媒体内容主题随时间演变的过程。用平行河流来表示从同一事件中派生出的多个主题，用河流的波动幅度表示围绕特定主题的消息数量，用于分析某个社交媒体事件爆发的原因，并确定源信息和相关的衍生主题。由于不同用户之间存在相互影响，同一事件的不同主题之间也存在竞争行为，因此随着时间的推移，这些主题会经历出现、发展、替换和消亡的过程。

情绪分析是文本分析的另一项重要内容，通过分析公众对社会事件的情绪，可以评估公众对社会事件的态度。利用一定的算法可以从文本文档中自动提取情绪，并进行交互式可视化。除了简单地将情绪分为愤怒、喜悦、悲伤等类型，还可以根据相关性将不同情绪进行分类，如愤怒－恐惧、期待－惊喜、喜悦－悲伤和信任－厌恶等。将情绪随时间推移变化的情况绘制成河流，并采用不同的颜色来对不同的情绪进行编码，可以形象直观地展示不同情绪随时间的演变。

6.4.4　教育大数据可视化

教育大数据（Big Data in Education，BDE）是指在整个教育活动过程中所产生的以及根据教育分析需要所采集到的一切用于教育发展并可创造潜在价值的数据集合。教育大数据具有巨大的教育价值与潜力，而可视化的应用成为教育数据分析的重要利器，对理解和挖掘复杂教育规律问题起到了巨大的促进作用，是教育价值呈现的最直接体现。

1. 教育大数据可视化的作用

当前的教育大数据可视化从应用人群上可以分为学生、教师和教育管理者三类，而基于数据痕迹的分析对学习者、教师和管理者等众多相关者的决策起到了重要的优化作用。

（1）促进学生元认知发展　面向学生的可视化工具旨在提高学生的自我意识，促进学生元认知发展以及学习过程中的反思，从而激励他们改进学习行为，获得学业的成功。例如，通过可视化呈现学生的目标设定、任务列表、完成进度以及对学习成果的自我评估等内容，促进和支持学生的自主学习。而且，通过挖掘同等级学习者的学习情况给出学习者可选的各种学习路径，并使用新颖的类似拉链的视图可视化用户的详细学习路径，帮助他们高效地规划如何进行学习。

另外，可视化工具不仅可以促进学生反思，还可以通过数据反馈使学生有所进步，提高学生知识构建水平和协作参与等能力。例如，通过可视化团队之间的交流模式来激励学生参与在线讨论，提高参与意识。实验表明，动态可视化教学相对于静态可视化教学更有助于学生对学习内容建立深刻的理解，使学生在认知过程中的记忆工作更加轻松，减少额外的认知负荷。

（2）辅助教师监督学习过程　面向教师群体的可视化主要将学习分析结果以可视化的形式呈现，帮助教师了解学习者的学习参与完成情况，形成对学习过程的动态监控，适时调整教学过程。例如，通过学生在线学习行为（点击、浏览、收藏等）的可视化分析，帮助教师快速发现学习材料设计中的潜在缺陷，方便教师和教育分析人员了解学生的在线视频观看情况。又如，通过可视化呈现参与 MOOC 学习的学生对论坛的使用情况，帮助教师了解学生在 MOOC 论坛中的互动情况。或者从知识加工、社交关系和行为模式三个不同的维度可视化协作小组的交互状态，帮助教师及时了解并对比协作小组的问题解决过程。

另外，可视化工具还可以对学生的学习成绩、辍学、学习行为及表现进行监控和预测，分析学生学习行为或者学习序列背后的意义，帮助教师识别并及时干预有学业风险的学生。或者将考试成绩路径、考试项目分析和预测模型的性能等视图动态链接在一起，并结合机器学习技术来预测学生成绩，帮助教师尽早发现有可能不及格的学生，制定相应的学业干预措施。

（3）提升管理者科学决策水平　面向教育管理者的可视化工具旨在帮助管理者进行科学的战略决策和实践改进。例如，设计呈现学生学习成绩与课程体系结构关系的可视化工具，帮助管理者检查学生的学业情况，及时发现体系结构中所存在的困难课程，促进课程体系结构的优化。或者通过采用基于图表、地图、数据流等多样的可视化形式，直观地呈现不同区域的教育发展水平、资源流动、信息交互等，为管理者实施科学决策提供支持。

为简化行政和技术人员与高等教育机构相关人员之间的信息交换，可开发一个提供实时数据可视化的仪表板，帮助用户系统地组织和查看数据，并生成有效的报告，提高数据的有效性。更进一步，基于数据驱动的可视化系统还能够提供直接的教育分析报告，帮助管理者准确预测未来趋势，提供干预支持，并建立相关预警机制确保决策安全。

教育大数据的可视化流程主要是实现从数据空间到图形空间的映射，基本流程可以归纳为教育大数据采集、数据清洗与预处理、数据存储、数据可视化这四个基本步骤。而从技术层面来讲，可视化呈现正在从传统的统计图表向文本、时序、地理空间、网络等多样的呈现方式过渡，交互式技术也使得教育数据处理从传统的数据分析逐步转变为探索性数据分析。

2. 教育大数据可视化呈现类型

教育大数据可视化旨在将复杂、抽象的教育数据挖掘结果进行直观的呈现与表达，可视化呈现的技术方法及其效果逐渐成为教育数据价值体现的关键问题。除传统的基于图表的可视化呈现外，一些创新的可视化技术方法不断涌现。

（1）文本数据可视化　文本可视化是通过对文本资源的分析发现特定信息，并利用计算机技术将其以图形化方式呈现出来的一种方法。其主要包含两种可视化方法：一是基于词频统计的文本可视化，即常见的标签（词）云技术；第二种是基于语义的文本可视化，要求通过关系计算、语义标注、统计和推断等技术手段，发现文本中隐含的语义关系，从而进一步发现知识。

1）基于词频的文本数据可视化。将教育文本看成词汇的集合，用词频表现文本特征。例如，采用标签云的方法将在线协作讨论中的高频关键词按照大小、颜色等图形属性进行可视化。

2）基于语义的文本数据可视化。将教育文本看成词汇及其关系的集合，通过语义标注及语义检索的方法反映文本内在结构和语义关系。例如，采用文档散的形式来显示文本内容的结构，通过径向布局体现词的语义等级，最内层的关键字表示文章内容的最顶层概述，外层的词是内层词的下义词，用颜色饱和度的深浅来体现词频高低。

3）多信息文本数据可视化。文本数据的可视化不仅仅是关键词的信息提取，对于教育领域来说，文本信息是最为重要的学习数据，包含了诸如情感、学生参与、自我调节、交互意图等不同维度的信息。可通过对同一文本数据的多维度信息处理形成联合数据可视化，获得对同一数据的多维视角。例如，将关键词提取、情感识别的文本分析结果进行组合，并与用户 id 建立关联，直观反映教育博客中用户数量巨大的评论和回复信息。

（2）多维数据可视化　多维数据指的是具有多个维度属性的数据变量，多维数据可视化将多维或高维的原始数据经过处理后转换成人类易于理解的图形图像。多维数据可视化技术不是简单的图形映射，而是要反映多维信息及其各属性之间的关系信息，力图在低维可视空间中展现抽象信息的多属性数据特征。

1）几何图技术。箱线图、雷达图以及堆叠面积图等通常被用来展现数据在多维度上的分布，箱线图能显示出一组数据的最大值、最小值、中位数及上下四分位数。例如，采用箱线图来比较年度之间工作量的变化，以及工作量之间的差异；可用雷达图对团队整体实时提供情感分析和可视化，从成员的讨论中挖掘出八种基本情绪，包括愤怒、期待、厌恶、恐惧、喜悦、悲伤、惊讶、信任，或将学生的评论类型分为六个维度：一般会话、做笔记、提意见、提问、抱怨以及赞美，并采用堆叠面积图的形式呈现学生对课程评论的数量和类型沿时间线的分布。

2）图标技术。利用有多个视觉特征的图标来表达多维信息，不同呈现形式的图标用来表示多维信息的不同维度。通过图标用户可以直观、清晰并且准确地理解图标每一维度所表示的意义。例如，采用点亮图标的方式对学生的目标达成情况进行呈现，用彩色徽章代表目标已实现，灰色徽章代表尚未实现，徽章旁边的数字（例如，在红色圆圈内加注数字）指示班上有多少学生获得了此徽章。

3）平行坐标技术。将 N 维数据空间用 N 条等距离的平行轴映射到二维平面上，每条轴线对应于一个属性维度。多维数据每个维度的属性值可以在 N 个坐标轴上找到对应的点，将这 N 个点连接成一条折线表示一个多维数据点。例如，从学生日志数据中提取出日期、发帖数、成绩等与学生行为相关的特征以及论坛活动中的声誉、贡献度等特征，通过平行坐标技术来建立分析各个特征之间的相关关系。

（3）网络数据可视化　网络数据关系是教育研究中的常见数据类型。如群组学生交互关系、作者之间的共被引关系等。在网络数据的可视化中，每个节点代表一个主体，节点之间的连接线表示主体之间的关联关系。网络数据可视化常用的有社交关系图、力导布局图、树图等。

1）层次数据可视化。层次数据通常用来表达个体之间的包含和从属关系，可以采用树结构表示。例如，通过树图对课程的流程和结构进行可视化呈现，或采用可折叠的放射状树，将考试问题和作业问题之间的相关性进行展示，教师可根据问题之间的相关关系反思教学并及时改进。

2）社交网络数据可视化。通过将社会关系网络抽象成由点和线组成的图，可以直观地分析社会群体网络，对图形中的节点分布位置、节点的大小以及点线密度等进行分析展示，可以有效地观测社会群体行为。例如，采用带有方向的节点链接图来描绘学生主体之间的交互，其中节点的大小反映该点在网络中的重要程度和处于网络中心的程度，链接的粗细代表交互的强弱，不同颜色则代表不同的协作小组成员。

在大规模的社会网络可视化中，通常会采用力导布局图来进行分析。例如，对学生的交互和成绩进行可视化，点的大小表示学生的活动水平，颜色表示学生的成绩，点之间的链接代表学生之间的交互，可以清晰地看出不同成绩学生间的交互程度。除此以外，与其他领域一样，教育领域经常采用网络数据可视化进行共被引关系及引文关系的呈现。在论文相关作者网络中，链接粗细表示两位作者之间的密切程度，圆圈大小指示作者在该主题上被引用的次数，由该图可以看出以某主题为背景，多名作者之间依赖多个不同关键词展开的不同形式的深度合作。

（4）时间序列数据可视化　时间序列数据可视化是针对具有时间属性的数据集进行的呈现方式，强调基于时间发展的内容演变过程。基于时间序列的可视化的一般设计思路是基于不同的时间单元进行相关内容的抽取和分析，并在时间轴上呈现分析结果，从而发现伴随时间变化的演变规律，如数据的周期性及峰值等。

在教育中，数据可以在不同的时间聚合级别进行分类展示，如按分钟、小时、日、周或学期，按课程模块，或在期中、期末等。为了反映信息对象随时间进展所发生的变化及演变规律，可以采用桑基图来进行可视化呈现。例如，将学生考试成绩的等级分布与学期中不同时间进行的考试进行关联可视化，从而发现学生在屡次考试中成绩分布的演变关系。或者，将学生讨论的知识点随时间的变化进行可视化呈现，通过时间轴观察学生讨论中的不同等级知识点的出现时间，从而直观推断问题解决的推进程度。

近年来，有些研究者更加关注数据的精细层面，创新出更加适应教育数据表达的创新可视化形式。例如，将传统的和弦图与基于时间序列的在线学习行为进行融合展示，通过和弦的径向布局，可以更好地比较不同成绩等级的学习者在不同星期之间的学习序列过渡的差异。另外，热力图混合日历图的形式同样也被用到了教育数据可视化，例如，学习者的学习历史信息被附加在日历图上展开，每一个活动矩阵记录了学习者某一天的历史学习活动信息，而当天的学习时长则通过热力图的形式进行表达，颜色越深，学习时间越长。

（5）地理空间数据可视化　一般来说，地理空间数据通常是指用于描述自然现象和社会事件的发生及演变的空间位置、分布、关系、变化规律等的数据。地理空间可视化能够有效地融合数据挖掘和可视化设计来对地理空间数据中隐含的多维、时空、动态、关联等特征进行全面而细致的分析和探索。然而，在教育大数据可视化中，地理空间数据通常应用于教育统计信息对比，多从点和区域两方面来进行呈现。

1）基于点的地理空间数据可视化。通常借助点的设计描述实体属性数据的分布和位置信息。例如，借助点状地图的形式对 MOOC 学生的生源地进行可视化呈现，可使用不同的颜色显示不同年份参与 MOOC 学习的学生生源地，圆圈大小代表该区域参与学生的多少。

2）基于区域的地理空间数据可视化。区域是地理空间数据中具有相邻空间位置或者相似属性的地域范围。例如，地图中的各个国家、省份、城市等行政区域，或基于人类社交行为的属性区域等。通常基于区域的地理空间数据可视化需要结合热力图来进行呈现。例如，分省份、地区呈现某项考试的证书获得者与注册人数的比率，越深的颜色代表该比率越高。

3．教育大数据可视化交互技术

目前，各种面向文本、面向过程、面向空间的可视化技术呈现已成为教育大数据应用领域关注的重点，这其中涉及动态查询与过滤、可缩放 / 变形界面、多视图联动等关键交互技术。

（1）动态查询与过滤技术　在教育场景中，大多数具有时序特征的数据需要进行实时状态呈现，应用动态过滤交互技术可以对数据迭代挖掘和过滤，达成数据动态刷新，以确保数据显示的准确性。当数据集规模非常大时，动态查询与过滤技术还可以解决由大规模密集数据引起的“视觉混淆（Visual clutter）”问题。

动态查询与过滤技术主要通过用户动态交互控制，依赖全局可视化视图，使用用户直接操纵的方式实施快速、增量式、可回溯的查询控制，同时可以在查询时动态调整参数使得查询结果做出相应改变。可视滑动条、过滤透镜等都是常用的动态查询与过滤控件。动态查询与可视化的结合，使得视觉编码和交互操作迭代进行，动态实时地反馈和更新过滤结果，实现用户对结果快速评价的目的。

（2）可缩放 / 变形界面技术　可缩放 / 变形界面技术是实现从高层概要性信息到底层细节性信息再到分层可视化的重要支撑技术。可视化信息探索的过程即为“信息觅食”的过程，分析人员需要在信息可视化界面中通过概览、缩放、查看细节、检索等交互操作完成从总览视图到获得有价值的结果信息，这其中的核心是语义缩放技术。即当需要在固定的屏幕空间内呈现从整体到局部的连续变化时，系统通过提供更改比例大小滑块实现视图的缩放展示，允许用户纵深跟踪观察个体学习行为信息。

变形技术包括以较高的详细程度显示部分数据，而以较低的详细程度显示其他数据的交互变形方法。鱼眼视图技术、双曲变形技术、双焦点透镜技术、透视墙技术等是目前常用的交互变形技术。结合语义距离算法，这些技术能够在突出教育数据关注焦点时仍保持对上下文的整体了解，可以为大规模在线学习交互分析、教学视频情感及行为分析等密集型可视化界面和强调上下文关联的搜索分析行为提供有力的支持。

（3）多视图联动技术　多视图关联技术强调多个角度数据的内在关联分析。教育数据对象往往是具有多个维度的信息，这些不同维度的信息之间又具有语义关联关系。运用多侧面关联技术，可以建立针对各个信息属性的视图，在交互过程中对多视图中的可视对象进行动态关联，以帮助更好地探索数据之间的内在关系和规律。

用户在与任意一个视图中的节点进行交互时，都可以动态链接到其他视图中具有语义关联的节点集合，实现视图联动。多视图关联技术可参考基于本体的多侧面关联模式，多侧面关联技术强调从多个角度来分析问题，并且重在建立多个分析角度之间的内在关联关系，为多维的教育数据分析提供了相应的可视分析技术支持。

4. 教育大数据可视化未来

在未来的智慧学习环境下，VR/AR 环境、生物电信号等多模态实时数据种类变得多样，皮肤电、眼动、脉搏、体态、脑电等数据信息的便捷采集，强化了多模态信息的可用性。因此，多模态信息的整合利用将对教育大数据分析与规律挖掘带来巨大变革和有力支撑。另外，教育大数据可视化领域的人机协同、标准规范和评价体系等问题将成为研究的热点。

未来的教育可视化绝不仅仅是解决信息的呈现问题，而是发展人机交互及人机协同等关键技术，强化人工智能技术和交互可视化技术与人类智能的协同工作，将人类教师具有的感知认知能力与人工智能具有的快速处理与响应能力相结合，促进可视化分析工具从浅层数据聚合呈现工具向支持教学全过程深度探索的智能决策工具跃迁，为解决复杂的教育问题提供技术支撑。

6.5　虚拟现实与增强现实

计算机技术发展至今，每隔数十年人机交互界面就会出现一次重大变革。个人计算机时代，计算机被搬进每个人的家里，鼠标和键盘成为人机交互界面的重大突破。移动互联网时代，计算机被塞进了口袋里，从实体键到触摸屏，从功能机到智能机，人机交互发生了巨大的变化。目前，智能可穿戴设备、虚拟现实和增强现实正冲击着现实和虚拟的界限，人机交互正在迎来新一轮的变革，虚拟现实和增强现实技术将慢慢渗透到人们衣食住行的方方面面。

6.5.1　虚拟现实基础

虚拟现实技术是现代新兴科技的一个重要发展方向，支撑其发展的软硬件技术也在不断进步。为构建一个完整的虚拟现实系统，用户需要通过传感装置和跟踪定位等输入设备，直接操作虚拟环境，得到实时的三维显示、听觉、触觉以及其他反馈信息。

1. 神话科幻中的虚拟现实

在人类发展的历史长河中，虚拟现实的概念与应用早已在人类创作的神话、科幻小说与科幻电影中出现。我国的古代神话就出现过大量的虚拟人物、虚拟环境、虚拟国度、虚拟天宫等，幻想出千里眼、顺风耳、照妖镜、结界等虚幻工具，给人以丰富的遐想和向往，而且我国的很多神话故事情节与现代社会现实也不谋而合。

在古希腊哲学家柏拉图（公元前 427 ~ 公元前 347 年）创作的哲学对话体著作《理想国》第 7 卷中，有一篇详细描述了几个被困在洞穴里的人的经历，他们只能通过投射在洞穴墙壁上的影子来观察外界发生的事情。他们以为自己在洞穴内看到的是真实的世界，其实却是一个虚拟的世界，而洞穴外才是真实的世界。由此，现实与感知就成了广受关注的话题，引发了人们的广泛探讨，尤其是关于从一个世界到另外一个世界的探讨。

1932 年，英国作家阿道司 • 赫胥黎创造的长篇小说《美丽的新世界》让他名垂青史。这本书以 26 世纪的机械文明社会为背景，描写了未来社会人们的生活场景，幻想出一个头戴式的显示器，可以为观众提供图像、声音、气味等一系列的感官体验，以便让观众能更好地沉浸在电影世界里。

1950 年，美国科幻作家雷・道格拉斯・布莱伯利的小说《大草原》中便有了关于 VR 旅游的科学幻想。小说描写了一座名叫“Happylife”的小房子，里面装满了各式各样的机器，能带给孩子们仿佛置身于非洲大草原的感觉，这也就是现在人们提出的“沉浸式体验”。

1984 年，美国著名的科幻作家威廉・吉布森完成处女座《神经漫游者》，他在书中创造了一个赛博空间（Cyberspace），并将它描述为一种“同感幻觉”。后来他解释说，“媒体不断融合并最终淹没人类的一个阈值点，赛博空间意味着把日常生活排斥在外的一种极端的延伸情况，有了这样一个我所描述的赛博空间，你可以从理论上完全把自己包裹在媒体中，可以不必再去关心周围实际上在发生着什么”。

1992 年，电影《割草者》上映，它讲述了千年之交之时，一种名叫“虚拟现实”的技术得到了广泛的应用，能使人进入一个由计算机创造出来的如同想象力般无限丰富的虚拟世界，而这种技术也可能会被一些别有用心的人利用，成为一种控制人类思想的新方法。电影中描述了头戴式显示器、紧身衣等虚拟现实设备，并利用陀螺仪在虚拟空间里四处移动探索。

2002 年，汤姆・克鲁斯主演了一部科幻片《少数派报告》，讲述了这样一个故事：随着科技的发展，人类利用具有感知未来的机器人“先知”，能够侦查出人的犯罪企图，因而在罪犯实施犯罪行为之前，就已经提前被犯罪预防组织的警察逮捕并获刑。片中描述了手部追踪技术，利用手势与计算机进行交互，给观众留下了完全沉浸式的技术体验。

2．虚拟现实的定义与特性

在人们传统的观念里，计算机、输入输出设备以及相关处理对象是相对独立的，而且人机交互是通过键盘、鼠标、显示器、打印机等工具和设备来实现。而在虚拟现实（Virtual Reality，VR）应用系统中，可以将计算机、输入输出设备以及相关所有处理对象看成是一个计算机生成的空间（虚拟空间或虚拟环境），操作计算机的人也被看成是该空间的一个组成部分，并且人与该空间对象的交互通过各种先进的感知技术与显示技术（即虚拟现实技术）完成。

作为时代的先行者，杰伦・拉尼尔（Jaron Lanier）在 1984 年就提出并进入了 VR 技术领域，也由此被称为“虚拟现实之父”。虚拟（Virtual）说明这个空间或环境不是物理存在的，是人工创造出来、存在于计算机生成的空间中的。用户可以“进入”这个虚拟环境中，可以以自然的方式与这个环境中的对象交互。所谓交互是指在感知环境和干预环境中，可让用户产生置身于相应的真实环境中的虚幻感、沉浸感，即身临其境的感觉。

（1）狭义的虚拟现实定义　把虚拟现实看成是一种具有人机交互特征的人机界面（人机交互方式），即可以称之为“自然人机界面”。在此环境中，用户看到的是全彩色主体景象，听到的是虚拟环境中的音响，手（或）脚可以感受到虚拟环境反馈给用户的作用力，由此使用户产生一种身临其境的感觉。

（2）广义的虚拟现实定义　把虚拟现实看成是对虚拟想象（三维可视化）或真实三维世界的模拟。对某个特定环境真实再现后，用户通过接受和响应模拟环境的各种感官刺激，与其中的虚拟人及事物进行交互，使用户有身临其境的感觉。

更通俗地说，虚拟现实是一项综合集成技术，涉及计算机图形学、人机交互技术、传感技术、人工智能、计算机仿真、立体显示、计算机网络、并行处理与高性能计算等技术和领域。其用计算机生成逼真的三维视觉、听觉、触觉等感觉，使人作为参与者通过适当的装置，自然地体验虚拟世界并与虚拟世界发生交互作用。例如，使用者移动位置时，计算机可以立即进行复杂的运算，将精确的 3D 世界影像传回，产生临场感。

虚拟现实具有三个主要特征，可以用三个“I”（I^3）来描述：

（1）沉浸感（Immersion）　沉浸感又称临场感。虚拟现实技术是根据人类的视觉、听觉的生理心理特点，由计算机产生逼真的三维立体图像，使用者通过类似于头盔显示器、数据手套或数据衣等交互设备，便可将自己置身于虚拟环境中，成为虚拟环境中的一员。使用者与虚拟环境中的各种对象的相互作用，就如同在现实世界中一样。

（2）交互性（Interaction）　虚拟现实系统中的人机交互是一种近乎自然的交互，使用者不仅可以利用计算机键盘、鼠标进行交互，而且还能够通过特殊头盔、数据手套等传感设备进行交互。计算机能根据使用者的头、手、眼、语言及身体的运动，来调整系统呈现的图像及声音。

（3）想象力（Imagination）　由于虚拟现实系统中装有各种传感及反应装置，因此，使用者在虚拟环境中可获得视觉、听觉、触觉、动觉等多种感知，以达到身临其境的感受，而且会激发起丰富的想象，包括各种感觉和情绪体验。更加强调虚拟现实技术具有广阔的可想象空间，拓宽了人类的认知范围，不仅可再现真实存在的环境，也可以随意构想出客观不存在的环境。

总之，虚拟现实是一种高端的人机接口，包括视觉、听觉、触觉、嗅觉和味觉等多感知通道的实时模拟和交互，其关键的四要素包括：虚拟世界、沉浸（身体和精神沉浸）、感觉反馈和交互性。

3. 虚拟现实系统类型

虚拟现实技术，也有人将其称为灵境技术，它利用计算机生成一种模拟环境，使用户沉浸到该环境中。根据实现的功能以及构成方式不同，虚拟现实系统可以分为沉浸式虚拟现实系统、增强现实型虚拟现实系统、桌面式虚拟现实系统和分布式虚拟现实系统四种类型。

（1）沉浸式虚拟现实系统　沉浸式虚拟现实系统可提供完全沉浸的体验，使用户有一种置身于虚拟境界之中的感觉。该类系统利用头盔式显示器或其他设备，把参与者的视觉、听觉和其他感觉封闭起来，并提供一个新的、虚拟的感觉空间，利用位置跟踪器、数据手套以及其他手控输入设备、声音等使得参与者产生一种身临其境、全心投入和沉浸其中的感觉。常见的沉浸式系统有：基于头盔式显示器的系统、洞穴式虚拟现实系统、座舱式虚拟现实系统、投影式虚拟现实系统、远程存在系统等，可用于娱乐或验证某一猜想假设、训练、模拟、预演、检验、体验等。

沉浸式虚拟现实系统具有高度的实时性，例如，用户改变头部位置时，跟踪器实时监测并快速生成相应场景。该类系统能提供高度沉浸感，使用户完全沉浸在虚拟环境里，与真实世界完全隔离。而且，它具有强大的软硬件支撑能力和良好的系统整合性，各种软硬件相互兼容，步调一致地协同工作。

（2）增强现实型虚拟现实系统　增强现实型虚拟现实系统不仅利用虚拟现实技术来模拟现实世界、仿真现实世界，而且还利用它来增强参与者对真实环境的感受，也就是现实中无法感知、不方便感知或感知不到的感受。典型的实例是战机飞行员的平视显示器，它可以将仪表读数和武器瞄准数据投射到安装在飞行员面前的穿透式屏幕上，使飞行员不必低头就能读取座舱中仪表的数据，从而可集中精力盯紧敌机。

常见的增强现实型虚拟现实系统主要包括基于台式图形显示器的系统、基于单眼显示器的系统、基于光学透视式头盔显示器的系统、基于视频透视式头盔显示器的系统。该类系统的主要特点是不需要把用户和真实世界隔离，而是将真实世界和虚拟世界融合一体，用户可以同时与两个世界进行交互。例如，工程技术人员在进行机械安装、调试、维修时，通过头盔显示器将原来不能显现的机器内部结构以及相关信息、数据完全呈现出来，并按照提示进行操作。

（3）桌面式虚拟现实系统　桌面式虚拟现实系统利用个人计算机或低档图形工作站进行仿真，将计算机屏幕作为用户观察虚拟境界的一个窗口。通过各种输入设备实现与虚拟现实世界的充分交互，外部设备包括鼠标、追踪球、力矩球等。该类系统通过计算机屏幕观察 360° 范围内的虚拟世界，并操纵其中的物体，通常此类系统的参与者缺少完全的沉浸感，因为仍然会受到周围现实环境的干扰。

桌面虚拟现实的主要特点为全面、小型、经济、适用，虽然缺乏真实的现实体验感，但因成本较低，不仅适合于 VR 工作者的教学与研发，其应用也比较广泛。例如，利用桌面虚拟现实系统可以建设虚拟实验室、虚拟教室、虚拟博物馆、虚拟校园等，用户可以利用桌面虚拟现实系统浏览参观城市、园区和校园等。

（4）分布式虚拟现实系统　分布式虚拟现实系统是基于网络的，可供异地多用户同时参与的分布式虚拟环境，即它可将异地的不同用户连接起来，共享一个虚拟空间。多个用户通过计算机网络对同一虚拟世界进行观察和操作，达到共享信息、协同工作的目的。例如，异地的医科学生可以通过网络，对虚拟手术室中的病人进行外科手术。

分布式虚拟现实系统共享虚拟工作空间，支持实时交互，共享时钟。而且，该类虚拟现实系统在实现资源共享的同时，允许网络上的用户对环境中的对象进行自然操作和观察。分布式虚拟现实系统设计与实现时需考虑如下因素：

1）网络带宽的发展和现状。

2）先进的硬件和软件设备。

3）消息的发布机制。

4）通信的可靠性等。

4. 虚拟现实关键技术

正如前面所述，从本质上讲，虚拟现实就是一种先进的计算机用户接口，通过同时给用户提供诸如视觉、听觉、触觉等各种直观而又自然的实时感知交互手段，最大限度地方便用户的操作，从而减轻用户的负担，提高整个系统的工作效率。实物虚化、虚物实化和高性能计算处理技术是 VR 关键技术的三个方面。

（1）实物虚化　如何将真实世界中物体（特别是人）与事件（特别是人的动作）传入虚拟环境中，是一个感知的问题。实物虚化是现实世界空间向多维信息化空间的一种映射，主要包括基本模型构建、空间跟踪、声音定位、视觉跟踪和视点感应等关键技术，这些技术使得真实感虚拟世界的生成、虚拟环境对用户操作的检测和操作数据的获取成为可能。

（2）虚物实化　虚物实化要解决的是现实（输出）问题，即如何根据虚拟环境生成人可直接感受到的真实信号（声、光、电），也是确保用户从虚拟环境中获取同真实环境中一样或相似的视觉、听觉、力觉和触觉等感官认知的关键技术。能否让参与者产生沉浸感的关键因素除了视觉和听觉感知外，还有用户在操纵虚拟物体的同时，能否感受到虚拟物体的反作用力，从而产生触觉和力觉感知。实物虚化与虚物实化如图 6-31 所示。

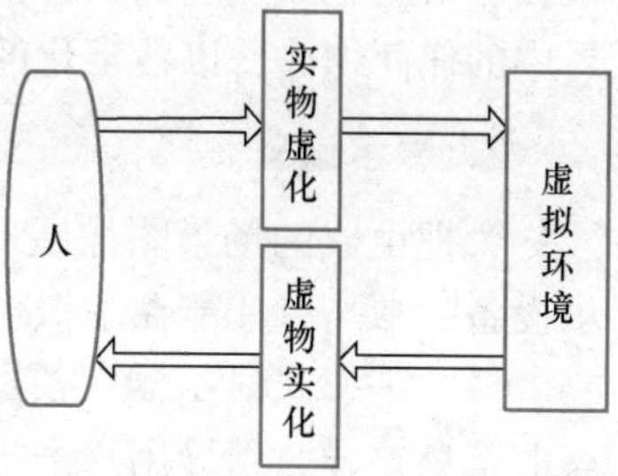

图 6-31　实物虚化与虚物实化

（3）高性能计算处理技术　主要包括以下几种技术：

1）基本模型构建技术。应用计算机技术生成虚拟世界的基础，将真实世界的对象物体在相应的 3D 虚拟世界中重构，并根据系统需求保存部分物理属性。

2）空间跟踪技术。通过头盔显示器、数据手套、数据衣等常用的交互设备上的空间传感器，确定用户的头、手、躯体或其他操作物在 3D 虚拟环境中的位置和方向。

3）声音跟踪技术。利用不同声源的声音达到某一特定地点的时间差、相位差、声压差等进行虚拟环境的声音跟踪。

4）视觉跟踪与视点感应技术。使用从视频摄像机到 X-Y 平面阵列、周围光或者跟踪光在图像投影平面不同时刻和不同位置上的投影，计算并跟踪对象的位置和方向。

5）计算处理技术。主要包括数据转换和数据预处理技术。

除此之外，虚拟现实的关键技术还包括：动态环境建模技术、实时三维图像生成技术、立体显示和传感器技术、应用系统开发技术、系统集成技术等。

6.5.2　虚拟现实硬件

用户使用虚拟现实系统时，所有感觉器官的交互都将依赖于各种特定的传感装置。这些装置将各种物理现象转换为刺激信号，激励人体对应的感官，由感觉器官将刺激信号转变成神经信号，沿神经系统传导到用户大脑，得到相应的真实感觉。虚拟现实硬件指的是与虚拟现实技术领域相关的硬件产品，是虚拟现实系统中用到的硬件设备。现阶段虚拟现实常用到的硬件设备大致可以分为四类：

1）建模设备（如 3D 扫描仪）。

2）显示设备（如头盔式显示器、沉浸式式立体显示系统、立体眼镜等）。

3）声音设备（如三维的声音系统及非传统意义的立体声）。

4）交互设备（包括位置追踪仪、数据手套、3D 输入设备（三维鼠标）、动作捕捉设备、眼动仪、力反馈设备及其他交互设备）。

1. 建模设备

目前最常用的建模设备是 3D 扫描仪，也称为三维立体扫描仪，融合光、机、电和计算机技术于一体，主要用于获取物体外表面的三维坐标及物体的三维数字化模型。3D 扫描仪不但可用于产品的逆向工程、快速原型制造、三维检测（机器视觉测量）等领域，而且随着三维扫描技术的不断深入发展，诸如三维影视动画、数字化展览馆、服装量身定制、计算机虚拟现实仿真与可视化等越来越多的行业也开始应用三维扫描仪这一便捷的手段来创建实物的数字化模型。

通过三维扫描仪非接触扫描实物模型，得到实物表面精确的三维点云（Point Cloud）数据，最终生成实物的数字模型，不仅速度快，而且精度高，几乎可以完美的复制现实世界中的任何物体，以数字化的形式逼真地重现现实世界。

2. 显示设备

为把生成的场景图像展现给参与者，在VR系统中，显示设备是不可或缺的，有了显示设备，参与者才能在虚拟现实系统中获取视觉图像。

（1）头戴式显示器　头戴式显示器（Head Mount Display，HMD）是利用人的左右眼获取信息差异，引导用户产生一种身在虚拟环境中之感觉的一种立体显示器。其显示原理是左右眼屏幕分别显示左右眼的图像，人眼获取这种带有差异的信息后在脑海中产生立体感。HMD主要由显示器和光学透镜组成，CRT或LCD显示器放置在距离用户1～5米的位置，特殊的光学透镜置于HMD小图像面板与用户眼睛之间，使眼睛可以聚焦在很近的距离而不易疲劳。再辅以三个自由度的空间跟踪定位装置，使用户可以做空间上的自由移动。作为虚拟现实的显示设备，HMD具有小巧和封闭性强的特点，在VR游戏、军事训练等领域中具有广泛的应用。

（2）CRT终端（大屏幕投影）-液晶光闸眼镜　由计算机分别产生左右眼的两幅图像，经过合成处理之后，采用分时交替的方式显示在CRT终端上。用户则佩戴一副与计算机相连的液晶光闸眼镜，眼镜片在驱动信号的作用下，将以与图像显示同步的速率交替开和闭，即当计算机显示左眼图像时，右眼透镜将被屏蔽，显示右眼图像时，左眼透镜被屏蔽。根据双目视差与深度距离成正比的关系，人的视觉生理系统可以自动地将这两幅视差图像合成为一个立体图像。对于使用大屏幕投影来说，投影机要有极高的亮度和分辨率，使它更适合在较大的空间内产生投影图像的应用需求。

（3）洞穴式（CAVE）显示系统　洞穴式显示系统是由三个面以上（含三面）硬质背投影墙组成的高度沉浸的虚拟演示环境，配合三维跟踪器，用户可以在被投影墙包围的系统近距离接触虚拟三维物体，或者随意漫游"真实"的虚拟环境。CAVE显示系统通常是一种基于多通道视景同步技术和立体显示技术的房间式投影可视协同环境，供多人参与，所有参与者均完全沉浸在一个被立体投影画面包围的高级虚拟仿真环境中，借助相应虚拟现实交互设备（如数据手套、位置跟踪器等），从而获得一种身临其境的高分辨率三维立体视听影像和六自由度交互感受。由于投影面几乎能够覆盖用户的所有视野，所以CAVE显示系统能提供给使用者一种前所未有的带有震撼性的身临其境的沉浸感受。对于与CAVE显示系统类似的沉浸式显示系统来说，根据沉浸的程度不同，可以分为单通道立体投影系统、多通道立体环幕投影系统、球面投影系统等。该类沉浸式显示系统非常适合于军事训练模拟、虚拟制造/虚拟装配、建筑设计与城市规划、教学演示等。

（4）立体眼镜　立体眼镜（鹰眼）的结构原理是：经过特殊设计的虚拟现实监视器能以120～150帧/秒或两倍于普通监视器的扫描频率刷新屏幕，与其相连的计算机向监视器发送RGB信号中含有两个交互出现的、略微有所漂移的透视图。与RGB信号同步的红外控制器发射红外线，立体眼镜中的红外接收器依次控制正色液晶检波器保护器轮流锁定双眼视觉。由此，大脑就记录有一系列快速变化的左、右视觉图像，再由人眼视觉的生理特征将其加以融合，由此产生深度效果，即三维立体画面。检波器保护器的开 / 关时间极短，只有几毫秒，而监视器的刷新频率又很高，因此所产生的立体画面无抖动现象。有些立体眼镜还带有头部跟踪器，能够根据用户的位置变化实时做出反应。

3. 声音设备

声音设备也是一类计算机接口，它把计算机合成的场景声音展现给虚拟世界中的参与者，声音可以是单声道的（两个耳朵听到相同的声音），也可以是双声道的（每个耳朵听到不同的声音），此外，声音设备还包括声音识别装置。

（1）三维声音　三维声音不是立体声的概念，而是由计算机生成的、能由人工设定声源在空间中的三维位置的一种合成声音。这种声音技术不仅考虑到人的头部、躯干对声音反射所产生的影响，还对人的头部进行实时跟踪，使虚拟声音能随着人的头部运动产生相应的变化，从而能够得到逼真的三维听觉效果。

（2）语音识别装置　VR 的语音识别系统让计算机具备人类的听觉功能，使人 - 机能以语言这种人类最自然的方式进行信息交换。根据人类的发声机理和听觉机制，给计算机配上“发声器官”和“听觉神经”，计算机可将参与者所说的话转换为命令流，就像从键盘输入命令一样。

4. 交互设备

虚拟现实系统交互设备主要分为三大类：三维跟踪定位装置、运动捕捉系统和输入设备。三维跟踪定位装置用于测量三维对象位置和方向实时变化的专门硬件设备；运动捕捉是实时测量、记录人体或物体的运动轨迹和姿态，并在三维空间中重建运动体每一时刻运动状态的硬件设备；输入设备作为重要的交互设备，在虚拟环境中完成抓取、移动、控制物体等操作。

（1）数据手套　数据手套设有弯曲传感器，弯曲传感器由柔性电路板、力敏元件、弹性封装材料等组成，把人手姿态准确实时地传递给虚拟环境，而且能够把与虚拟物体的接触信息反馈给操作者。使操作者以更加直接、自然、有效的方式与虚拟世界进行交互，大大增强了互动性和沉浸感。它为操作者提供了一种通用、直接的人机交互方式，特别适用于需要多自由度手模型对虚拟物体进行复杂操作的虚拟现实系统。数据手套本身不提供与空间位置相关的信息，必须与位置跟踪设备配合使用。

（2）力矩球　力矩球（空间球）是一种可提供六自由度的外部输入设备，安装在一个小型的固定平台上。六自由度是指宽度、高度、深度、俯仰角、转动角和偏转角，可以扭转、挤压、拉伸以及来回摇摆，用来控制虚拟场景做自由漫游，或者控制场景中某个物体的空间位置移动方向。力矩球通过装在球中心的几个张力器测量出手所施加的力，并将其测量值转化为三个平移运动和三个旋转运动的值送入计算机中，计算机根据这些值来改变其输出显示。力矩球在选取对象时不是很直观，一般与数据手套、立体眼镜配合使用。

（3）操纵杆　操纵杆是一种可以提供前后左右上下六个自由度及手指按钮的外部输入设备，适合对虚拟飞行器等的控制操作。由于操纵杆采用全数字化设计，所以其精度非常高。操纵杆的优点是操作灵活方便，真实感强，相对于其他设备来说价格低廉。缺点是只能用于特殊的环境，如虚拟飞行。

（4）触觉反馈装置　触觉反馈主要是基于视觉、气压感、振动触感、电子触感和神经肌肉模拟等方法来实现的。相对而言，气压式和振动触感是较为安全的触觉反馈方法。

气压式触摸反馈采用小空气袋作为传感装置，由双层手套组成，其中一个输入手套来测量力，有 20 ~ 30 个力敏元件分布在手套的不同位置，当使用者在 VR 系统中产生虚拟接触的时候，检测出手的各个部位的受力情况。用另一个输出手套再现所检测的压力，手套上也装有 20 ~ 30 个空气袋放在对应的位置，这些小空气袋由空气压缩泵控制其气压，并由计算机对气压值进行调整，从而实现虚拟手套碰触时的触觉感受和受力情况。该方法实现的触觉虽然不是非常的逼真，但是可以获得较好的效果。

振动反馈是用声音线圈作为振动换能装置以产生振动的方法，简单的换能装置就如同一个未安装喇叭的声音线圈，复杂的换能器利用状态记忆合金支撑。当电流通过这些换能装置时，它们都会发生形变和弯曲。可根据需要把换能器做成各种形状，把它们安装在皮肤表面的各个位置，这样就能产生对虚拟物体光滑度、粗糙度的感知。

（5）力觉反馈装置　力觉和触觉实际是两种不同的感知，触觉包括的感知内容更加丰富，如接触感、质感、纹理感以及温度感等；力觉感知设备要求能反馈力的大小和方向，与触觉反馈装置相比，力反馈装置相对成熟一些，已经存在力反馈装置有：力量反馈臂、力量反馈操纵杆、笔式六自由度游戏棒等。其主要原理是由计算机通过反馈系统对用户的手、腕、臂等运动产生阻力从而使用户感受到作用力的方向和大小。

（6）运动捕捉系统　在 VR 系统中，为了实现人与 VR 系统的交互，必须确定参与者的头部、手、身体等位置的方向，准确地跟踪测量参与者的动作，将这些动作实时监测出来，以便将这些数据反馈给显示和控制系统。常用的运动捕捉技术从原理上说可分为机械式、声学式、电磁式和光学式，从技术角度来看，运动捕捉就是要测量、跟踪、记录物体在三维空间中的运动轨迹。

1）机械式运动捕捉。机械式运动捕捉依靠机械装置来跟踪和测量运动轨迹。典型的系统由多个关节和刚性连杆组成，在可转动的关节中装有角度传感器，可以测得关节转动角度的变化情况，根据角度传感器所测得的角度变化和连杆的昂度，可以得出杆件末端点在空间中的位置和运动轨迹。实际上，装置上任何一点的轨迹都可以求出，刚性连杆也可以换成长度可变的伸缩杆。这种方法的优点是成本低、精度高，可以做到实时测量，还可以允许多个角色同时表演，但是使用起来非常不方便，机械结构对表演者的动作的阻碍和限制很大。

2）声学运动捕捉。常用的声学捕捉设备由发送器、接收器和处理单元组成。发送器是一个固定的超声波发送器，接收器一般由呈三角形排列的三个超声波探头组成。通过测量声波从发送器到接收器的时间或者相位差，系统可以确定接收器的位置和方向。这类装置的成本较低，但对运动的捕捉有较大的延迟和滞后，实时性较差，精度一般不是很高，而且声源和接收器之间不能有大的遮挡物，受噪声影响和多次反射等干扰较大。由于空气中声波的速度与大气压、湿度、温度有关，所以必须在算法中做出相应的补偿。

3）电磁式运动捕捉。电磁式运动捕捉是比较常用的运动捕捉设备，一般由发射源、接收传感器和数据处理单元组成。发射源在空间按照一定时空规律发射电磁场；接收传感器安置在操作者沿着身体的相关位置，随着表演者在电磁场中运动，通过电缆或者无线方式与数据处理单元相连。此种方式对环境的要求比较严格，在使用场地附近不能有金属物品，否则会干扰电磁场，影响精度，特别是电缆对使用者的活动限制比较大，对于比较剧烈的运动则不适用。

4）光学式运动捕捉。光学式运动捕捉通过对目标上特定光点的监视和跟踪来完成运动捕捉的任务，常见的光学式运动捕捉大多数基于计算机视觉原理。对于空间中的一个点，只要能同时被两个相机覆盖，则根据同一时刻两个相机所拍摄的图像和相机参数，就可以确定这一时刻该点在空间中的位置。

（7）数据衣　数据衣是为了让 VR 系统识别全身运动而设计的输入装置，是根据数据手套的原理研制出来的。这种衣服装有大量的触觉传感器，穿在身上，衣服里面的传感器能够根据身体的动作探测和跟踪人体的所有动作。数据衣对人体大约 50 个不同的关节进行测量，包括膝盖、手臂、躯干和脚等。通过光电转换，身体的运动信息被计算机识别，反过来衣服也会反作用在身上产生压力和摩擦力，使人的感觉更加逼真。但是，数据衣具有延迟大、分辨率低、作用范围小、使用不便的缺点。另外，数据衣还存在着一个潜在的问题就是人的体型差异比较大。为了检测全身，不但要检测肢体的伸张状况，而且还要检测肢体的空间位置和方向，这需要更大量的空间跟踪器。

6.5.3　增强现实基础

增强现实（Augmented Reality，AR）和虚拟现实是既有联系又有显著区别的两种技术，但却又常常被相提并论。前者提供跟周围环境和场景有着实时联系的文本、符号或图形图像信息，后者则用虚拟环境完全替换真实环境出现在人们的视觉世界。

1. 增强现实技术

增强现实技术最早于 1990 年被明确提出。作为人机交互技术发展的又一个全新方向，增强现实是一种实时计算摄影影像的位置及角度并附加上相应文本、符号或图像的技术，目的是在屏幕上把虚拟世界合成到现实世界并进行互动。

通俗地讲，增强现实就是把计算机产生的虚拟信息实时准确地叠加到真实世界中，将真实环境与虚拟对象结合起来，构造出一种虚实结合的虚拟空间。增强现实技术可以让用户看到一个添加了虚拟对象的真实世界，不仅可以展现真实世界的信息，而且将虚拟的信息同时显示出来，两种信息相互补充、叠加。因此，增强现实介于完全虚拟与完全真实之间，是一种混合现实（Mix Reality，MR）。

如图 6-32 所示，增强现实作为现实环境和虚拟环境沟通的纽带，既可以对虚拟环境进行补充，又增强了现实环境的信息。增强虚拟靠近虚拟环境一端，是指在虚拟三维环境叠加现实场景信息，以增强计算机对于环境的认知能力，以虚拟环境为主，现实场景作为补充。增强现实靠近现实环境一端，是指在真实场景中叠加计算机建模的虚拟场景或信息，以增强人对所处环境的认知能力，这里以现实环境为主，虚拟信息为辅。

图 6-32　现实环境与虚拟环境的统一体

增强现实的主要特征体现在以下三个方面：

（1）虚实结合　增强现实技术是在现实环境中加入虚拟对象，可以把计算机产生的虚拟对象与用户所处的真实环境完美融合，实现对现实世界的增强，使用户体验到虚拟和现实融合带来的视觉冲击，其目标就是使用户感受到虚拟物体呈现的时空与真实世界是一样的，做到虚中有实，实中有虚。

（2）实时交互　增强现实中的虚拟元素可以通过计算机控制，实现与真实场景的互动融合。虚拟对象可以随真实场景的物理属性变化而变化，增强的信息不是独立出来的，而是与用户当前状态融为一体。其次，实时交互是用户与虚拟元素的实时互动。也就是说，不管用户身处何地，增强现实都能够迅速识别现实世界的事物，在设备中进行合成，并通过传感技术将可视化信息反馈给用户。

（3）三维注册　三维注册是指计算机观察者确定视点方位，从而把虚拟信息合理叠加到真实环境中，以保证用户可以得到精确的增强信息。三维注册的原理是根据用户在真实三维空间中的时空关系，实时创建和调整计算机生成的增强信息。信息的精准性取决于传感器在真实世界获取的信息，借助三维注册技术实时显示在终端的正确位置上，从而增强用户的视觉感受。

2. AR 与 VR 的联系与区别

可以说，增强现实是从虚拟现实发展起来的，两者联系非常密切，均涉及计算机视觉、计算机图形学、图像处理、多传感器技术、显示技术、人机交互技术等领域。两者有很多相似点，两者之间的联系简单归纳如下：

（1）两者都需要计算机生成相应的虚拟信息　虚拟现实看到的场景和人物均是虚拟的，是把人的意识带入一个虚拟的世界，使用户完全沉浸在虚构的数字环境中。增强现实看到的场景和人物一部分是虚拟的，一部分是真实的，是把虚拟的信息带入到现实世界中。因此，两者都需要计算机生成相应的虚拟信息。

（2）两者都需要用户使用显示设备　VR 和 AR 都需要使用者使用头盔显示器或者类似的显示设备，才能将计算机产生的虚拟信息呈现在使用者眼前。

（3）用户都需要与虚拟信息进行实时交互　不管是 VR 还是 AR，用户都需要通过相应设备与计算机产生的虚拟环境或对象进行实时交互。

尽管 AR 与 VR 具有不可分割的联系，但是两者之间的区别也是显而易见的，主要体现在以下四个方面：

（1）对于沉浸感的要求不同　VR 系统强调用户在虚拟环境中的完全沉浸，强调将用户的感官与现实世界隔离，由此而沉浸在一个完全由计算机构建的虚拟环境中。与 VR 不同，AR 系统不仅不与现实环境隔离，而且强调用户在现实世界的存在性，致力于将计算机产生的虚拟环境与真实环境融为一体，从而增强用户对真实环境的理解。

（2）对于“注册”的意义和精度要求不同　在 VR 系统中，注册是指呈现给用户的虚拟环境与用户的各种感官匹配，主要是消除以视觉为主的多感知方式与用户本身感觉之间的冲突。而在 AR 系统中，注册主要是指将计算机产生的虚拟物体与真实环境合理对准，并要求用户在真实环境的运动过程中维持正确的虚实对准关系。较大误差不仅会使用户不能从感官上相信虚拟物体与真实环境融合为一体，还会改变用户对周围环境的感觉，严重误差甚至还会导致完全错误的行为。

（3）对于系统计算能力的要求不同　在 VR 系统中，要求使用计算机构建整个虚拟场景，并且用户需要与虚拟场景进行实时交互，系统的计算量非常大。而在 AR 系统中，只是对真实环境的增强，不需要构建整个虚拟场景，只需对虚拟物体进行渲染处理，完成虚拟物体与真实环境的配准，对于真实场景无须过多处理，因此，计算量大大降低。

（4）侧重的应用领域不同　VR 系统强调用户在虚拟环境中感官的完全沉浸，利用这一技术可以模仿许多高成本、高危险的真实环境。因此，VR 主要应用在娱乐和艺术、虚拟教育、军事仿真训练、数据和模型的可视化、工程设计、城市规划等方面。AR 系统是利用附加信息增强使用者对真实世界的感官认识，因此，AR 应用侧重于娱乐、辅助教学与培训、军事侦察及作战指挥、医疗研究与解剖训练、精密仪器制造与维修、远程机器人控制等领域。

总之，AR 相比 VR，优势主要在于较低的硬件要求、更高的注册精度，以及更具真实感。

3. 增强现实核心技术

增强现实的核心技术主要有显示技术、三维注册技术、标定技术，另外还包括人机交互技术、虚实融合技术等。

（1）显示技术　增强现实的目的就是通过虚拟增强信息与真实场景的融合，使用户获得丰富的信息和感知体验。虚实融合后的效果要想逼真地展示出来，必须要有高效率的显示技术和显示设备。目前，可以把增强现实的显示技术分为以下几类：头盔显示器显示、手持显示器显示和投影显示器显示。

1）头盔显示器显示。增强现实头盔显示器（HMD）是透视式的，透视式头盔显示器分两种：视频透视式（Video See Through，VST）显示器和光学透视式（Optical See Through，OST）显示器。

视频透视式显示器通过一对安装在用户头部的摄像机摄取外部真实场景的视频图像，并将该视频图像和计算机生成的虚拟场景叠加在视频信号上，从而实现虚实场景的融合，最后通过显示系统将虚实融合后的场景呈现给用户。视频透视式显示器具有景象合成灵活、视野较宽、注册误差小、注册精度高等优点。

光学透视式头盔显示器通过一对安装在眼前的光学融合器完成虚实场景的融合，再将融合后的场景呈现给用户。光学融合器是部分透明的，用户透过它可以直接看到真实的环境。光学融合器又是部分反射的，用户可以看到从头上戴的监视器反射到融合器上产生的虚拟图像。光学透视式显示技术的缺点是虚拟融合的真实感较差，因为光学融合器既允许真实环境中的光线通过，又允许虚拟环境中的光线通过，因此计算机生成的虚拟物体不能够完全遮挡住真实场景中的物体。但是，它具有结构简单、价格低廉、安全性好、分辨率高以及不需要视觉偏差补偿等优点。

2）手持显示器显示。手持显示器是一种平面 LCD 显示器，它的最大特点是易于携带。其应用不需要额外的设备和应用程序，因此广泛地被社会所接受，经常被用于广告、教育和培训等方面。

目前常用的手持式显示器设备包括智能手机、PDA 等移动设备。手持式显示器克服了透视式头盔显示器的缺点，避免了用户佩戴头盔带来的不适感，但是它的沉浸感也较差。

AR在手持设备中的应用主要分为两种：一种是定位服务（Location-Based Services，LBS），当用户将其对准某个方向时，软件会根据卫星导航系统、电子罗盘的定位等信息，显示给用户面前环境的详细信息，并且还可以看到周边房屋出租、酒店及餐馆的相关信息等。另外一种主要是与各种识别技术相关，如用人脸识别技术确认镜头前人的具体身份，再通过互联网获得该人的更多信息，并显示在手持设备屏幕上。

3）投影显示器显示。投影显示器显示技术是将由计算机生成的虚拟信息直接投影到真实场景上进行增强。基于投影显示器的增强现实系统可以借助于投影仪等硬件设备完成虚拟场景的融合，也可以采用图像折射原理，使用某些特点的光学设备实现虚实场景的融合。

在实际应用中，显示设备的选用主要依据使用环境和任务而定。一般来说，头盔显示器受环境约束小，室内户外均可使用，设备价格适中、沉浸感较好。非头盔式的显示设备一般成本较高，使用性能稳定、寿命较长，而且避免了佩戴头盔式显示设备的不适和疲劳感。

（2）三维注册技术　三维注册技术是决定AR系统性能优劣的关键技术。为了实现虚拟信息和真实环境的无缝结合，必须将虚拟信息显示在现实世界中的正确位置，这个定位过程就是注册（Registration）。

三维注册技术所要完成的任务是：实时检测用户头部的位置以及方向，根据检测的信息确定所要添加的虚拟对象在摄像机坐标系下的位置，并将其投影到显示屏的正确位置。三维注册需要将虚拟的信息实时动态地叠加到增强的真实场景中，做到无缝融合，AR系统必须实时地检测摄像头的位置、角度及运动方向，帮助系统决定显示虚拟信息，并按照摄像头的视场建立坐标系，此过程可称为跟踪（Tracking）。

衡量一个AR系统的跟踪注册技术性能的优劣，主要通过以下性能指标：精度（无抖动）和分辨率、响应时间（无延迟）、鲁棒性（不受光照、遮挡、物体运动的影响）和跟踪范围。在增强现实应用中的跟踪注册系统应该具有高精度、高分辨率、时滞短和大范围等特性。在目前的AR系统中，三维注册技术可以分为三类：基于硬件跟踪设备的注册技术、基于视觉跟踪的注册技术和基于混合跟踪的注册技术。

（3）标定技术　在AR系统中，虚拟物体和真实场景中的物体的对准必须十分精确。当用户观察的视角发生变化，虚拟摄像机的参数也必须与真实摄像机的参数保持一致。同时，还要实时地跟踪真实物体的位置和姿态等参数，对参数不断地进行更新。在虚拟对准的过程中，AR系统中的内部参数，如摄像机的相对位置和方向等参数始终保持不变，因此需要提前对这些参数进行标定。

一般情况下，摄像机的参数要进行实验与计算才能得到，这个过程就被称为摄像机标定。换句话说，标定技术就是确定摄像机的光学参数、集合参数、摄像机相对于世界坐标系的方位以及与世界坐标系的坐标转换，所包含的内容涉及摄像机、图像处理技术、摄像机模型和标定方法等。

4．移动增强现实技术

随着移动智能终端的发展，移动技术与增强现实技术逐步融合，由此出现的移动增强现实技术也开始引人注目。移动增强现实（Mobile Augmented Reality，MAR）是指增强现实技术在手持设备上的应用。除了需要具备传统增强现实的虚实结合、实时交互和三维注册的特点，MAR 还要具备较高的自由移动性，它不会受到环境因素的制约，而被固定在特定的范围内应用。

（1）移动增强现实　传统的增强现实系统在使用和操作上有许多缺点，如成本高、易损坏以及难以维护等，对使用的环境要求相对严格，如果离开特定的地点，系统就无法正常应用。而移动增强现实拓宽了增强现实的使用范围，具有可自由移动性，使用更加方便灵活。MAR 技术结合常用的移动设备（如智能手机等）可以使用户很方便地获取各种信息。例如，游览毁坏的名胜古迹时，只要用户携带的手机上安装了特定的增强现实 APP，就可以将手机摄像头对准废墟，游客就会在屏幕上看到虚拟的复原后的古迹全貌。

随着移动互联网、物联网的发展，增强现实技术，尤其是移动增强现实技术成为了一个炙手可热的新兴领域，有着巨大的市场价值。

（2）移动增强现实体系构架　移动增强现实系统由硬件和软件两大部分构成。硬件部分主要包括显示载体、人机交互设备和硬件计算平台。

显示载体将真实环境和计算机所生成的虚拟对象以及文字同时进行显示，如单兵作战系统中的头盔显示器、用户手持的智能手机、平板计算机等。人机交互设备可以了解用户的意图和需求，采用语音识别、身体动作跟踪、眼动跟踪等多种交互手段。硬件计算平台用来完成融合显示、虚拟物体的绘制以及人机交互等一系列的复杂运算。

除了硬件之外，还需要软件的支撑，软件部分主要包括识别和跟踪软件和三维图形渲染绘制软件等。识别和跟踪软件识别出用户所看到的场景中的物体类型、具体位置、姿态等信息。三维图形渲染绘制软件把虚拟的三维物体进行实时绘制和融合，并显示出来。

移动增强现实系统架构通常采用客户端 / 服务器模式，如图 6-33 所示。系统的工作流程分为以下几个部分：

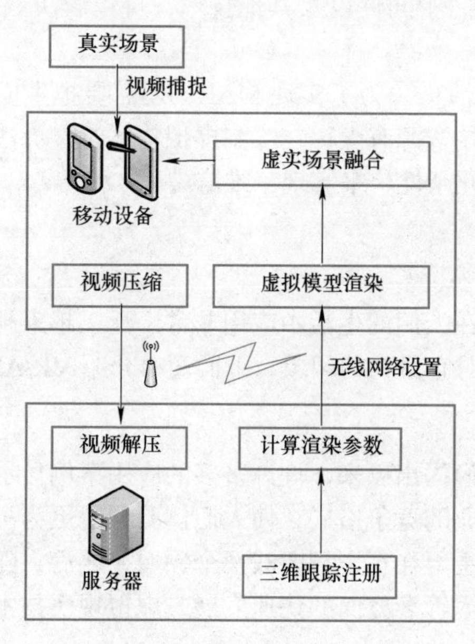

图 6-33　移动增强现实系统架构

1）移动终端通过摄像头获取真实场景中的视频信息。

2）无线网络设备将获取的视频信息传送给服务器。

3）服务器根据接收到的真实场景信息，结合其他注册设备实现三维注册，并根据注册结果计算出虚拟对象模型的渲染参数。

4）将渲染参数借助无线网络传送给移动终端设备。

5）移动终端根据渲染参数进行虚拟场景的渲染绘制，并叠加到真实场景中，实现虚实融合。

6）将增强后的场景图像信息以可视化的形式显示在移动终端上。

（3）移动增强现实的核心技术　增强现实的三个核心技术即显示技术、三维注册技术和标定技术。在此基础上，移动增强现实由于其高度移动和灵活的特点，其实现还必须包括以下几项技术。

1）便携高效的终端定位系统。当用户携带智能手机时，利用移动网络对用户进行粗略定位，记录用户在网络中的运动轨迹，在服务器端可以对用户当前的位置进行相对精确的估计。

2）移动计算平台。为了实现移动增强现实系统，要完成较复杂的运算，如对用户位置的跟踪、渲染、绘制等，这些任务要在移动终端和系统的服务器中进行协调，目前的做法是把一部分工作放在手机端实现，而另外一部分的复杂运算则由服务器实现。

3）海量目标的精确识别。为了在海量的物体中识别出想要的物体，可以通过提取对象的纹理及轮廓特征等信息来辨识。单一的特征很难实现对象的准确识别，在移动增强现实系统中，一般通过多特征融合进行物体的识别，只有这样才能够更加准确地对目标加以识别和描述。

4）数据存储与访问技术。当人们站在某条街道上，希望获得附近酒店或者餐厅的相关信息时，如何花费最少的精力最大限度地获取这些信息，并压缩这些信息是用户最关心的。因此，通过数据库、中间件以及其他技术，可以解决数据和服务的管理和访问的问题。

5）高效、真实的 3D 渲染。为了实现 MAR，还需要把生成的三维物体准确地绘制到真实场景中，由于移动终端资源有限，在绘制虚拟物体时，算法应尽可能简化。另外，还可以通过简化传输数据的冗余性，来实现三维渲染。

6.5.4 VR/AR 应用

虚拟现实和增强现实在人们的生活中应用非常广泛，越来越多的行业和领域与之相融合，早就已经颠覆了人们对它最初的印象，下面简单介绍 VR/AR 的主要应用场景和案例。

1. 虚拟现实应用

自虚拟现实技术被人们提出以来，许许多多的应用案例显示出这项技术的强大动力和无限魅力，改变了各行各业的竞争格局，使人们体验到了更为沉浸、更具互动性的时尚生活。虚拟现实早期的应用主要在军事和游戏两个领域，之后，随着网络技术、计算机图形学、仿真技术以及漫游技术等多方面的快速发展，虚拟现实技术已经被广泛地应用到了各个领域。

（1）军事应用　在军事方面，虚拟现实的最初应用是模拟真实环境训练飞行员。飞行员在模拟器中的感觉与在真的飞机上一样，除具备模拟飞行环境的图形画面外，还拥有声音和触感，以及与真实飞机一样的仪表设备。不但能训练飞行员以正常方式操纵和控制飞机，还能处理虚拟现实中飞机以外的各种情况，如导弹的发射轨迹等。即使操作失误既不会危及生命，也不会损坏飞机。而且，在模拟真实的山川地貌、海洋湖泊等的虚拟作战环境中，可以让众多军事单位参与到模拟作战中来，而不受地域的限制，大大提高了战役训练的效益。另外，虚拟现实技术还可以用来评估武器系统的总体性能，启发新的作战思想以及新式武器的研发思路。战争期间，由于虚拟现实技术能将无人机拍摄到的场景立体化，士兵可以通过眼镜、头盔等操控无人机进行侦察和刺杀任务，可大大减小士兵的伤亡。

（2）游戏应用　从单机游戏到网络游戏，从主机游戏到掌机游戏、手机游戏，新的游戏创意层出不穷，VR/AR 乃至 MR 游戏的出现给游戏行业带来了重大变革。虚拟游戏包括家庭中的游戏机和各种公共场所的游戏设施，玩家通过控制鼠标、手柄、键盘等输入设备或体感技术（Somatosensory technology），将动作传送到游戏主机，主机对虚拟游戏界面进行处理后做出回应，再通过输出设备显示在游戏的界面（电视屏幕、投影幕、头盔显示器等）中，使玩家感知到回馈信息，并做出相应的决策。体验过虚拟游戏的玩家被虚拟游戏技术带给他们的沉浸感深深震撼，能最大限度地还原真实体验，使玩家完全投入到游戏当中。目前基于虚拟现实技术的游戏有驾驶型游戏、作战型游戏、探险型游戏、智力型游戏等。

（3）教育应用　如今，虚拟现实技术已经成为促进教育发展的一种新型教育手段。传统的教育只是一味地给学生灌输知识，而利用虚拟现实技术可以帮助学生打造生动、逼真的学习环境，使学生通过真实感受来增强记忆，相比于被动性灌输，利用虚拟现实技术来进行自主学习更容易让学生接受，这种方式更容易激发学生的学习兴趣。此外，利用虚拟现实技术还可以建立与学科相关的虚拟实验室，帮助学生随时随地更方便地动手实践。

（4）设计应用　虚拟现实技术在设计领域也有所成就，如室内设计，人们可以利用虚拟现实技术把室内结构、房屋外形通过虚拟技术表现出来，使之变成可以看得见的物体和环境。同时，在设计初期，设计师可以将自己的想法通过虚拟现实技术模拟出来，在虚拟环境中预先看到室内的实际效果，这样既节省了时间，又降低了成本。

（5）医学应用　医学专家们在虚拟空间中模拟出人体组织和器官，让学生在其中进行模拟操作，并且能让学生感受到手术刀切入人体肌肉组织、触碰到骨头的感觉，使学生能够更快地掌握手术要领。主刀医生们在手术前，也可以建立一个病人身体的虚拟模型，在虚拟空间中先进行一次手术预演，这样能够大大提高手术的成功率。

（6）娱乐社交应用　在影视方面，虚拟现实技术的影视作品能够实现大屏幕全视域，搭配立体声光效果，为观众提供“身临其境”的感受。虚拟现实技术不仅能创造出虚拟环境，而且还能创造出虚拟主持人、虚拟歌星、虚拟演员。另外，利用虚拟现实技术还可构建虚拟的三维立体旅游环境，使游客足不出户就能在三维立体的虚拟环境中游览世界各地的风光美景，形象逼真，细致生动。

2．增强现实应用

与 VR 相比，增强现实应用的范围更加广泛。VR 具有沉浸式的特点，因此也同时遮挡了用户对外界环境的感知。然而，AR 系统并没有将用户与外界环境隔离开，它使用户既可以感知到虚拟对象，同时也能够感知到外部真实环境。近年来，增强现实技术的应用也已经覆盖了众多领域，如娱乐、教育、产品装配及维修、军事、医疗等。

（1）娱乐领域　增强现实技术的发展，极大地影响了娱乐领域。娱乐的形式可以是多元化的，如电视、游戏、电影等。增强现实技术可以产生立体的虚拟对象，使得各种各样的娱乐形式拥有了与众不同的体验。

例如，增强现实经常被用于体育比赛的电视转播中。在橄榄球比赛电视转播中，利用 AR 技术，可以实时显示第一次进攻线的具体位置，让观众了解到需要多远的距离才能够获得第一次进攻权。在转播中，场地、橄榄球和运动员都是真实存在的，而黄线（第一次进攻线）则是虚拟的。通过增强现实技术，将黄线完美地融合到真实场景中。

（2）教育领域　AR 技术可以为学习者提供一种全新的学习工具，它不仅可以为师生提供一种面对面的沟通与合作平台，而且还可以让学生更加轻松地理解复杂概念，更加直观地观察到现实生活中无法观察到的事物及其变化。

例如，利用增强现实技术可以创设虚拟校园，三维的虚拟校园更加直观生动。除了校园导航的功能，校园对外形象宣传、招生宣传等功能都可以应用到虚拟校园中。在增强的内容上可以添加一些校园目前不存在的对象，或未来可能发展的建筑等。当用户戴上头盔显示器走在真实的校园里，将看到一个增强之后的校园环境，包括校园原来的面貌，也包括校园未来的样子。

（3）装配检验与维修领域　AR 已经在复杂仪器和机械设备的组装、维护和检修领域起到了示范作用。传统情况下，机械维修工人如果想要确定故障的位置，并且在短时间内解决这个故障是非常困难的，有时甚至需要去查阅内容复杂的技术手册，极大地降低了工作效率。

通过与增强现实技术的结合，机器部件的结构图可以作为虚拟对象被生动、直观地表示出来，并与真实环境融合在一起。当机械维修工人戴上头盔显示器时，可以看到他们正在修理的机器增强后的信息，这些信息可能是机器内部组件，也可能是维修的步骤等。因此，AR 可极大地提高工作效率和质量。

（4）军事领域　最近几年，增强现实技术已被应用在军事领域的多个方面，并发挥着巨大的作用。AR 在军事领域的应用主要体现在军事训练、增强战场环境及作战指挥等各个方面。

增强现实为部队的训练提供了新的方法。例如，通过增强后的军事训练系统，可以给军事训练提供更加真实的战场环境。士兵在训练时，不仅能够看到真实的场景，而且可以看到场景中增强后的虚拟信息。此外，部队还可以利用 AR 来增强战场环境信息，把虚拟对象融合到真实环境中，可以让战场环境更加形象。另外，增强现实也已经应用于作战指挥系统中，通过 AR 作战指挥系统，各级指挥员共同观看并讨论战场，最重要的是还可以与虚拟场景进行交互。

（5）医疗诊断领域　AR 技术可以用在手术导航、虚拟人体解剖、手术模拟训练等方面，医生还可以对外科手术进行可视化辅助操作及训练。

借助于表面感应器（如 CT、MRI）可实时地获取病人的三维数据信息，并实时绘制相应的图像，然后将绘制好的图像融合到对病人的观察中。此外，增强现实技术还用于虚拟手术模拟、虚拟人体解剖图、虚拟人体功能、康复医疗以及远程手术等领域。借助增强现实系统，医生不仅能够对病人的患病部位进行实时检查，而且还可以获得患病部位的具体细节信息，对手术部位进行精确定位。

（6）遗产保护等领域　增强现实系统在其他方面的应用也颇为热门。例如，在古迹复原和文化遗产保护领域的应用，用户可以借助头盔显示器，看到对文物古迹的解说，也可以看到虚拟重构的残缺遗址。在旅游展览领域，人们在参观展览时，通过 AR 技术可以接收到与建筑相关的其他数据资料。在市政建设规划领域，通过 AR 技术可以将规划效果叠加到真实场景中直接获得规划效果，根据效果做出规划决策。在电视转播领域，通过 AR 技术可以在转播体育赛事时实时地将与赛事有关的辅助信息叠加到画面上，使观众获取到更多信息。另外，增强现实技术还广泛应用在了广告、营销等商业领域。

3. 移动增强现实应用

目前，移动增强现实已经覆盖了众多领域，如电子商务、教学培训、导航以及商业广告等多方面。

（1）电子商务应用　例如，虚拟购物超市，当消费者想要购买某种商品的时候，消费者只需要用手机拍摄物品，然后再发送给服务商，稍后服务商就可以将消费者购买的物品直接送上门。

（2）导航领域应用　在导航软件上应用增强现实技术，用户可以在前方道路上看到叠加后的方向和路况信息，可以得到实时驾驶指引。

（3）教学培训应用　移动设备上安装相关 APP 后，在化学、地理等科目学习中可利用移动增强现实技术，对三维的分子结构或空间星系进行增强，以加强学生对这些知识的理解。

近年来，移动增强现实在古迹重建方面也有应用，例如，当游客去圆明园游览时，借助移动增强现实技术可以看到圆明园被烧毁之前的样子。在商业和广告领域，移动增强现实技术可以提高大众对商品的关注度，也可借助移动增强现实技术对旅游和餐饮等行业进行更好的宣传。

6.6　知识图谱与应用

图画作为人类最早期的叙事方式，在人类文明出现以前便跨越语言、文字的障碍，成为史前文明时代最重要的交流方式。历史总是惊人的相似，几千年以后的今天，图像再次成为人类最重要的信息与知识来源。近几年来知识图谱越来越被人们所认知，成为众多学者的研究热点。知识图谱（Knowledge Graph），在图书情报界被称为知识域可视化或知识领域映射地图，是显示知识发展进程与结构关系的一系列各种不同的图形，用可视化技术描述知识资源及其载体，挖掘、分析、构建、绘制和显示知识及它们之间的相互联系。

6.6.1　知识图谱基础

知识图谱本质上是一种大型的语义网络，旨在描述客观世界的概念实体事件及其之间的关系。知识图谱以实体概念为节点，以关系为边，提供了一种关系的视角来观察、理解世界。

1. 知识图谱发展与定义

知识图谱是一种用图模型来描述知识和建模世界万物之间的关联关系的技术方法，它由节点和边组成，节点可以是实体，如一个人、一本书等，或是抽象的概念，如人工智能等。边可以是实体的属性，如姓名、书名，或是实体之间的关系，如朋友、同事。知识图谱的早期理念来自于 Semantic Web（语义网），这一理念的最初想法是把基于文本链接的万维网转换成基于实体链接的语义网，知识图谱可以看作是 Semantic Web 的一种简化后的商业实现，如图 6-34 所示。

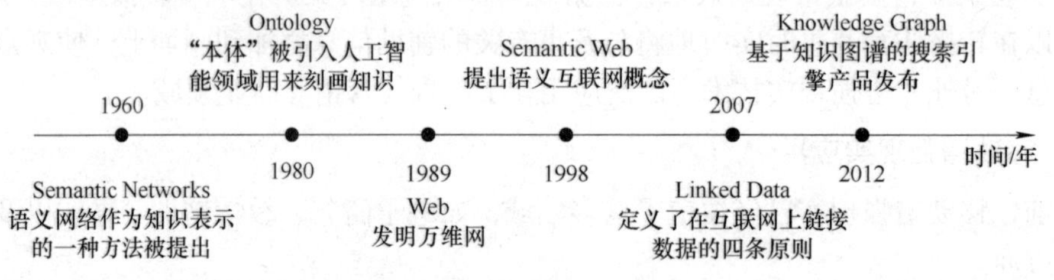

图 6-34 从语义网络到知识图谱

根据国内外学者对知识图谱的概念的不同论述，按照表述的重点可以将其划分为四种类型（见表 6-4）。第一种是知识发现说，认为知识图谱研究的目标是使知识结构更加清晰，为研究者寻找知识和解决问题提供便利，并没有特别强调知识图谱的表现方式。第二种是图形说，认为知识图谱是一种图形，这种图形可以揭示知识发展的历程及知识的结构关系，其侧重于表达，图形是知识图谱的重要表现形式。第三种是方法说，认为知识图谱是一种研究方法，其目标是用可视化的图谱形象地揭示科学发展进程和结构关系。第四种是图形说 + 方法说，把第二种和第三种观点结合在一起。

表 6-4 不同类型知识图谱概念

概念类型	概念描述
知识发现说	科学知识图谱是将传统的文献计量方法与现代的文本挖掘，与复杂网络、数学、统计学、计算机科学方法以及可视化技术等有机地整合在一起的一种综合分析科学发展的知识发现方法
图形说	科学知识图谱是一种以科学知识为计量研究对象，将复杂的科学知识领域通过数据挖掘、信息处理、知识计量和图形绘制的图形，以可视化的方式显示科学知识的发展进程与结构关系，揭示科学知识及其活动规律，展现知识结构关系与演进规律
方法说	科学知识图谱是把应用数学、计算机科学、科学学、信息科学等学科的理论和方法与科学计量学引文分析、共现分析、社会网络分析等方法结合，用可视化的图谱形象地揭示科学发展进程和结构关系的一种研究方法
图形说 + 方法说	知识图谱在图书情报界也称为知识域可视化或知识领域映射地图，是显示知识发展进程与结构关系的一系列各种不同的图形，用可视化技术描述知识资源及其载体，挖掘、分析、构建、绘制和显示知识及它们之间的相互联系。具体来说，知识图谱是把应用数学、图形学、信息可视化技术、信息科学等学科的理论与方法和计量学引文分析、共现分析等方法相结合，用可视化的图谱形象地展示学科的核心结构、发展历史、前沿领域以及整体知识架构的多学科融合的一种研究方法

不同类型知识图谱的定义，虽然侧重点有所区别，但基本形成了一些共识：

1）知识图谱的研究对象是知识及其所依附的载体（如期刊论文、学术专著、学位论文、专利等）。

2）知识图谱研究的主要目标是揭示知识发展的过程及知识结构。

3）知识图谱的研究结果要以可视化的方式展现。

4）知识图谱是一个跨学科的研究领域，其核心是科学计量学，研究过程中需要应用到数学、计算机科学、社会学、信息科学等不同学科的理论和方法。

2. 知识图谱概念辨析

为了更好地理解知识图谱的内涵，明晰其研究的边界，下面对知识图谱与知识地图、信息可视化和知识可视化之间的关系进行辨析。

（1）知识图谱与知识地图　知识地图的概念主要是指人类的客观知识，人类的知识结构可以绘制成各个单元概念为节点的学科认识图。正如许多概念一样，一些专家和学者分别从不同的角度提出了知识地图的概念，综合不同定义的内涵，可以将其划分为五种类型：知识指南与目录说、知识管理工具说、知识导航系统说、知识分布图说、关系说。

知识指南与目录说认为知识地图是一种知识的指南与目录，显示哪些资源可以利用，而非知识库的内容。知识管理工具说认为知识地图是一种帮助用户知道在何处能找到知识的知识管理工具。知识导航系统说认为知识地图是对隐性知识和显性知识的导航工具，解释说明知识流如何贯穿在整个组织或企业中。知识分布图说认为知识地图就是组织或企业知识资源的总分布图，具体包括组织或企业知识资源的总目录及各知识点间的关联，以及人员专家网络。关系说认为知识地图是可视化地显示获得的信息及其相互关系，促使不同背景下的使用者在各个具体层面上进行有效的交流和学习知识。

另外，也有学者提出隐性知识地图的概念，认为知识地图的本质在于“使得知识创新主体（知识需求者）找到解决某项特定问题的方法（答案）”。因此，它的建构应该是“问题”导向的，而不是“知识”特别是“显性知识”导向的。

综合上述观点，知识图谱与知识地图的区别和联系可以概括为以下几点：

1）知识图谱主要是以一个学科或一个主题的知识（显性知识）为研究对象，而知识地图多以一个组织（尤其是企业）的知识资源（包括显性知识和隐性知识）为研究对象。

2）知识图谱研究的主要目标是揭示科学知识的发展及科学结构，而知识地图的研究目标是帮助管理者实现组织或企业的知识管理，最终实现员工的知识交流与共享。

3）知识图谱的研究者的主力军在科学计量学领域，其研究成果对科技管理和科研管理有重要价值。而知识地图的研究者主要来自知识管理领域，其研究成果在组织或企业知识管理方面有较为广泛的应用前景。

4）知识图谱和知识地图都是跨学科的研究领域，其研究理论和方法的来源有一些相同的学科，如社会网络分析、计算机科学、数学、图书情报学等。知识图谱和知识地图在构建流程、实现工具和应用领域等都有一些交叉的地方。

5）有些学者对学术知识地图研究，从研究对象、研究目标和研究方法等角度看，其与知识图谱研究是重合的，如有的研究者是从学科或主题角度来构建学术知识地图，实际上称之为学科知识图谱也是可以的。

（2）知识图谱与信息可视化　所谓信息可视化（Information visualization）是指利用计

算机实现对抽象数据的交互式可视表示，来增强人们对这些抽象信息的认知。从国内研究资料可以看出，无论是知识图谱的研究领域还是知识图谱与信息可视化的概念描述，都可以发现两者之间也应该是一种交叉关系。两者的区别和联系主要体现在以下三个方面：

1）知识图谱的研究对象相对单一，它是以知识资源为原材料，而信息可视化的研究对象则非常丰富，它可以是数据库中的结构化数据，也可以是文本、图等信息单元。

2）信息可视化的理论、方法及工具是知识图谱研究的重要依托，知识图谱的研究反过来也可以丰富信息可视化研究的内容，并为信息可视化研究提供许多新的研究课题。

3）知识图谱的应用相对较窄，主要是服务于科研人员、科研管理部门管理者或图书馆等信息资源加工者。而信息可视化应用领域非常广泛，在不同的应用领域都有与之相对应的可视化模式和方法。

（3）知识图谱与知识可视化　在数据到信息，再到知识的过程当中，数据的价值不断地体现出来。在大数据时代，拥有的数据越来越多，其中所包含的信息也越来越丰富，新知识的产生也就有了一个非常坚实的基础。

也正是由于数据、信息和知识三者这种相互转换的关系，在可视化的发展过程中，也经历了一个从数据可视化到信息可视化，再到知识可视化的过程。目前，知识可视化的研究主要集中在教育学、图书情报学、计算机科学和医学等学科。从各学科研究成果来看，知识图谱与知识可视化两个研究领域也存在一定的交叉，但两者又存在一定的差别，两者的区别和联系主要体现在以下四个方面：

1）两者的研究对象都是知识，但知识图谱研究较多的是科学知识，并以承载科学知识的载体的相关信息的挖掘较多。而知识可视化的研究对象要更加丰富，它还包括了在课程教学中学生所要学习和掌握的知识。在学科知识方面，两者是重合的。

2）知识图谱研究的重点是通过可视化的方式展示科学知识的内容、结构及其演化过程。而知识可视化是利用可视化技术将抽象复杂的知识转化为形象的易于被认知接受的视觉图像，能够减少认知负荷，便于知识的理解、传递和创新。

3）知识图谱和知识可视化都是跨学科的研究领域。它们都需要用到数学、计算机科学、统计学等学科的相关理论与方法。目前，国内知识图谱研究以科学学和图书情报学两个学科研究队伍为主导，而知识可视化的研究是以教育学的研究者为主导，其他学科的研究力量相对较弱。

4）知识可视化的理论与方法对知识图谱的研究有一定的支撑作用，而知识图谱的研究也会影响到知识可视化的研究。相对于信息可视化，知识可视化与知识图谱的研究交集更大，其联系也更加紧密。

3. 知识图谱类型

近年来，不管是学术界还是工业界都纷纷构建自身的知识图谱，按应用来划分，主要可以分为两大类：

一是通用知识图谱，又称为开放领域知识图谱。通俗讲就是大众版，没有特别深的行业知识及专业内容，一般是解决科普类、常识类等问题。

二是领域知识图谱，又称为特定垂直领域知识图谱，也可称为行业知识图谱。通俗讲就是专业版，根据对某个行业或细分领域的深入研究而定制的版本，主要是解决某个行业或细分领域的专业问题。

在国内，代表性的通用知识图谱包括搜狗知立方（整合海量的互联网碎片化信息的知识库搜索产品）、百度知心（侧重于深度搜索和实体推荐的中文知识图谱，已有教育、医疗、游戏等多个知识集群）、Zhishi.me（融合了百度百科、互动百科、中文维基的知识图谱）、OpenKN（实体与关系来自于网页、百科、核心词汇）、CN-Dbpedia（从纯文本页面中提取实体和关系）等。国外有代表性的通用知识图谱包括 WordNet（名词、动词、形容词和副词之间的关系）、DBpedia（包含人、地点、音乐、电影、组织机构、物种、疾病等实体和关系）、Freebase（采用社区成员协作方式来构建）、YAGO（实体分类体系并增加时间和空间维度的属性描述）、Probase（基于概率化构建的知识库）、Knowledgevault（通过机器学习算法把自动搜集到的网上信息变成可用知识）等。近年来，在一些领域已经出现面向领域的知识图谱，包括电影领域的 IMDB、生物医学领域的 DrugBank、新闻领域的 ECKG、学术领域的 Acemap 等。

通用知识图谱和领域知识图谱的区别主要体现在知识建模与覆盖范围：

1）通用知识图谱面向通用领域，以常识性知识为主，其构建过程高度自动化，通常采用自底向上的方式来构建。其关联的知识大多数是静态的、客观的、明确的三元组事实性知识。一般以互联网开放数据为基础，再逐步扩大数据规模。

2）领域知识图谱面向某一特定领域，以行业数据为主，其构建过程是半自动化的，通常采用自顶向下与自底向上两种相结合的方式来构建。其关联的知识包含静态知识和动态知识。

此外，从图谱构建的具体子过程来看，通用知识图谱和领域知识图谱还存在以下区别：

1）从知识抽取角度来看，通用知识图谱注重知识的广度，覆盖粗粒度的知识。其在实体抽取层面，关注更多的实体，准确度不高；在关系抽取层面，多采用面向开放域的关系抽取。领域知识图谱注重知识的深度，覆盖细粒度的知识。其在实体抽取层面，关注具有特定行业意义的领域数据，准确度高；在关系抽取层面，多采用预定义关系抽取。

2）从知识表示角度来看，通用知识图谱将知识表示成多个互相关联的三元组。例如，（实体 1，关系，实体 2）或（实体，属性，属性值），各部分之间有明确的层次结构。领域知识图谱除了将知识表示为多个互相关联的三元组之外，还需要对专家经验知识、行业文本的语义信息进行表示。

3）从知识融合角度来看，通用知识图谱对知识抽取的质量有一定的容忍度，需要通过知识融合来提升数据质量。领域知识图谱从领域内部的结构化数据、半结构化数据、非结构化数据中抽取知识，并且有一定的人工审核校验机制来保证质量，需要通过知识融合来扩大数据层的规模。

4）从知识推理角度来看，由于通用知识图谱的知识覆盖范围较宽，深度较浅，从而导致图谱上的推理路径相对较短。而领域知识图谱的知识相对密集，这就导致图谱上的推理路径相对较长。当然，也存在一些特殊情况，例如，DBpedia 具有丰富的推理规则，推理路径比某些只有少量推理规则的领域知识图谱长。另外，推理路径上的区别体现在上层本体和垂直本体的比较上。

5）从图谱应用角度来看，通用知识图谱主要应用在信息搜索和自动问答等方面。领域知识图谱的主要应用除了上述方向，还包括决策分析、业务管理等。

通过上述通用知识图谱和领域知识图谱的比较，可以发现两者在构建过程中存在很多区别。但是，在实际的工程实践中，两者之间也存在着较强的联系。例如，构建领域知识图谱需要借鉴通用知识图谱的方法，需要引入通用知识库进行知识的融合。但是，全盘接收通用知识图谱中的数据，会引入大量与领域不相关的信息，影响领域知识使用的效果。因此，可以利用通用知识图谱的广度结合领域知识图谱的深度，形成更加完善的知识图谱。

6.6.2 知识图谱生命周期

知识图谱可用于表达更加规范的高质量数据（知识）。一方面，知识图谱采用规范、标准的概念模型、术语和语法格式来建模和描述数据（知识）。另一方面，知识图谱通过语义链接增强数据（知识）之间的关联。此种表达规范、关联性强的数据（知识）在改进搜索、问答体验、辅助决策分析和支持推理等多个方面都能发挥重要的作用。知识图谱全生命周期如图 6-35 所示。

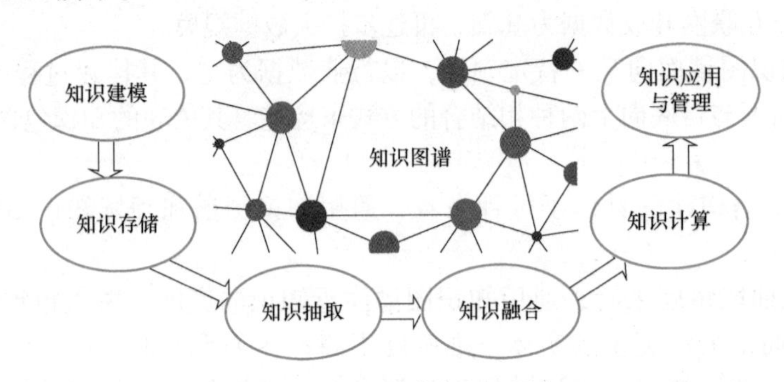

图 6-35 知识图谱全生命周期

知识图谱的构建可以从多种来源获取数据，包括文本、结构化数据库、多媒体数据、传感器数据、网页或社交网络等，每一种数据源的知识化（知识图谱构建）都需要综合运用各种不同的技术手段进行处理。

例如，对于文本数据源，需要综合实体识别、实体链接、关系抽取、事件抽取等各种自然语言处理技术，实现从文本中抽取知识。结构化数据库，如各种关系数据库，是最常用的数据来源之一。已有的结构化数据库通常不能直接作为知识图谱使用，需要将结构化数据定义到本体模型之间的语义映射，再通过专用工具实现结构化数据到知识图谱的转化。此外，还需要综合采用实体消歧、数据融合、知识链接等技术，提升数据的规范化水平，以增强数据之间的关联。

1．知识建模

知识建模是建立知识图谱概念模式的过程，相当于关系数据库的表结构定义。为了对知识进行合理的组织，更好地描述知识本身与知识之间的关联，需要对知识图谱的模式进行良好的定义。一般来说，相同的数据可以有若干种模式定义的方法，设计良好的模式可以减少数据的冗余，提高应用效率。因此，在进行知识建模时，需要结合数据特点与应用特点来完成模式的定义，其中包括知识的表示。在知识图谱中，知识表示是一种对知识的描述方式，利用信息技术将真实世界中的海量信息转化为符合计算机处理模式的结构化数据。

早期的知识表示方法有一阶谓词逻辑、霍恩逻辑、语义网络、产生式规则、框架系统、脚本理论等，近年来，基于深度学习的知识表示学习（Knowledge Representation Learning，KRL）在语音识别、图像分析和自然语言处理领域得到了广泛关注。知识表示决定了图谱构建的产出目标，即知识图谱的语义描述框架、模式与本体、知识交换语法、实体命名及 ID 体系等。

基本描述框架用来定义知识图谱的基本数据模型和逻辑结构，如国际万维网联盟（World Wide Web Consortium，W3C）的 RDF。模式与本体定义知识图谱的类集、属性集、关系集和词汇集。知识交换语法用来定义知识实际存在的物理格式，实体命名 ID 体系定义实体的命名原则及唯一标识规范等。

知识建模通常采用两种方式：一种是自顶向下（Top-Down）的方法，即首先为知识图谱定义数据模式，数据模式从最顶层概念构建，逐步向下细化，形成结构良好的分类学层次，然后再将实体添加到概念中。另一种则是自底向上（Bottom-Up）的方法，即首先对实体进行归纳组织，形成底层概念，然后逐步往上抽象，形成上层概念。该方法可基于现有标准转换生成数据模式，也可基于高质量数据源映射生成。

为了保证知识图谱的质量，通常在建模时需要考虑以下几个关键问题：

1）概念划分的合理性，如何描述知识体系及知识点之间的关联关系。

2）属性定义方式，如何在冗余程度最低的条件下满足应用和可视化展示。

3）事件、时序等复杂知识的表示。

4）能否支持概念体系的变更以及属性的调整等。

2. 知识存储

知识存储，顾名思义是为构建完成的知识图谱设计底层存储方式，实现各类知识的存储，包括基本属性知识、关联知识、事件知识、时序知识、资源类知识等。知识存储的目的是确定合理高效的知识图谱存储方式，知识存储方案的优劣会直接影响查询的效率，同时也需要结合知识应用场景进行良好的设计。

目前，主流的知识存储解决方案包括单一式存储和混合式存储两种。在单一式存储中，可以通过三元组、属性表或者垂直分割等方式进行知识的存储。其中，三元组的存储方式较为直观，但在进行连接查询时开销巨大。属性表指基于主语的类型划分数据表，其缺点是不利于缺失属性的查询。垂直分割指基于谓词进行数据的划分，其缺点是数据表过多，且写操作的代价较大。

对于知识存储介质的选择，可以分为原生和基于现有数据库两类。原生存储的优点是其本身已经提供了较为完善的图查询语言或算法的支持，但不支持定制，灵活程度不高，对于复杂节点等极端数据情况的表现非常差。因此，有了基于现有数据库的自定义方案，这样做的好处是自由程度高，可以根据数据特点进行知识的划分、索引的构建等，但增加了开发和维护成本。

从上述介绍中可以得知，目前尚没有一个统一的可以实现所有类型知识存储的方式。

因此，如何根据自身知识的特点选择知识存储方案，或者进行存储方案的结合，以满足针对知识的应用需要，是知识存储过程中需要解决的关键问题。

3. 知识抽取

知识抽取是指从不同来源、不同数据中通过自动化或半自动化的知识抽取技术，从原始数据中获得实体、关系及属性等可用知识单元，为知识图谱的构建提供知识基础。早期知识抽取主要是基于规则的知识抽取，通过人工预先定义的知识抽取规则，实现从文本中抽取知识的三元组信息。但是这种传统方法主要依赖于具备领域知识的专家手工定义规则，当数据量增大时，规则构建耗时长、可移植性差，难以应对数据规模庞大的知识图谱构建。相比早期基于规则的知识抽取，基于神经网络的知识抽取将文本作为向量输入，能够自动发现实体、关系和属性特征，适用于处理大规模知识，已成为知识抽取的主流方法。

由于真实世界中的数据类型及介质多种多样，所以如何高效、稳定地从不同的数据源进行数据接入至关重要，这会直接影响到知识图谱中数据的规模、实时性及有效性。在现有的数据源中，数据大致可分为三类：第一类是结构化的数据；第二类为半结构化数据；第三类是以文本为代表的非结构化数据。

结构化数据中会存在一些复杂关系，针对这类关系的抽取是研究的重点，主要方法包括直接映射或者映射规则定义等。半结构化数据通常采用包装器的方式对网站进行解析，包装器是一个针对目标数据源中的数据制定了抽取规则的计算机程序。包装器的定义、自动生成以及如何对包装器进行更新及维护以应对网站的变更，是知识获取需要考虑的问题。非结构化数据抽取难度最大，如何保证抽取的准确率和覆盖率是这类数据进行知识获取需要考虑的关键问题。

4. 知识融合

知识融合是融合各个层面的知识，包括融合不同知识库的同一实体、多个不同的知识图谱、多源异构的外部知识等，并确定知识图谱中的等价实例、等价类及等价属性，形成全局统一的知识标识和关联，或实现对现有知识图谱的更新。知识融合指将不同来源的知识进行融合，是知识图谱构建中不可缺少的一环。知识融合体现了开放链接数据中互联的思想。良好的知识融合方法能有效地避免信息孤岛，提升知识的应用价值。

知识图谱中的知识融合包含两个方面，即数据模式层的融合和数据层的融合。数据模式层的融合包含概念合并、概念上下位关系合并以及概念的属性定义合并，通常依靠专家人工构建或从可靠的结构化数据中映射生成。在映射的过程中，一般会通过设置融合规则确保数据的统一。数据层的融合包括实体合并（消歧）、实体属性融合以及冲突检测与解决。

进行知识融合时需要考虑使用什么方式实现不同来源、不同形态知识的融合，如何对海量知识进行高效融合，如何对新增知识进行实时融合以及如何进行多语言融合等问题。

5. 知识计算

知识计算是知识图谱能力输出的主要方式，通过知识图谱本身能力为传统的应用形态赋能，提升服务质量和效率。其中，图挖掘计算和知识推理是最具代表性的两种能力。

知识推理一般运用于知识发现、冲突与异常检测，是知识精细化工作和决策分析的主要实现方式。知识推理又可以分为基于本体的推理和基于规则的推理。一般需要依据应用的业务特征进行规则的定义，并基于本体结构与所定义的规则执行推理过程，给出推理结果。

知识图谱的挖掘计算与分析指基于图论的相关算法，实现对图谱的探索与挖掘，图算能力可辅助传统的推荐、搜索类应用。知识图谱中的图算法一般包括图遍历、最短三径、权威节点分析、族群发现最大流算法、相似节点等。

6．知识应用与管理

知识图谱技术被提出之后，因其具有的语义处理和开放互联的能力，以及简洁灵活的表达方式等优势，受到了广泛关注。知识图谱技术的发展得益于自然语言处理、互联网等技术的发展，而不断完善的知识图谱技术也可以应用到语义搜索、智能问答、可视化决策支持等系统中，进一步促进了相关技术的发展，而这些技术以及知识图谱技术又可以进一步应用在诸如医疗、金融、电商等垂直行业或领域内，辅助促进行业的发展。

语义搜索是指基于知识图谱中的知识，解决传统搜索中遇到的关键字语义多义性及语义消歧的难题，通过实体链接实现知识与文档的混合检索。而智能问答是指针对用户输入的自然语言进行理解，从知识图谱或目标数据中给出用户问题的答案。可视化决策支持则指通过提供统一的图形接口，结合可视化、推理、检索等，基于知识图谱为用户提供决策信息获取的入口。

在知识图谱应用过程中，质量评估、知识更新与维护是重要的日常工作。构建好的知识图谱可能会有一些错误，如概念上下位问题、实体属性问题、逻辑关系问题等，需要对知识图谱的质量进行评估，在不断的更新与维护中纠正问题。

6.6.3　艺术图像知识图谱

艺术图像具有重要价值。一是审美价值，艺术是对美的追求，艺术图像的创作体现出了人们对美的认识，其美学价值不仅在艺术门类交叉与互融的学术研究中发挥着积极作用，更在艺术学理论建设中具有重要地位。二是文化价值，一件艺术作品展示的是一个国家、一个时期、一个阶级、一种宗教信仰或哲学信念的基本态度，艺术图像反映了不同文化的宇宙观、生命观和价值观，却又突破了不同文化语言的藩篱，使文化得以交流。三是史料价值，“置图于右，置书于左，索象于图，索理于书”，我国一直以来有着图文互补的传统。而在文艺复兴中，美术的复兴贯穿始终，通过对艺术图像的断代、内容分析、风格判断和技法鉴赏，可以发现历史的留存。对美术馆、图书馆、档案馆、博物馆等机构而言，建设艺术数据库，推动知识图谱技术的应用，将能促进馆藏资源的充分展示，提升资源服务的水平。

1．艺术数据库

艺术数据库是一种采集经典美术作品并进行深度加工，经系统整理而形成的艺术图像数据库，为艺术教育与文化传播提供艺术图像资源，促进艺术教育的普及，推动社会美育和新型公共文化服务体系的建设与发展。艺术数据库收录古今中外包括油画、素描、雕塑、国画、书法、传统壁画等各类高清艺术作品，以及全球艺术名家和艺术机构的信息。

在此基础上可构建艺术数据库管理平台，向艺术机构和社会大众提供资源检索、浏览和下载服务，同时提供艺术专题、作品解读、线下展览等增值服务，通常可包括艺术图片、艺术家、艺术机构三大核心功能，故事、主题、展览等聚合功能，以及艺术时期、艺术类型、风格流派、国别等分类展示的功能。

2. 元数据设计

艺术数据库的数据描述基于都柏林核心元数据集（Dublin Core Metadata Element Set，DCMES）而制定，共分艺术品、艺术家、艺术机构三个主表，国家、时期、艺术词典、艺术资讯、艺术主题、风格流派等多个附表，以及若干个辅助链接表。

以艺术品为例，可设置唯一编号、作品名称、作者、作品类型、材质技术、作品尺寸、释文、款识、钤印、鉴藏印、简介、注解、创作起止时间、创作地点、拍卖经历等核心字段以及更新时间等其他辅助字段。作者字段的取值受艺术家表的约束，作品类型、材质技术等字段的取值受相关规范性附表的约束，在一定程度上实现数据规范化。艺术家表涵盖中文名、西文名、别名、出生时间、出生地、艺术特点、艺术成就、受启发于、施影响于、传人、年表、简介、历史评价等核心字段，艺术机构包括名称、别名、主要馆藏作品、主要馆藏艺术家、成立时间、地点、官方网址、简介等核心字段。

3. 内容组织与利用

艺术数据库可采用关系型数据库来储存描述数据，采用 XML 来存储图像文件的多层分割信息，切割后的图像文件则分布于云存储中，在检索方面采用开源全文搜索引擎实现全库索引和数据的高效查询。艺术数据库以艺术品、艺术家、艺术机构三大核心功能来组织内容，三者之间的联系通过冗余字段和一系列辅助链接表实现，其数据著录及数据联系主要通过人工辅以少量的机器处理来实现。三大核心功能均实现首字母、时期、类型、流派、国别等分类组织。此外，通过人工编辑，以艺术专题和故事的形式，实现相关内容的聚合、解读和导览服务。

另外，艺术数据库提供基于名称、简介等字段的基本检索和组合检索功能，并支持二次检索。在详情展示页面，除提供当前记录的字段信息外，还提供相关内容的展示或链接，例如，艺术家详情展示页面会展示该艺术家的代表作品及相关人物。在图像呈现方面，提供近十层的缩放浏览功能，支持组图模式，可以拖动、全屏化和保存当前显示的图片内容，提供高清原图的下载等功能。

4. 本体构建

采用人工知识建模的方式构建本体。首先，分析数据结构，列出所有要继承的字段元素，并正确区分属性和关系，将诸如“类型”“创作地点”“受启发于”等用于揭示实体之间联系的字段梳理出关系元素集合。其次，参考和借鉴现有本领域本体模型，依据“最大复用”原则设计概念模型，复用成熟的术语并自定义特有的实体属性。最后，梳理出完整的分类体系、实体属性和关系，定义必要的约束条件，从而得出本体模型，如图 6-36 所示。

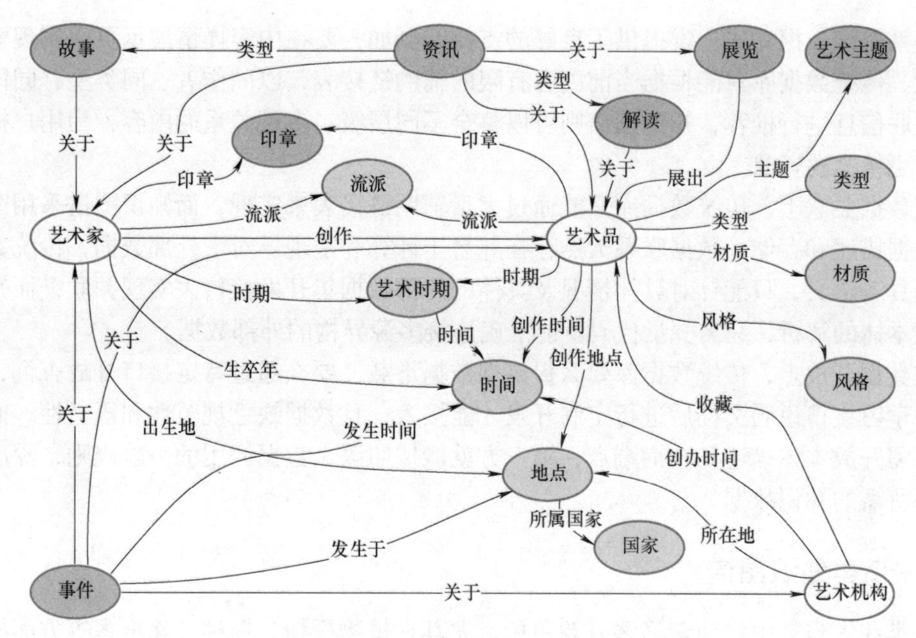

图 6-36　艺术图像知识图谱本体模型

5. 知识组织与利用

经过初步的知识抽取和处理，采用 Neo4j（高性能的 NoSQL 图形数据库）进行存储。除原有数据外，还可通过网络爬虫获取第三方开放知识图谱及其他网站上的相关数据，进行数据清洗后实现实体的共指消解和链接，进而融合到本地知识图谱之中，这样就可以不断地更新数据库的内容，从而构建一个可持续生长的数据系统，为用户提供更丰富的内容。

构建知识图谱后，不仅可实现艺术图像资源的概念化描述，支持内容的准确导航和精准搜索，而且还可实现数据之间的知识关联，任意一个节点和边都可以成为检索入口，为用户提供某一实体的属性以及相关实体的列表等信息。除检索外，知识图谱还可为用户提供强大的知识融合发现功能。例如，用户在浏览某位艺术家的详情展示页面时，不仅显示该艺术家的相关属性信息，还提供他的所有作品列表和相关艺术家列表等。同时，在页面中也可实时呈现第三方知识图谱的相关内容，从而提供互联网有关内容的链接服务。

此外，知识图谱还提供知识分析服务和数据开放服务，通过可视化技术可将用户的检索结果进行可视化呈现，以更好地展现资源及其内在联系，并通过数据开放接口为用户提供形式化数据，有力支撑数据的深度利用。

6. 优势分析

艺术图像知识图谱侧重于资源的揭示与服务，从系统功能、内容揭示、数据关联和数据开放等方面相较于传统数据库具有多重优势。

在系统功能上，知识图谱具有明显的优势，尤其是在数据复用、属性拓展和数据自动更新等方面有突破性进步。例如，艺术数据库需要为艺术品增加一个色彩属性，不仅要修改作品表的数据结构，还要进行相关代码的重构，实现难度非常大。建成知识图谱之后，修改需求比较容易实现。

在内容揭示上，知识图谱实现了资源潜藏知识的显化和检索，并对传统数据库难以胜任的关系查询、探究式搜索提供了良好的支持。例如，要在内容详情展示页面实现资源推荐功能，传统数据库只能根据当前内容有限的辅助链接表，以同作者、同类型、同国籍等简单关联信息进行推荐，知识图谱则可以整合不同层级、多种关系的内容，为用户提供更全面、更精准的资源。

在数据关联上，传统数据库只能通过大量辅助链接表来实现，而知识图谱采用图数据进行数据描述和存储，数据联系天然存在并易于计算和呈现。对于外部数据，传统数据库由于不具备语义，只能针对具体情况及具体的外部数据集开发接口去实现关联，而知识图谱通过本体的解析，只需少量代码就能准确连接多源异构的外部数据。

在数据开放上，传统数据库要么提供裸数据下载，要么通过特定接口开放查询，第三方需要学习接口说明文档后进行定制开发才能接入，且数据缺乏规范性和语义性。而知识图谱只需开放本体描述和查询端点，第三方就能按照语义数据调用的一般规则，深度开发和利用所需的知识数据。

6.6.4 鸟类知识图谱

鸟类在大自然中扮演着许多有益角色，尤其在植物授粉、播种、除虫害等方面的作用十分重要，可以促使生态平衡、维护环境稳定。对鸟类的传统分类以及多项主要生物特征数据进行收集、整理及分析，应用领域知识图谱构建的相关技术，实现对鸟类知识图谱的应用，建立鸟类知识图谱相关系统，可进一步促进鸟类研究和大众科普。

1. 鸟类数据来源

由于鸟类的分类和特征信息在不断更新、增加，缺少完整全面的鸟类数据，因此需要从多方面收集鸟类数据。知识图谱构建的原始鸟类数据主要来源于《中国鸟类分类与分布名录》《中国鸟类野外手册》等专业书籍资料，以及“鸟人课堂”“知鸟网”和百度百科等网站。

根据所收集的鸟类分类数据，以其中的鸟类实体作为搜索关键词，将检索到的“俗称”“别名”“别称”中的实体作为同义词实体再进行下一轮检索，迭代多次后可以发现更多的鸟类实体和属性特征，以获取到最终的鸟类实体和属性特征，如{目：雁形目；科：鸭科；属：鸳鸯属；种：鸳鸯；别称：官鸭；体长（cm）：38-45；栖息地：亚洲、欧洲；饮食习性：杂食性；保护等级（IUCN 标准）：无危；喙颜色：红色、灰色；脚颜色：近黄色；虹膜颜色：褐色}。

参考鸟类分类学最新研究进展，收集并梳理中国鸟类分类和部分生物特征，详细特征如鸟类的羽毛、喙形、颜色、叫声等生物特征，地理分布、迁徙习性，以及其他行为习性等信息。

2. 鸟类知识图谱定义

在鸟类知识图谱的构建过程中，根据获取到的鸟类数据可以抽取出本体层和实体层，本体是从事实中抽象出来的概念，实体是概念之下具体存在的事实。同时定义鸟类知识图谱表示形式。鸟类在分类学上均属于“动物界－脊索动物门－脊椎动物亚门－鸟纲”之下，本体模式可以从鸟类所属的目开始向下延伸。

知识图谱的实体层用三元组来表示，三元组可以分为两种形式，一种是“实体 1- 关系－实体 2”，体现两个实体之间的相互关联。另一种是“实体－属性－属性值”，是对实体属性的描述。例如，“鸳鸯属－属于－雁形目”体现了实体之间的关联，“鸳鸯－虹膜颜色－褐色”描述了该实体的一种属性。

3．鸟类数据信息抽取

信息的抽取过程主要包括概念抽取、实体抽取和属性抽取，信息来源的多样化也使得信息抽取方式多样。

从鸟类专业书籍的目录可以抽取出较为准确的鸟类分类，构建知识图谱的本体层，如目、科、属、种等。

鸟类专业网站中的信息大多存在较好的层级结构，也可以作为鸟类知识图谱本体层构建的指导，如别称、体长、栖息地等。还可以直接抽取出具体的实体和属性值进行知识图谱的构建，如雁形目、鸭科、亚洲、欧洲等。

开放网站中的鸟类信息多为结构化或半结构化的数据，抽取到的实体和属性通常需要进行数据处理后使用。

4．鸟类知识图谱存储与展示

根据收集的鸟类数据进行属性特征分析，将鸟类知识图谱本体设置为纲、目、科、属、种、栖息地、饮食习惯、保护等级等。初始收集的鸟类实体共 2879 个，包括鸟纲以及之下的 27 目、62 科、454 属和 2317 种；“栖息地”包括 9 个实体：亚洲、欧洲、非洲、北美洲、大洋洲、南美洲、北极、南极洲和中国特有；“饮食习惯”包括 4 个实体：食谷性、食虫性、食肉性和杂食性；“保护等级”包括 5 个实体：极危、濒危、易危、近危和无危。鸟类的属性特征包括别称、体长、喙颜色、脚颜色、虹膜颜色。

将构建的鸟类知识图谱存储在 Neo4j 图数据库中，其中实体为“鸟纲”和鸟类的部分“目”、部分“科”，实体之间的连接线带有向箭头，箭头上的“Include”表示“包括”，图 6-37 展示了“鸮行目”分类之下的“草鸮科”中包含的 2 个属以及 16 个种。

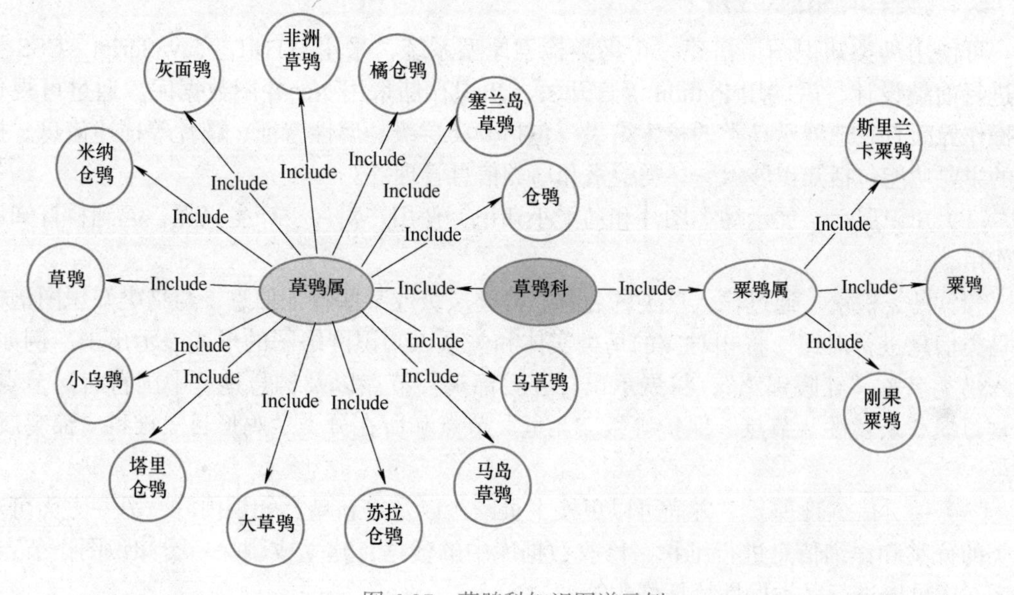

图 6-37　草鸮科知识图谱示例

为了能够更加清楚地表达鸟类知识图谱中的各类实体及其之间的关系，以“红腹锦鸡”和“海南山鹧鸪”两种鸟类为例详细分析，如图 6-38 所示。

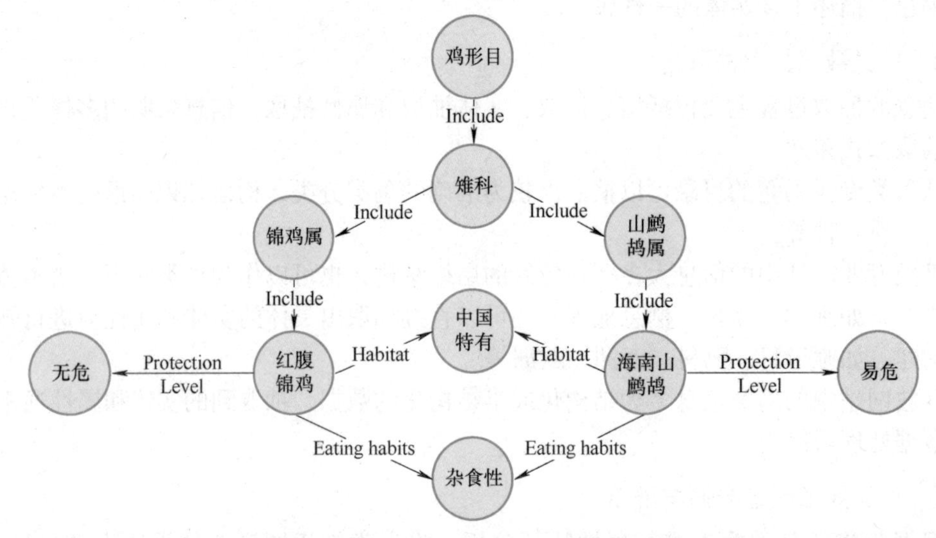

图 6-38　鸟类知识图谱实体关系示例

图 6-38 中，“Include”表示“包括”，“Protection Level”表示“保护等级”，“Habitat”表示“栖息地”，“Eating habits”表示“饮食习惯”。

红腹锦鸡分属于“鸡形目－雉科－锦鸡属”之下，海南山鹧鸪分属于“鸡形目－雉科－山鹧鸪属”之下，通过图 6-38 可以直观地看出二者的“属”不同，而“科”和“目”是相同的，体现了鸟类分类的层级关系。红腹锦鸡和海南山鹧鸪的栖息地都为“中国特有”，饮食习惯都是“杂食性”，但红腹锦鸡和海南山鹧鸪的保护等级不同，分别为“无危”和“易危”，这些实体之间的关联都可以从鸟类知识图谱中直观地看出。

5. 鸟类知识图谱的应用

可使用鸟类知识图谱搭建一个鸟类检索原型系统，采用 HTML、JavaScript、CSS 技术进行前端设计，后端用 Python 语言开发，知识存储采用 Neo4j 图数据库。通过可视化的操作界面直观地展示鸟类的检索结果，包括分类层级、属性特征、图片等描述信息。提供的主要功能包括知识展示、鸟类检索和鸟类信息管理等。

（1）知识展示　展示鸟类图片和鸟类小知识，使用户对鸟类产生兴趣，起到科普知识的作用。

（2）鸟类检索　通过输入鸟类的名称、分类层级或某些特征信息，与鸟类知识图谱中的鸟类信息进行对比，将相对应的鸟类实体和关系以知识网络图的形式展示出来。例如，输入鸟类名称“红腹锦鸡”，将展示出“红腹锦鸡”节点以及栖息地“中国特有”节点、饮食习惯“杂食性”节点、保护等级“无危”节点和所在分类“鸡形目－雉科－锦鸡属”节点。

（3）鸟类信息管理　一方面可以更换主页图片以及更新鸟类知识内容，另一方面可对鸟类的分类和详细信息进行维护，修改数据库中的数据，建立或删除鸟类知识图谱节点、关系，还可以进行鸟类属性特征修改等。

鸟类领域知识分散、信息量大，分类方法也在不断地发展和完善，而且由于鸟类的数量始终在变化，存在新增或灭绝的可能，因此鸟类知识图谱的信息需要不断地补充和更新。

思考题与习题

6-1 画图说明科学技术发生学——辅人律。

6-2 画图说明科学技术发展学——拟人律。

6-3 画图阐释图像识别的基本原理。

6-4 图像特征选取时应考虑满足哪三个基本条件?

6-5 生物特征识别技术分为哪两大类？各有什么特点?

6-6 结合自身经历，简述自己所见过的生物识别技术应用场景。

6-7 从 X 光的悲壮灾难中人类应该吸取的教训是什么?

6-8 简述超声波的多种用途。

6-9 查阅资料，简述智能手机通常所配置的传感器种类及用途。

6-10 简述计算机视觉与机器视觉的异同。

6-11 结合自身经历，简述自己所见过的视觉感知应用场景。

6-12 画图阐释数据可视化过程与目的。

6-13 什么是前注意？用实例加以解释。

6-14 结合自身经历，简述自己所见过的数据可视化应用实例。

6-15 简述 VR、AR 的概念。

6-16 简述 AR 与 VR 的联系与区别。

6-17 结合自身经历，简述自己所见过 AR 或 VR 的应用场景。

6-18 简述知识图谱概念的四类观点。

6-19 画图阐释知识图谱全生命周期。

参考文献

[1] 朱珍，陈荟慧．智能科学与技术导论 [M]．北京：机械工业出版社，2021.

[2] 孙国栋，赵大兴．机器视觉检测与算法 [M]．北京：科学技术出版社，2015.

[3] 朱珍，王景艳．生物识别技术与应用 [J]．佛山科学技术学院（自然科学版），2003（3）：66-69.

[4] 宋志坚，程敬之，周华琳．心电图的新进展与发展动态 [J]．北京生物医学工程，1993（3）：180-184.

[5] 王彩环．新编医学影像学 [M]．天津：天津科学技术出版社，2018.

[6] 西蒙 J D 普林斯．计算机视觉：模型、学习和推理 [M]．苗启广，等译．北京：机械工业出版社，2017.

[7] 林衍旎，葛松，杨娜娜，等．人工视觉辅助系统：现状与展望 [J]．生物化学与生物物理进展，2021，48（11）：1316-1336.

[8] 张广军．视觉测量 [M]．北京：科学出版社，2008.

[9] 蒋婷．无人驾驶传感器系统的发展现状及未来展望 [J]．中国设备工程，2018（11）：180-181.

[10] 陈琪．面向无人驾驶的环境感知技术研究 [J]．科技经济导刊，2018，26（26）：77.

[11] 谭勇. 消防机器人视觉感知技术研究综述 [J]. 绵阳师范学院学报，2018，37（2）：40-45.
[12] 雷婉婧. 数据可视化发展历程研究 [J]. 电子技术与软件工程，2017（12）：195-196.
[13] 张玉，舒后，孙昊白. 数据可视化及应用研究 [J]. 北京印刷学院学报，2020，28（4）：135-140.
[14] Aragues A. 可视化流数据 [M]. 韩天奇，关敬，译. 北京：中国电力出版社，2020.
[15] WAKEEL F E，JILES L，LAWSON R. 数据可视化能讲的故事 [J]. 新理财，2021（4）：66-68.
[16] 霍朝光，卢小宾. 数据可视化素养研究进展与展望 [J]. 中国图书馆学报，2021，47（2）：79-94.
[17] 牟恩静，李杰臣. Power BI 智能数据分析与可视化从入门到精通 [M]. 北京：机械工业出版社，2019.
[18] 何巍. 社交媒体数据可视化分析综述 [J]. 科学技术与工程，2020，20（32）：13085-13090.
[19] 郑娅峰，赵亚宁，白雪，等. 教育大数据可视化研究综述 [J]. 计算机科学与探索，2021，15（3）：403-422.
[20] 史蒂夫•奥库斯坦奈斯. 增强现实技术、应用和人体因素 [M]. 杜威，译. 北京：机械工业出版社，2017.
[21] 布鲁诺•阿纳迪，帕斯卡•吉顿，纪尧姆•莫罗. 虚拟现实与增强现实：神话与现实 [M]. 侯文军，蒋之阳，等译. 北京：机械工业出版社，2020.
[22] 苏凯，赵苏砚. VR 虚拟现实与 AR 增强现实的技术原理与商业应用 [M]. 北京：人民邮电出版社，2017.
[23] 娄岩. 虚拟现实与增强现实技术概论 [M]. 北京：清华大学出版社，2016.
[24] 潘晓霞. 虚拟现实与人工智能技术的综合应用 [M]. 北京：中国原子能出版社，2018.
[25] 王昊奋，漆桂林，陈华钧. 知识图谱方法、实践与应用 [M]. 北京：电子工业出版社，2019.
[26] 杭婷婷，冯钧，陆佳民. 知识图谱构建技术：分类、调查和未来方向 [J]. 计算机科学，2021，48（2）：175-189.
[27] 田玲，张谨川，张晋豪，等. 知识图谱综述－表示、构建、推理与知识超图理论 [J]. 计算机应用，2021，41（8）：2161-2186.
[28] 马忠贵，倪润宇，余开航. 知识图谱的最新进展、关键技术和挑战 [J]. 工程科学学报，2020，42（10）：1254-1266.
[29] 钟远薪，夏翠娟. 艺术图像知识图谱构建初探 [J]. 图书馆论坛，2022，42（2）：109-118.
[30] 张珩，李子璇. 鸟类知识图谱的构建与应用 [J]. 百科知识，2021（15）：58-62.

第7章 CHAPTER 7 未来与图像

人类文化起源于图像，而且现代社会经济各领域几乎都有图像应用的存在。在未来，图像将被赋予更多属性，功用将更加多种多样，应用范围也将更加广袤。近年来，虽然新一代信息技术为图像的生成、感知、存储、理解、传输、显示、应用等方方面面都提供了强大支撑，但机器仍不能像普通人那样轻松地理解图像，更不能像艺术家那样欣赏和评价书画作品。但在不远的将来，随着思维科学、社会科学与自然科学的加速交叉融合研究，尤其在不断进步的智能科学与技术的推动下，更加有效的图像处理与图像应用的新理念、新理论、新技术和新方法将会不断涌现，更加灿烂的图像文化将使人类社会发生翻天覆地的变化。

7.1 智能科学与技术

按照科学技术的发生发展规律，任何科学技术之所以能够产生和发展的根本原因是其对人类有用，能够帮助人类或代替人类去完成人类自身不能完成或很难完成的任务。在图像充斥人类现实世界和虚拟世界且现实与虚拟之间的界面越来越模糊的未来，人类需要更加先进的科学技术去处理与应用图像。近年来，依托新一代信息技术的智能科学与技术自其诞生至今，随着理论的不断完善和技术的不断进步，应用日益广泛，已经在保障身体健康、保障衣食住行、辅助终身学习、辅助观察世界、辅助决策判断和辅助改造世界等多个方面，为人类做出了突出的贡献，成为现代科学技术的前沿。

7.1.1 智能科学与技术学科

近年来，以人工智能为代表的智能科学与技术迅猛发展，从日常生活中的人脸抓拍与刷脸支付到智能技术前沿的机器学习与无人驾驶，不断地吸引着人们的目光。在图像处理方面的智能科学与技术的应用也越来越贴近人们的工作和生活，正在潜移默化地改变着社会面貌。

1. 智能科学与智能技术

如何界定“智能科学”与“智能技术”呢？一些专家学者给出了以下几种解释：“智能科学与技术中的智能科学，在于揭示智能的本质和发展规律，而智能技术的目的则在于对客观世界的利用、控制和改造”“智能科学研究智能的基本理论和实现技术，是由脑科学、认知科学、人工智能等学科构成的交叉学科”“‘智能技术’是用机器来模拟人的外在认识及思想行为的技术总称”“智能科学技术是研究智能的本质和研究扩展人类智力功能的原理和方法的科学技术。其中，‘研究智能的本质’是智能科学的任务，‘研究扩展人类智力功能的原则和方法’则是智能技术的任务”。

综合各种观点，可以给出如下定义：

1）智能科学：探索自然界生物体或系统的行为机制，发现自然智能的本质和发展规律，揭示机器智能的原理和实现途径。

2）智能技术：基于心理学、神经学、智能科学及相关的研究成果，寻求机器智能的构建方法和实现技术，用机器模拟自然界的智能，实现对自然界的利用、控制和改造。

20 世纪 90 年代，意大利学者 Dorigo、Maniezzo 等人在研究蚂蚁觅食的过程中发现单个蚂蚁的行为比较简单，但是蚁群整体却可以体现一些智能的行为：蚁群可以在不同的环境下，找出最短到达食物源的路径。进一步研究发现，蚂蚁会在其经过的路径上释放一种可以称之为“信息素”的物质，蚁群内的蚂蚁对“信息素”具有相应的感知能力，它们会沿着“信息素”浓度较高的路径行走，而每只路过的蚂蚁又都会在路上留下“信息素”，这就形成了一种类似于正反馈的机制，这样经过一段时间后，整个蚁群就会沿着最短路径到达食物源。由此提出了蚁群算法，计算机编程实现后被广泛地应用于组合优化问题，如旅行商问题、车辆导航问题、图形着色问题和网络路由问题等。

机器人是 1920 年由捷克斯洛伐克作家卡雷尔·恰佩克（Karel Capek）在他的科幻小说中创造出来的一个词语，一百多年过去了，机器人已经家喻户晓。人们通过研究人类甚至其他生物的各种智能行为，并将智能植入到机器中，各种各样的机器人就出现在了人们的工作、生活当中，协助或代替人类工作，或给人类带来愉悦。例如，足球机器人有自己的眼睛、双腿、大脑，还要有自己的嘴——把自己的想法告诉别人，协同进行比赛。礼仪机器人能够识别外界环境，靠手进行作业，靠脚实现移动，靠嘴回答问题，由脑进行统一指挥，完成迎宾接待工作。扫地机器人可以规划路线，识别障碍物，自动充电，完成清扫、吸尘、擦地等工作。工业机器人在机械结构上有类似于人的行走、腰转、大臂、小臂、手腕等部分，在控制上有计算机，可以代替人完成预定的工作，如装配、搬运、焊接等。

长期以来，心理学家试图从人的外在行为来研究人的思维活动，例如，人类拍摄照片时是如何决定的？如何欣赏和理解别人拍摄的照片？由此阐明思维活动的一般规律，特别是近年来发展起来的认知科学。神经学家试图从微观来研究人类复杂的思维活动，即从研究神经元、神经网络着手，无疑这两门科学都取得了很多成就。但由于人体太复杂，人类的智能行为至今仍然是一个谜，像生命科学中生物具有生命现象一样，今天人们仍然知之甚少，这是一个长期的自然科学命题，有待于人类去继续探索。

2. 人工智能

自第一台电子计算机 ENIAC 在 1946 年问世以后，人们就开始研究机器思维问题。1956 年，人工智能概念被提出，最初设想是研究如何用计算机去模拟人的智能行为——思维，经很多专家学者的共同努力取得了巨大进展。虽然与机器能够自主思维的距离甚远，但智能技术方面发展的成就是有目共睹的，很多只有人类才能做到的，今天可以用机器来实现，例如，语音识别、故障诊断、人脸识别、机器翻译等。而且，人工智能概念的内涵在不断丰富，外延也在不断拓展。

人工智能的定义：研究、开发用于模拟、延伸和扩展自然智能（特别是人的智能）的理论、方法、技术及应用系统的科学技术。

实际上，人工智能涉及“科学”和“技术”两个层面，既需要在心理学、神经学等相关学科成果的基础上，研究机器智能的原理和实现途径，又要寻求机器模拟自然智能的构建方法和实现技术。显然，人工智能是智能科学与技术的一部分，或者说人工智能有力地支撑了智能科学与技术学科的发展。

3. 智能科学与技术的内涵与外延

智能科学与技术是多学科支撑、多技术综合、研究方向宽泛、跨领域应用的一门交叉学科，其内涵与外延如图 7-1 所示。

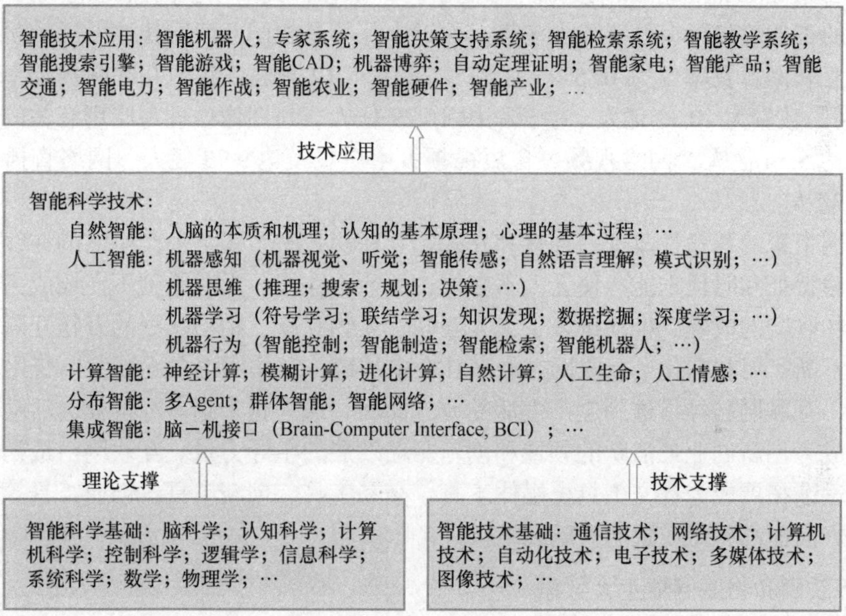

智能技术应用：智能机器人；专家系统；智能决策支持系统；智能检索系统；智能教学系统；智能搜索引擎；智能游戏；智能CAD；机器博弈；自动定理证明；智能家电；智能产品；智能交通；智能电力；智能作战；智能农业；智能硬件；智能产业；…

技术应用

智能科学技术：
自然智能：人脑的本质和机理；认知的基本原理；心理的基本过程；…
人工智能：机器感知（机器视觉、听觉；智能传感；自然语言理解；模式识别；…）
机器思维（推理；搜索；规划；决策；…）
机器学习（符号学习；联结学习；知识发现；数据挖掘；深度学习；…）
机器行为（智能控制；智能制造；智能检索；智能机器人；…）
计算智能：神经计算；模糊计算；进化计算；自然计算；人工生命；人工情感；…
分布智能：多Agent；群体智能；智能网络；…
集成智能：脑－机接口（Brain-Computer Interface, BCI）；…

理论支撑　　　技术支撑

智能科学基础：脑科学；认知科学；计算机科学；控制科学；逻辑学；信息科学；系统科学；数学；物理学；…

智能技术基础：通信技术；网络技术；计算机技术；自动化技术；电子技术；多媒体技术；图像技术；…

图 7-1　智能科学与技术的内涵与外延

智能科学与技术涉及脑科学、认知科学、计算机科学、控制科学、逻辑学等多个学科，技术支撑包括通信技术、网络技术、计算机技术、自动化技术、电子技术等多项技术，是主要研究自然智能、人工智能（机器感知、机器思维、机器学习、机器行为）、计算智能、分布智能和集成智能的基本理论和应用技术。智能科学与技术应用已经拓展至各行业各个领域，发展前景广阔，是信息科学技术的核心，也是现代科学技术的前沿和制高点。

7.1.2　现代信息技术之间关系

随着互联网的普及、各类感知设备的泛在、云计算与大数据的应用、网上信息社区的兴起、人工智能与区块链技术的进步，数据与知识在人类社会、物理空间和信息空间之间交叉融合、相互作用，使以人工智能为代表的智能科学与技术发展与应用所处的信息环境和理论基础都发生了巨大而深刻的变化。与此同时，包括人工智能在内的智能科学与技术的概念、内涵、目标与理念也出现了重大调整，促使其发展与应用进入了一个崭新的阶段。

1. 互联网是新一代信息技术源头

互联网是广域网、局域网及单机按照一定的通信协议组成的国际计算机网络。《国务院关于积极推进“互联网 +”行动的指导意见》(国发〔2015〕40 号)指出，“互联网 +”是把互联网的创新成果与经济社会各领域深度融合。由此可见，“互联网 +”之中的互联网远远不止于网络，云计算、物联网、大数据、机器人、人工智能等均在其中，“互联网”已经成为一个复合集成的概念，其范畴其实是“以互联网为代表的现代信息技术”。互联网作为计算机网络普及的开始，也是新一轮信息技术变革的源头。

互联网诞生于 1969 年的美国，而我国互联网发展起源于 1994 年。1994 年 4 月 20 日，我国通过一条 64K 的国际专线接入国际互联网，标志着我国互联网的诞生。从 1997 年我国互联网的正式起步至今已有二十多年，而近十几年是我国互联网快速发展的阶段。2006 年，我国互联网普及率仅为 10.5%，而到了 2021 年 12 月底，我国互联网普及率提升到了 73.0%，网民数量为 10.32 亿人，手机网民 10.29 亿人。与图像处理与应用有关的网络游戏用户规模达 5.54 亿人，网络视频(含短视频)用户规模达 9.75 亿人，网络直播用户规模达到 7.03 亿人。

互联网带来的革命性改变是连接和在线。互联网带来了线下生产生活的在线化，使在线成为普遍特征和时代本能，使无人不在线、无业不在线、无时无刻不在线成为可能。尤其是随着物联网的成熟，推动进入了人人互联、人物互联、物物互联的万物互联时代。随着连接的不断扩展和深化，互联网在经济社会中的地位和作用也在逐渐发生变化。

目前，互联网已经渗透到生产生活的方方面面，成为越来越多经济社会活动的渠道和平台，也成为创新创业最活跃的领域和创新驱动发展的主导力量。互联网由最初的单一技术工具，逐渐拓展成为社交工具、媒体工具、交易工具、创新工具、创业工具等，成了生产生活方方面面都不可或缺的基础设施。

2. 互联网和物联网催生大数据

互联网最大的特征在于，在线的行为全部都可以被记录转化为数据。任何人和物只要连接到互联网上，都会变成数据源，其一切状态和所有行为都可以被数据化记录，互联网与经济社会各领域的深度融合引发了数据量的爆发式增长。除此之外，基于网络环境运行的各种信息系统是大数据的第二个来源，第三个大数据的数据来源就是物联网。

物联网可用的感知工具种类繁多、多种多样，包括各类传感器、变送器(气体浓度传感器、温度传感器、湿度传感器、电流互感器、电压变送器等)、RFID 标签 /EPC 编码读写扫描器、定时定位终端(卫星定位、Cell 定位)、摄像头 / 麦克风、人体热红外感应器、遥感测控装置、证件自动识别装置等。物联网每天产生的数据量非常庞大，目前已经占到了整个大数据来源的百分之九十以上。尤其在智能交通、平安城市、智能城管等建设中，摄像头遍布城乡各个角落，每时每刻都在产生着海量的图像与视频数据，在现代化城乡发展中保驾护航。

同时，网络的完善大大提升了数据传输速度，硬件性能的提升解决了数据存储问题。在数据的产生、传输、存储条件成熟的同时，数据挖掘条件也在与时俱进，尤其是云计算的发展不仅为海量数据提供了存储的空间，更重要的是使得实时在线处理成为可能，云计算为大数据提供了弹性可拓展的基础设施。

大数据的价值特性与物质、能源等传统资源有着本质的区别。传统资源总量有限，总会用尽枯竭，但数据不是对自然资源的掠夺，而是来自于经济社会活动本身，且经济社会活动越活跃，产生的数据资源越多。同时，数据不会因为人们的使用而折旧和贬值，从根本上改变了资源要素边际价值递减规律，数据越挖掘，其价值越大，而且随着挖掘新增和沉淀的数据越多，数据总量也将越来越多，在一定程度上可以实现"取之不尽，用之不竭"。

另一方面，大数据带来了前所未有的革命性影响，尤其是对人们的思维方式带来了根本性变革。基于量化分析的科学决策、可以精细到知悉每一个个体的情况、从完全混乱中找到潜在关联等这些科学理性的处事方式，在大数据之前也不是完全不能做，只是需要浩大的工作量，让人望而却步，以至于只能当作不可能完成的任务。大数据技术的进步，不仅为实现"数字管理"提供了可能，更重要的是促进了科学理性精神的复兴，"用数据说话"作为金科玉律和重要法宝，被越来越多的人所接受，成为人们的习惯自觉。

3．大数据激活人工智能

之所以说大数据激活人工智能，是因为人工智能概念的产生比大数据更早，甚至比互联网还要早。大数据激活人工智能是指：大数据使人工智能"枯木再逢春，老树发新芽"。目前大数据与人工智能的应用领域正在逐渐拓展，而且大数据和人工智能相辅相成，在人们的日常生活中越来越重要。

1950 年，图灵提出了检验机器是否智能的"图灵测试"，成为人工智能的思想起源。1956 年，在达特茅斯夏季研讨会上正式提出了人工智能的概念术语。自 1956 年至今的六十多年间，人工智能的发展起起伏伏，本轮发展热潮的核心特征可以概括为"海量数据 + 先进算法 + 超强计算能力"，根本驱动力是技术条件的逐步成熟，主要包括大数据技术、云计算技术及更好、更普适可用的算法。其中，算法是核心，数据和硬件是基础，感知识别、知识计算、认知推理、运动执行、人机交互能力等是重要支撑。

对于人工智能而言，表征是智能化，基础是大数据，核心是计算能力。一方面，大数据之于本轮人工智能热潮具有战略意义，人工智能的兴起可以看作是大数据应用的结果。海量数据为训练人工智能提供了素材，为机器学习提供了样本和对象。在同等计算能力下，"海量的数据 + 普通的算法"所能产生的结果，远非"少量的数据 + 先进的算法"所能比，这是已经被充分证实的结果，例如，阿尔法围棋（AlphaGo）采用的就是四十年前就已经成熟的人工神经网络方法，基于大数据采集技术收集的数据为训练机器学习算法提供了充足的样本。

另一方面，人工智能的核心是超强的计算能力或者说学习能力，在这方面人类无法比拟。人工智能学习量大、速度快，比如 AlphaGo 利用几十万台服务器在数月内就学习了 20 万张高手对弈棋谱，这对于人类来说简直不可想象。由此可以说，计算能力是决定未来人工智能水平所能到达高度的重要因素。同时，智能是人工智能最突出的特征，人工智能相关的脑科学与认知科学发展、理论建模、技术创新、软硬件升级等整体快速推进，正在引发链式突破，推动经济社会各领域从数字化、网络化向智能化加速跃升，推动信息社会向智能社会迈进。

4. 人工智能与新一代信息技术相互促进

首先，人工智能在沉寂了多年后再次引人关注，正是由于以大数据为代表的新一代信息技术的快速发展，为人工智能技术的突破带来了重大契机。近十年来，高端芯片、传感器、宽带网络等快速发展使得制约人工智能发展的感知、传输、处理等瓶颈逐渐消失，一些依赖复杂运算和快速处理的算法与建模得以实现，尤其是互联网、传感器的普及应用更是提供了海量的“训练数据”，有力地支撑了人工智能技术的突破性发展。

例如，机器学习技术借助大数据支撑的新算法和新模型，对来自互联网、移动终端、生产设备的海量数据（尤其是图形图像）进行推算和优化，不断提高机器的认知能力和深度学习水平，并对未知事件能够做出更精准的预测判断。在 20 世纪 80 年代，图像识别技术虽然在手写数字等小规模应用方面取得过一些成果，但受限于运算能力和经验数据的不足，在大规模图像识别方面进展甚微。新一代信息技术发展使得上述瓶颈逐步突破，图像识别、人脸识别技术获得重大进展，目前在移动支付、身份验证等领域得到了广泛应用。

另一方面，随着智能科学与技术繁荣期的到来，智能科学与技术的研究成果，尤其是人工智能的研究成果在新一代信息技术的各个领域得到了推广应用，也为新一代信息技术的智能化提升注入了强大动力，从下面几个实例可见一斑。

（1）人工智能使安全的互联网能够满足用户需求　人工智能在反垃圾邮件、防火墙、入侵检测、网络监测与控制等方面的应用，能更好地保障网络环境的安全。而且运用人工智能技术可以建立互联网用户行为分析系统，掌握用户的上网习惯以及偏好，从而准确定位用户对互联网的需求，为改善互联网服务性能提供数据与决策支撑。

（2）人工智能与云计算关系越来越密切　IaaS（Infrastructure as a Service，基础设施即服务）层所能提供的 GPU 云主机、FPGA 云主机等基础设施级服务在人工智能模型训练中各有优势；在 PaaS（Platform as a Service，平台即服务）层，通过封装 TensorFlow 等深度学习平台，可以加速云计算向更多的行业领域垂直发展；在 SaaS（Software as a Service，软件即服务）层，人脸识别、OCR 识别、语音识别、证件识别、内容安全等可拓展云计算的应用边界，进一步加速了应用端的迭代速度。

（3）人工智能边缘计算释放物联网潜能　物联网本身就是一个巨型复杂的智能系统，而智能边缘计算可以利用物联网的边缘设备进行数据采集和智能分析计算，实现智能在云和边缘之间流动。云端的人工智能由大型云计算中心管理，而边缘人工智能则由小巧但运算能力强大的边缘设备共同运作，以推动在本地依据数据判断决策。不仅消除了影响实时决策正确性的延迟问题，而且可以减少通信成本，释放物联网边缘（端）设备的潜能。

（4）人工智能助力从大数据挖掘出大知识　大数据的巨大价值在于挖掘依据数据间关联性而建立的复杂结构关系网络中所蕴含的知识，而且随着大数据不断地汇聚，原有的关联性也在不断地改变。从人类认知原理角度出发，运用知识的非线性融合、知识图谱、知识重组、在线学习等方法，可以从大数据中获取潜在的大知识，为用户提供个性化的诸如网络词典、新闻跟踪、自动出版、就业培训等方面的大知识服务。

5. 智能科学与技术将引领新一代信息技术发展

人脑与计算机互有优劣，那么能不能把计算机严谨细致的逻辑思维方式，与人脑擅长的诸如经验思维、形象思维、直觉思维、灵感思维等跳跃性、模糊性、随机性的思维方式结合起来，相互取长补短一起工作呢？这一想法并不是天方夜谭，随着现代科学与技术的发展，近年来有多项研究成果表明，未来将有多种方法可实现计算机对人脑机能的增强。

（1）脑强化剂　将纳米机器人作为脑强化剂，添加进入人脑，并与人脑神经元协同工作，将能极大地增强人脑的模式识别能力、记忆力和综合思考能力。

（2）思维移植　利用类似“大脑扫描仪”的设备扫描人脑，捕捉所有细节，形成“思维文件”，然后通过文件传输的方式，完整地“复制”到一台超级计算机上或另一个人的大脑中，从而实现“思维移植”。

（3）芯片植入　将可以取代人脑海马体的芯片植入人脑，大幅提高人脑的记忆力。例如，普通人通过几十年的学校教育才能获得的知识，只需要移植一个存有大量知识信息的芯片就能实现。随着信息技术与纳米技术的整合，以及电源持久供应等问题的解决，计算机将进一步微型化，除植入记忆芯片外，还可以直接植入一台或数台微型超级计算机协助大脑工作，从而大大提高人类个体的智力水平。

（4）脑机接口　把微型读脑装置安装在眼镜、项链、衣领等随身物品中，人脑即可与计算机直接交互信息（脑联网），快速调用计算机和网络中的计算资源和数据资源辅助人脑工作。

另一方面，人脑是世界上最复杂、最神秘的天然信息加工系统，加强脑科学研究不仅有助于人类更清晰地认识自我，而且对发展类脑智能、抢占未来智能社会发展先机十分重要。所以，近年来世界各国纷纷启动脑计划。随着世界各国脑计划的陆续启动和稳步推进，将会产生突破性的研究成果，必将有力地推动以脑科学、认知科学为理论基础的智能科学与技术的跨越式发展。新一代信息技术是人类发明创造的，是为人类服务的科学与技术。作为科技前沿的智能科学与技术取得的巨大进展，将引领新一代信息技术快速向前发展。

7.1.3　智能科学与技术展望

智能科学与技术研究涉及人类智能和机器智能两大领域。人类智能在生理基础与外部环境的共同作用下产生，在实践、认识、再实践和再认识过程中不断提高。因此，人类对于自身和外界事物规律的认识能力以及创造能力是无穷无尽的，也可以说人类智能不存在上限。机器（人工）智能是人类智能的模仿、扩展和延续，在技术方面能够弥补人类智能的不足且为人类服务。人类智能不存在上限，机器智能也不存在上限，两种智能需要相互协同，为人类创造更多的有利因素来发展多样性的未来。鉴于篇幅所限，下面仅介绍脑与认知科学、类脑智能两项基础研究的关键理论与技术的发展展望。

1. 脑与认知科学发展展望

业界普遍认为，智能科学与技术未来的演进方向是计算智能、感知智能和认知智能，欲实现突破就是要让计算机能真正地进行理解、思考和自我学习。然而，无论是原理性设计（如智能芯片或智能机器等），还是工程化设计，智能科学与技术都需要脑与认知科学的理论和技术支撑，为发展类脑计算系统及器件，摆脱传统计算机架构的束缚提供重要的理论依据。

进入21世纪，一些认知科学家将脑科学与心理学、计算机科学等研究的高度结合看作是第三代认知科学的发展契机。由此促使第三代认知科学在认知神经科学研究的基础上，结合高科技的脑成像技术和计算机神经模拟技术，阐释人的认知活动、语言能力与脑神经的复杂关系，揭示人脑高级功能的秘密。具体来说，就是运用新技术研究大脑活动，并利用计算机进行人脑模拟，揭秘人类语言、情绪、思维、决策等高级功能的认知过程。因此，在第三代认知科学中，认知神经学和计算机科学是当之无愧的核心，语言学、心理学、人类学、教育学为认知研究提供有价值的研究问题和研究对象。

由此可以看出，智能科学与技术发展所面临的新瓶颈需要从脑科学、神经科学、认知科学等获得启发，而智能科学与技术的发展也必将帮助脑科学、神经科学、认知科学等取得进一步的突破。

2. 类脑智能发展展望

类脑智能是以计算建模为手段，受脑神经机制和认知行为机制启发，并通过软硬件协同实现的机器智能。类脑智能系统在信息处理机制上类脑，认知行为和智能水平上类人，其目标是使机器以类脑的方式实现各种人类具有的认知能力及其协同机制，最终达到或超越人类的智能水平。

经过几十年的发展，类脑智能研究已经取得了阶段性的进展，但是目前仍然没有任何一个智能系统能够接近人类水平，具备多模态协同感知、协同多种不同认知能力，对复杂环境具备极强的自适应能力，对新事物、新环境具备人类水平的自主学习、自主决策能力等。未来，类脑智能研究将重点聚焦在如下五个重要研究方向：

（1）认知脑计算模型的构建　在未来认知脑计算模型的研究中，需要基于多尺度脑神经系统数据分析结果对脑信息处理系统进行计算建模，构建类脑多尺度神经网络计算模型，以及在多尺度模拟脑的多模态感知、自主学习与记忆、抉择等智能行为能力。

（2）类脑信息处理　类脑信息处理的研究目标是构建高度协同视觉、听觉、触觉、语言处理、知识推理等认知能力的多模态认知机。具体而言，就是借鉴脑科学、神经科学、认知脑计算模型的研究结果，研究类脑神经机理和认知行为的视听触觉等多模态感知信息处理、多模态协同自主学习、自然语言处理与理解、知识表示与推理的新理论、新方法，使机器具有环境感知、自主学习、自适应、推理和决策的能力。

（3）类脑芯片与类脑计算体系结构　未来类脑芯片的发展，应借鉴脑与神经科学、认知脑计算模型、类脑信息处理的研究，探索超低功耗的材料及其计算结构，为进一步提高类脑计算芯片的性能奠定基础。国际上一个重要趋势是基于纳米等新型材料研制类脑忆阻器、忆容器、忆感器等神经计算元器件，从而支持更为复杂的类脑计算体系结构的构建。

（4）类脑智能机器人与人机协同　类脑智能机器人的研究不但要在机理上使其多尺度地接近人类，还要构建机器人自主学习与人机交互平台，使机器人在与人及环境自主交互的基础上实现智能水平的不断提升，最终甚至能够通过语言、动作、行为等与人类协同工作。

（5）类脑智能的应用　类脑智能未来的应用重点应是适合于人类相对计算机更具优势的信息处理任务，如多模态感知信息（视觉、听觉、嗅觉、触觉等）处理、语言理解、知识推理、类人机器人与人机协同等。即使在大数据（如互联网大数据）应用中，大部分数据也是图像视频、语音、自然语言等非结构化数据，需要类脑智能的理论与技术来提升机器的数据分析与理解能力。

7.2 思维科学之图像

早在古希腊时期，以希波克拉底为代表的医生们就提出："是由于脑，我们思维、理解、看见，知道丑和美、恶和善"，认识到了思维的生理机制在于人的大脑。现代科学研究也表明，脑是支配人的一切生命活动的最高中枢，也是一切思维活动的物质基础。因此，对大脑结构和功能的深入了解与研究不仅有着重大的科学价值，而且对脑与神经系统疾病的诊断、治疗也有着重大的临床意义。

7.2.1 部分国家和地区脑计划

时至今日，虽然脑科学研究领域取得了一些进展，例如，基本搞清楚了神经细胞的信息处理机制，大致了解了脑分区及功能的关系，但却对神经环路及整个大脑复杂的网络结构的工作原理了解不多，对各种感知觉、情绪，以及高级认知功能的思维、抉择甚至意识等理解不够深入。因此，脑科学作为基础的理论支撑，其研究进展一直制约着智能科学与技术的发展。

众所周知，目前人类是已知智能程度最高的种群，只有脑科学与认知科学研究取得了重大突破，智能科学才能真正探索出自然界生物体或系统的行为机制，发现自然智能的本质和发展规律，揭示机器智能的原理和实现途径，才能推动智能技术切实为人们提供机器智能的构建方法和实现技术，用机器模拟自然界的智能，实现对自然界的利用、控制和改造。

近年来，世界各国纷纷启动脑计划，脑科学研究不断深入，大国间的合作共享机制也在逐步完善，同时竞争博弈也日趋激烈。

1. 美国脑计划

1997 年，"人类脑计划" 在美国启动。2010 年美国国家卫生研究院（National Institutes of Health，NIH）推出"人脑连接计划"。2013 年 4 月，美国启动了 BRAIN（Brain Research through Advancing Innovative Neurotechnologies，使用先进革新型神经技术的人脑研究）计划，旨在发展新型脑科学研究技术，探索大脑的功能和机制，侧重于新型脑研究技术的研发，其发展目标是既要引领科学前沿，又要促进相关产业的发展。

BRAIN 计划提出了九个优先发展的领域和目标：

① 鉴定神经细胞的类型。

② 绘制大脑结构图谱。

③ 研发新的大规模神经网络电活动记录技术。

④ 研发一套调控神经环路电活动的工具集。

⑤ 建立神经元电活动与行为的联系。

⑥ 整合理论、模型和统计方法。

⑦ 解析人脑成像技术的基本机制。

⑧ 建立人脑数据采集的机制。

⑨ 脑科学知识的传播与人员培训。

2. 韩国脑计划

韩国在 1998 年制定了《脑研究促进法》，经历两个“十年计划”，韩国提出了面向 2030 脑科学创新计划（Korean Brain Innovation 2030），重点支持方向包括基于创新科技及新一代人工智能算法的连接组学分析技术及促进神经系统疾病早诊早治的精准医疗技术。2016 年 5 月 30 日，韩国未来创造科学部发布《脑科学发展战略》，并将此作为韩国脑科学计划的起点。

《脑科学发展战略》具体目标包括：

① 取得超过 10 项世界最高水平脑科学研究成果。

② 绘制及应用专业脑功能图谱。

③ 在脑疾病精准医学领域取得突破。

④ 开发能够占领国际市场的脑科学相关产品与服务等。

3. 欧盟脑计划

欧盟脑计划 EU HBP（EU Human Brain Project，欧盟人类大脑工程）于 2013 年 10 月正式启动，旨在建立用于模拟和理解人类大脑所需的信息技术、建模技术以及超级计算技术平台。

EU HBP 共设置了 12 个子项目：

SP1 小鼠脑结构。

SP2 人类脑结构。

SP3 系统性认知神经科学。

SP4 理论神经科学。

SP5 神经信息平台。

SP6 大脑模拟。

SP7 高性能分析计算平台。

SP8 医学信息平台。

SP9 神经拟态计算平台。

SP10 神经机器人平台。

SP11 管理与协调。

SP12 社会与伦理。

与其他国家的脑计划相比，EU HBP 更侧重通过超级计算机技术来模拟脑功能。

4. 日本脑计划

日本于 2014 年启动脑计划 Brain/MINDS（Brain Mapping by Integrated Neurotechnologies for Disease Studies，通过整合神经技术构建服务于疾病研究的大脑地图），研究内容包括非人灵长类动物（尤其是狨猴）的大脑结构和功能图谱、创新型大脑成像技术、人类大脑图谱与临床研究等。

Brain/MINDS 计划的具体目标主要有：

① 绘制出狨猴的脑功能图谱，在单细胞层面分析狨猴生长发育不同功能 / 意识区域的定位，并建立狨猴帕金森疾病模型。

② 建立数据门户网站，收录人脑图像、狨猴大脑参考图谱、狨猴大脑 MRI 影像、狨猴大脑基因图谱等数据集。

③ 未来将启动 Japan Brain /MINDS -Beyond 计划，吸引更多除本土脑科学家之外的全球各国脑科学工作者共同参与分享神经科学研究的数据及技术。

5. 中国脑计划

2006 年 2 月，我国颁布的《国家中长期科学和技术发展规划纲要（2006—2020 年）》中将“脑科学与认知科学”列入基础研究的 8 个科学前沿问题之一。2012 年，中科院启动了战略性先导科技专项（B 类）“脑功能联结图谱计划”。2016 年，我国发布了“中国脑计划”，即“脑科学与类脑研究”国家重大科技专项，侧重以探索大脑认知原理的基础研究为主体（一体），以发展类脑人工智能的计算技术和器件、研发脑重大疾病的诊断干预手段为应用导向（两翼）。

由以上描述可以看出，认识脑、保护脑、模拟脑是人类脑计划的长期目标，以神经计算和类脑智能为代表的脑科学已经成为当前国际科技前沿的研究热点。

7.2.2　脑科学与认知科学

各个国家的脑研究计划虽然各有侧重，但研究方向、研究内容都与我国脑计划的“一体”、“两翼”大致相同。

（1）“一体”，理解脑　阐明脑认知功能的神经基础和工作原理。大脑认知功能包括基本认知功能和高级认知功能，基本的脑认知功能是指感知觉、学习和记忆、情绪和情感、注意和抉择，果蝇、小鼠、猴子等很多动物都有这种基本认知功能。高级的脑认知功能只有灵长类以上比较高等的动物才有，包括共情心与同情心、社会认知、合作行为、各种意识和语言。鉴于涉及伦理问题，需要通过动物研究大脑神经元的信息处理机制，绘制出人类大脑神经网络（细胞层面）的全景式图谱，包括结构图谱和活动图谱。

（2）“第一翼”，保护脑　促进智力发展，防治脑疾病和创伤。幼年期的自闭症或者孤独症与智障，中年期的抑郁症和成瘾，以及老年期的阿尔茨海默症与帕金森病等退行性脑疾病等，都属于重大脑疾病。对于这些重大脑疾病，只有充分了解机理，才能找到最有效的解决方法。因此，研究脑疾病的诊断与治疗，保护大脑，维持大脑的正常功能，延缓大脑退化，防止脑疾病的产生等都是健康生活所必需的，也是脑计划重点要解决的问题。

（3）“第二翼”，模拟脑　研发类脑计算方法和人工智能系统。人工智能技术近年来受到越来越多的关注，脑科学和类脑智能技术二者相互借鉴、相互融合的发展是近年来国际科学界涌现的新趋势。主要包括：脑机接口和脑机融合新模型、新方法；脑活动（电、磁、超声等）调控技术；新一代人工网络计算模型和类脑计算系统；类神经元的处理器、存储器和类脑计算机；类脑智能体和新型智能机器人；大数据信息处理和计算新理论等。这些都是脑计划的重点研究方向，也是各国希望取得重大突破的博弈焦点。

在人工智能的发展历程中，正是因为脑科学及类脑智能领域的不断探索，人工智能才走出了低谷，迎来发展的春天，进而极大地影响了人类社会，而认知科学是一门研究人类认知和智力的本质、机制和规律的前沿性、综合性交叉学科。因此，脑科学研究、认知科学研究、类脑研究将会对未来人类科技的发展起着极其重要的基础支撑作用。

（4）认知科学　大脑是人类的智能和高级精神活动的生理基础，要研究人类的认知过程和智能机理，就必须首先了解高度复杂而有序的脑生理机制。各国脑计划在认知科学研究方面主要需解决三个层面的问题。第一，脑对客观事物的认知。探究人对外界环境的感知，如人的注意、学习、记忆以及决策等；第二，对人以及非人灵长类自我意识的认知。通过动物模型研究人以及非人灵长类的自我意识、同情心以及意识的形成；第三，对语言的认知。探究语法以及广泛的句式结构，用以研究人工智能技术。

近年来，随着脑与认知科学的快速发展，相关的研究成果和相关技术逐渐得到了初步应用。例如，研究人员从认知神经科学角度积极对自闭症的特征和深层机制进行研究，特别是随着 PET（Positron Emission Computed Tomography，正电子发射型计算机断层显像）、fMRI（functional Magnetic Resonance Imaging, 功能性磁共振成像）等技术的快速发展以及在自闭症研究领域的广泛应用，使得自闭症的认知神经机制逐渐得到解析，发现了自闭症的诊疗方法。在人机交互研究领域，基于对人类感知觉、注意、记忆、语言、思维、意识、推理以及情绪等方面取得的长足进步，帮助研究人员建立了基于认知科学理论和方法的人机交互模型和技术。另外，近年来卷积网络在深度学习的发展中发挥了重要作用，虽然卷积网络的设计受到多个领域的影响，但卷积网络中一些关键设计思路是源自于神经科学实验结果。大卫·胡塞尔（David Hubel）和托斯登·威塞尔（Torsten Wiesel）在观察猫的脑内神经元如何响应投影在猫前面屏幕上精确位置的图像时，发现处于视觉系统较前面的神经元对特定的光模式反应最强烈，但对其他模式几乎完全没有反应。

7.2.3　思维科学图像应用远景

纵观各国脑科学研究计划几乎都有一个共同目标：基于已知各脑区功能的理解，通过动物研究大脑神经元的信息处理机制，进一步理清大脑的网络结构，绘制出人类大脑神经网络的（细胞层面）结构图谱和活动图谱。

大脑神经网络的构成非常复杂，上千亿神经元通过轴突相互联接，形成了大脑神经网络，而且每个神经元的放电模式不同，编码模式不同，信息处理方式也不一样。虽然 PET、fMRI 等成像手段为人们提供了一个大脑的宏观视野，但要搞清楚细节问题，必须要在微观层面对神经网络进行剖析，以了解每一个神经细胞如何与其他同类或不同种类的神经细胞进行联接、传输信息，在完成各种功能时神经细胞的活动规律等。在不远的将来，思维科学领域有望取得一系列与图像相关的研究成果与应用。

（1）脑功能干预与知识注入　在研究大脑神经元信息处理机制的基础上，完整绘制出人类大脑神经网络（细胞层面）的全景式图谱，包括静态结构图谱和动态活动图谱。通过对各功能脑区的深入研究，解析出具有某一方面特殊才能的人的大脑特别之处，或者在某一方面有障碍的人的大脑缺陷，找出干预手段开发大脑潜能，由此可能会通过大脑“思维移植”或“芯片植入”造就更多的拥有特殊才能的人，或者采取有效的干预手段减轻、消除脑功能障碍。也可能终将发现人类大脑的知识注入原理，在必要时利用脑机互联机制将所需要的各类“知识图元”直接注入大脑，节省以往学习某方面知识所需要的大量时间和精力，大幅提升人类个体生命存在的价值。

（2）神经网络与经络穴位图　中医诞生于原始社会，春秋战国时期中医理论已基本形成，之后历代均有所总结发展。在现代社会，中医仍然是我国治疗疾病的常用手段之一。2018 年 10 月 1 日，世界卫生组织首次将中医纳入具有全球影响力的医学纲要。中医经络穴位和中枢神经系统是有关联的，还与肌肉淋巴、血管等组织功能都有关。通过脑计划研究与神经科学的不断进步，有望建立神经网络与中医经络穴位之间的某种关系，为博大精深的中医提供现代医学理论支撑，并依此建立中西医之间的联系，相互借鉴并相互促进，如此不仅可以消除对中医的质疑，也将为中医的发展辉煌铺平道路。

（3）图像理解与脑疾病诊治　通过最新技术和手段使脑科学与神经科学家可以“看到活体脑的内部”，理解脑成像和图像理解特定区域与其功能之间的关系，搞清楚人脑图像理解的原理。依此对图像识别和机器视觉建模提出新的理念和新的理论，研发新的技术手段和软硬件平台改进图像识别和机器视觉性能，使机器具有和人类一样的图像理解能力，甚至可以像艺术家一样欣赏和评价书画艺术作品。或者在医学领域发明对受视觉神经疾病影响的脑区进行准确定位，利用新方法治疗脑部疾病，治愈图像理解方面的相关疾病或者障碍。

（4）有机体大脑与人工智能　基于对“机器思维”的不同理解，费根鲍姆标准和图灵标准虽然具有某些质的区别，但二者却有一个共同的特点，都忽略了机器同人脑在行为方式、结构和材料方面的差异，而只仅仅考虑机器的功能同人脑功能的相似，只考虑机器最终得出的结果同人脑得出的结果相同。随着脑计划的不断推进以及微电子和生物科学的突破性进展，从“硅基智能”到“碳基智能”不断发展，有朝一日，自然智能与人工智能相互融合的人造有机体大脑将可能成为现实。此类人造有机体大脑与人类相比将具有强大的生命力，或者将人工智能通过某种方式融入人类大脑，或者在人工智能平台上采用与人类大脑类似的结构和材料，其思维方式也会与人类相似，或者用性能更加完善的数学模型取代现有的人工神经网络。因此，人机融合将是人工智能未来的大趋势。

7.3　社会科学之图像

随着照相、摄影、IT 等的兴起和发展，逼真、动态的现代图像出现且迅速渗入了现代人生活的每一个角落。从铺天盖地的广告到丰富多彩的影视作品，从静止的印刷图像到动态的电子拟像，图像无处不在。正如德国著名的哲学家海德格尔（Martin Heidegger）所说，“图像时代”已经到来，在他看来，当代社会已经转变为“世界图像的时代”“从本质上看来，世界图像并非意指一幅关于世界的图像，而是指世界被把握为图像了”。“图像时代”不仅使人们的视看、认知方式发生了根本改变，也使人们的生存方式发生了极大变革，这也必然会带来一系列的社会变革。

虽然目前只是初期，但“图像时代”的到来正在逐渐改变着人类文化的样貌和原有的知识建构模式，以及历史的传承方式。作为现代人和未来人，重要的不仅仅是直面和接受这种变化，更关键的是要理解和认识这种变化，充分利用“图像时代”的优势促进人类的交流与互动，促进文化生活的丰富和精神世界的充实，同时也要清醒地认识到图像表意的缺点和不足，寻求妥善的解决办法。

7.3.1 图像时代童年审思

童年即人生儿童阶段的生活，虽然不同的时代、不同的文化对童年的界定不一样，但从人类成长角度看，童年既是生物学意义上的存在，也是文化意义上的存在。儿童活泼好动，喜欢在大自然中尽情嬉戏，在社会活动中自由表现，喜欢享受亲人之间浓厚的爱意、师生之间诚挚的温情、玩伴之间纯真的友情。童年是一个爱梦想的时期，以梦想为天性，好奇、好探索、好想象，喜欢提问、喜欢创造、喜欢异想天开，梦想带给童年自由与诗意，使儿童在梦想中成长。

1. 图像时代的童年消逝

童年是人类生命发展的特定时期，既要把儿童当作“人”来看待，承认儿童有和成人一样的独立人格，更需要将儿童当作“小孩”看，承认并尊重童年生活的独特价值，而不能仅仅将它看作是成人的预备。所以，童年应该是一个有序成长的过程。但是随着图像时代的到来，各类媒介已经成为人类生活的重要组成部分，也给儿童的生活带来了重要影响，正在让传统的、自然的童年生活消逝，童趣、童真、童心似乎也正在异化与消解。

（1）伪游戏使儿童与自然和社会疏离　陶行知提出“生活即教育”“社会即学校”“教学做合一”，认为童年应该生活在自然和社会的怀抱里。但是，现在的儿童大多生活在钢筋水泥铸造的房子里，少有森林、河水、小鸟，也少有沙土和泥巴，有的多是电视、计算机、手机，儿童与自然和社会越来越疏离。儿童缺少必要的户外游戏活动，缺少摸爬滚打的快乐，缺少与同伴的追逐嬉戏，缺乏运动技能、意志品质、合作观念以及抗挫能力的锻炼，这些都慢慢地严重抑制了儿童个性的自由发展。

（2）伪成人使儿童与成人界线模糊　相关研究表明，现在的儿童长到36个月时，已经开始有系统地注意看电视了，而且这个时间点还在提前。他们有自己喜欢看的电视节目，会念广告词、会唱电视剧的歌曲。事实上，图像具体直观，如果不加限制或引导，儿童能看到电视播出的所有节目，能浏览所有网页，能玩转所有手机游戏，好像成人的权威和童年的好奇都失去了存在的依据。看电视、计算机时，儿童和成人一起生活在成人世界里，儿童过早地介入了成人生活，而他们的知识经验、生活经验有限，很多内容无法理解，只能“吞咽”知识或潜移默化地被“污染”。于是，好奇被自以为是和愤世嫉俗所替代，童年生活向成人的标准靠拢，失去了本真的童年内心的情感体验。

（3）伪学习使儿童与印刷媒介距离渐远　自印刷术发明以来，印刷媒介的阅读逐渐成了一种传统和习惯，阅读并不是一个简单学习文字的过程，更是一个心理过程。遵守组词成句的逻辑与规则，对文本信息进行加工处理，赋予意义，需要将文字转化为形象的画面或抽象的概念。自从有了电视、计算机、手机这些视觉媒介后，印刷媒介在儿童生活中不断淡化和弱化，阅读变得浅显。无论年龄大小，人们都在“看”图画或“读屏”（计算机、电视、手机屏幕），快速流动的图像没有给儿童留下思考的时空，必须在瞬间理解画面的意义，去感觉而不是去分析、理解、解码，失去了思考和想象的自由。

2. 图像时代的童年再造

众所周知，电视、计算机、手机是电子信息科学与技术进步的产物，难道社会科技越进步，越是对童年的剥夺吗？实质上，传统的、自然的童年的消逝不单纯是图像时代的各类媒介所致，可能是社会观念、文化导向的缺失所致，需要全社会共同行动，捍卫和发展图像时代的新的童年理念。

不同的媒介以不同的方式表现着世界，各有其用途，关键要掌控其使用过程中所产生的“工具性功能”，或积极功能或消极功能。

（1）从图文关系的角度　图像与文字是相互补充、相互转化的关系。对于低年龄段的儿童，以图释文，图像可以通达儿童的心灵进行知识建构。对于抽象的知识，图像可以将其形象化、直观化、具体化、动态化，从而化解认知难度。图文的有机结合，能更好地激起儿童学习的兴趣，有助于儿童理解和接受，提高儿童的学习能力，让儿童知道解释世界不仅有语言、文字的符号也有图像符号，这些符号都是抒发情感、表达愿望、描述世界的手段，各种符号之间可以互译。

（2）从思维方式的角度　“读图”或“读屏”能力也是现代儿童必须具备的能力。图像思维主要是一种视觉——空间思维，孩童时代不识字也能阅读图画书，是想象力、理解力的放飞和发展。在学校学会看各种图表，结合多媒体课件理解教学内容，观看电视、电影写观后感等，是文字语言、理性思维的转化和延伸。图像思维能将知情意行整合在“图像”之中，超越传统线性思维的局限走向整合。因此，“图像”丰富了思维，可强化学习效果。

由此可以看出，在目前的“图像时代”和未来的“更图像时代”，应努力顺应“现实”，并使童年回归“本真”。

首先，在充分利用文字、语言、图像各自优势的同时，使虚拟与现实充分融合，让儿童回归自然和社会，而不是总沉浸在虚幻的图像世界中。儿童需要观察、想象，需要本真的游戏，需要自然的表达，不仅用自己的感官更要用自己的思想去感触这个多姿多彩、充满神奇的世界，由此获得身体与心灵的成长。

其次，无论是利用印刷载体还是各种电子媒介，都要引导儿童享受文字阅读带来的思考乐趣。在童年的早期，阅读需要图文并茂、以图为主，这也与幼儿思维的直观性、具体性、形象性有很大的关系。在童年的中后期，儿童不仅要通过声音、图像，也要通过语言文字来认识世界。有研究证实，随着儿童年龄的增长，阅读和理解水平的不断提高，抽象思维应逐渐占主导。

此外，无论是在当下还是在未来，都应培养儿童应对各类媒介的能力，引导儿童正确认识媒介，认识自身与媒介的关系，以达到有效利用各种媒介的目的。

7.3.2　图像时代社会变革

图像时代，电影、电视、网络、计算机、手机等各种以图像作为表达和传播特征的媒介占领了人类生活的各个领域，这种技术革命相应地也引发了一系列社会生产和生活的重大变革，包括艺术、文学和社会治理等方方面面。随着技术的不断进步和人们的逐渐适应，人类个体行为与整个社会生态发生了翻天覆地的变化，以至于人们蓦然回首时，社会面貌早已今非昔比。

1. 艺术的嬗变

从20世纪80年代开始，台式计算机的应用及计算机绘图、数字图像处理技术的应用与推广带来了一场变革，如今的数码技术具备了大幅度修改图像的能力，人类正在经历着一场从充满日常认知的模拟世界向由二进制编码呈现的数码世界的跨时代转变。计算机储存了被数字化处理为二进制代码的海量信息，它能把任何对象的图像进行处理、复制、变形、传输，这在人类历史上是史无前例的。无论是真实的还是虚拟的对象，其数码影像看起来都如此逼真，以至于无法察觉现实与虚拟之间的区别。同时，与早期的图像观看者不同，如今的观看者会认为图像是经过处理和加工的，允许自己放下怀疑，去享受现实的虚幻。

总而言之，图像时代的艺术变得更加多元，出现了虚拟化、跨文化、全球化的趋向，这也为研究当代艺术提供了新的路径，由对风格、技巧、选材、主题、形式、目的等传统美学范畴的关注，转向对身份、身体、时间、场所、语言、科学和精神性范畴的关注，这也促使当代艺术对新型媒介、非本质主义、多样化、驳杂性、建构性、介入性等虚拟化、跨文化、全球化的内容更有兴趣，这是当代艺术图像化转向的大势所趋。

2. 文学审美变异

文学作为人类创作活动的一部分，最初的文学传播多是由作者自己以口头的方式进行，在口传文化中言语是主要的信息载体，说者与听者处于平等的地位。随着印刷术的发明，文学书籍得以大量的机械复制，文学传播更多依赖于广大读者对文本文字的阅读、理解和评价。随着广播、电影、电视、网络等电子媒介的流行，人们从传统的欣赏纸质的纯文本书籍中解脱出来，以图像为主的视觉文化占据了人们日常文化生活的方方面面，诉诸感官的形象之美被无限放大，而语言文字之美渐渐退居次要地位或者说逐渐被边缘化。

图像时代来临，人们似乎更加青睐于那些新奇、精美、富有视觉冲击力的图像，改变了传统的“诗中有画，画中有诗，诗画相谐”的审美境界。如果说在文学文本内语言与图像的关系是二元对立统一的，那么图像转向则彻底清除了这二者的关系，以图像立身，文字反倒成了辅助的说明。例如，影视在对文学作品的改编过程中，编剧以及制片人投资方对文学文本挑挑拣拣，他们力求找出语言中能够转换出图像的那些部分，对于其他文字则视而不见，并不是将一部文学著作完整地呈现在一部影视剧中。

由文字阅读转向图像观看，势必会导致主体发生相应的变化。以往，作家通过语言文字来描写社会人生百态，抒发情感，这时的作家因为拥有更多的主动性而成为自由自觉的创造主体。在图像时代，作家为影视写作，为导演写作，其文学创造的主体性早已丧失。而对于读者来说，一方面，阅读语言是在一个封闭的狭小的自我空间中完成的，有利于给自身提供一个自由想象的空间。另一方面，阅读印刷文字，无疑加剧了与现实之间的距离，延长了接受主体思考的时间，加深了其思考的深度。但在图像时代，图像文化与文字文化相比，图像具有现实性和直接性，而且传递是单向的，培养的是被动人群。

最典型的例子就是阅读文本和看电影的体验的差异，阅读是一种主动性的体验，读者对文字有足够的时间和空间来进行反复的吟咏与思考，这种思考本身就带有更多的主体色彩。观看电影则是一种完全不同的体验，观众沉浸在画面情境当中，主体与对象之间的距离感消失了，主体无暇顾及自身甚至忘却自身，而沦落成被动的主体，导致了对文学文本深度解读的缺失，也必将导致主体的反思能力和批判精神的丧失。

3. 社会治理图像化

图像化的深层实质是信息表达和接受上的可视化，不仅要关注图像获得方式，还要关注图像的解释，更要关注如何从图像中获得信息。随着物联网、移动互联网、云计算、大数据等新一代信息技术的发展，使海量的图像、视频信息的获取、传输与存储成为可能，而人工智能技术的发展更使得实时的图像与视频处理或者说从图像与视频中获得信息成为现实，由此导致近年来，越来越多的图像应用出现在人们日常的工作生活以及社会治理中。

在注册使用网上银行、税务等需实名认证的系统时，除使用传统的用户名、密码、手机号码、身份证外，常常需要人脸识别加以确认。在机场、火车站安检时，需出示身份证、刷脸才能通过。即使是工作单位大门、办公区、办公室、实验室，也可能会安装有指纹识别、人脸识别门禁，只有验明身份才能进入。尤其近几年，视频监控被广泛运用到了社会综合治理各领域。例如，结合交叉路口、智能卡口、路面监控、分散的社会监控等不同来源的视频信号，实现了交通管控和违法抓怕，有效震慑、打击了交通违法和各种犯罪行为，方便事后调查取证和专案侦查。在学校、市场、公园等人员密集场所部署摄像头，其人脸抓拍功能可增强威慑力，最大限度压缩犯罪空间，提高社会治安管理水平。随着我国“平安城市”“智慧城市”以及“雪亮工程”的深入开展，视频图像监控的作用已经不再仅仅局限在治安防控领域，还逐步扩展到了城乡社会综合治理、服务民生等各个方面。

图像之所以能在社会治理各领域得到广泛应用，其主要原因是人的感知系统对图像信息的感知、把握能力远远大于对简单的文字符号的处理能力，人类可以从图像或视频中快速锁定监控对象，抽取出所需要的信息。而数字图像处理及相关技术的巨大进步也为人类这一潜能的发挥提供了历史性机遇，人脸自动抓拍与识别为社会治理的有效性和时效性提供了有效支撑。因此，如果说 20 世纪 50 年代提出的“信息革命”“后工业社会”等还停留在概念层次，那么进入 21 世纪，“信息文明”“图像时代”无疑已经成为现实。信息技术的出现和图像时代的来临使人们的生产、生活方式发生了巨大变化，引领着经济、社会和文化的巨大变革，正在促使人类走向新文明。

7.3.3　社会科学图像应用远景

自古以来，人类都认为相较文字而言，图像能无限地接近事物的原貌。久而久之，人类逐步养成了“眼见为实”“有图有真相”的思维定式，“看到与否”成为评判事物真实与否的权威准则。然而，当图像被网络和技术赋权的那一刻开始，真相与表象就变得难以区分，此刻人们所看到的可能不再是事实真相，而是“想要看到的内容”。除此之外，图像处理与相关技术的应用与推广也使得图像的真实性价值大打折扣，从照片的“美颜”到虚拟现实的“仿真”，人类没有办法像过去一样通过观看行为来获取事实真相。

但无论如何，“图像时代”已经到来，正在改变人类社会的样貌和原有的生态建构模式，而且这种趋势不可逆转。因此，现在与未来，人们要理智地对待人类生存要求下的图像应用。

（1）微观艺术与声像的转向　艺术是人类倾诉心灵的窗口，未来人们要想表达自己的情感，可以随性、随时、随地找到适合自己的艺术表达方式，也就是说，人人都可以是艺术家。而且在关注宏观表现的同时将更加注重微观，甚至像X光刚出现时人们热衷于拍摄身体骨骼一样，人们将脑神经网络或某一类细胞或组织结构进行艺术化，逐渐形成美与丑、好与坏的评判标准。另外，历史传承与艺术传播一样，以往的龟壳、竹简、羊皮、岩壁、纸等承载媒介将被逐渐取代，新的技术和新的平台将为历史事件的记录、传播、存储和传承提供极大便利，而且在载体更加多样化的同时，信息表现方式将更加转向图像与声音。

（2）童年返璞归真贴近自然　在脑与认知科学研究的推动下，人类将掌握更加有效的教育方法，学习效果事半功倍。未来儿童的周围不再被塑化和电子玩具所充斥，不再被各种学习班困扰。让童年返璞归真，贴近大自然，一片落叶、一颗石子、一根树枝将成为最具魔性的玩具。通过自由玩耍，呼吸新鲜空气体验其中的快乐，培养儿童的创造能力和社会交往能力，促进儿童的全面发展。当然，未来先进的技术和手段可以用来对儿童的周围环境进行有目的性的改造，使现实与虚拟相结合，使童年在尽情玩耍中学习，真正做到寓教于乐。

（3）真正的无屏世界将到来　随着信息传输与呈现技术研究的深入，如今人们所面对的各种屏幕（电视、计算机、手机等）将大幅度减少，甚至迎来彻底的“无屏世界”。人们将不再受到遍布大街小巷、站台广场的屏幕显示的干扰，也不需要每天都携带屏幕重量约占总重三分之二以上的手机。小巧的信息传输呈现穿戴装备可以有选择地接收信息，随时随地观看接收到的图像和音视频。在大型的集会和娱乐场所，可采用特殊的无屏显示技术取代硬屏，不再需要提前安装调试设备。广告经营商也将被禁止投放户外广告，广告只能由共享的广告发射装置发布，人们可以用AOD（Advertisement on Demand，广告点播）方式有选择的接收不同类别的广告信息和音视频。

（4）学习工作成长专用标签　未来的教育将更加遵循脑与认知科学规律，自主学习及个性化学习将成为主流。在经过天真烂漫的童年后，各阶段的学习任务和教育目标由学生自主完成，培养学生的自制力、想象力和创造力。教师只负责辅导和监控学生的成长，并对特殊的人才给予个性化的指导。学习资源是按照基于统一标准组织的“知识图元”分类，学生可以利用脑机互联装置进行自主学习，或采取知识自动注入，也可组成小组共同探讨。每个阶段的学习情况将形成特殊专用的“图形标签”嵌入人体作为终身标记，当然一些特殊的技能学习、训练以及工作经历和参加社团等情况也将有相应的专用“图形标签”嵌入。在需要时，可以通过读取“图形标签”了解一个人的学习成长历程和社会工作经历，当然，专用“图形标签”的读取是分层分级的，就像信息公开与共享是有限度的一样，信息安全将是永恒的话题。

7.4　自然科学之图像

数字图像处理最早出现于 20 世纪 50 年代，当时的电子计算机已经发展到了一定水平，人们开始利用计算机来处理图形和图像信息。此后的 70 多年间，图像变换、图像编码压缩、图像增强和复原、图像分割、图像描述、图像分类（识别）、图像理解等各种数字图像处理理论与技术不断完善，广泛应用到了工业、农业、交通、医疗、军事、航空航天等各个领域，也渗透到了普通民众的日常生活，成为支撑人们快速获取信息、提升各种作业的自动化程度和准确性、提高图像传输与呈现质量等的有效手段。随着社会的进步，人们将不断地提出更高的精神文化需求，对数字图像处理及相关技术水平的期望值也会越来越高。

7.4.1　图像语义标注与应用

图像特征描述是用一组描述子来表征图像中被描述事物（对象）的某些特征，为图像分析与识别提供依据。描述子可以是一组数据或符号，定性或定量地说明被描述对象的某些特性，或者是图像中各部分（对象）之间的相互关系。例如，图像的几何特性或拓扑特性（形状、位置关系）、二维区域描述、边界描述、纹理描述、三维物体描述，以及图像灰度描述、色彩描述等都可以成为图像的描述子。图像特征的表示与描述是图像识别、图像检索、图像标注、图像理解等数字图像处理的前期工作，目前已经出现了大量好的描述子，具有计算复杂度相对较低，对图像尺度、平移、旋转等不敏感等特点，而且取得了较好的应用效果。

1. 图像语义标注

图像语义标注是对图像的某些特征进行分析，给图像打上特定语义标签的过程，图像特征用选定的描述子来表示，如图 7-2 所示。

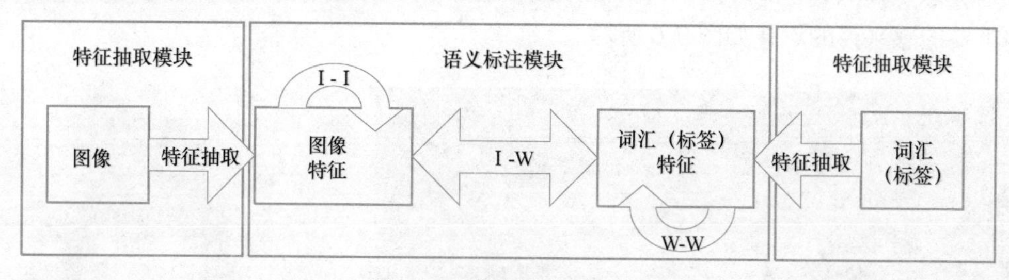

图 7-2　图像语义标注框架

图像语义标注框架可分为两个特征提取模块和一个语义标注模块，其中，两个特征提取模块表示通过图像的特征提取方法以及词汇（标签）的特征提取方法可分别得到对应的图像特征与标注词特征（也称为标签特征）。图像语义标注模块根据需要建立“图像 - 标签（I-W）”之间的关联关系，并通过该关联关系和图像特征对未标注图像进行标签预测。同时，充分利用“图像 - 图像（I-I）”“标签 - 标签（W-W）”关系对语义标注模型进行充分优化，以得到更加恰当的语义标注结果。

图像语义标注模型的研究重点聚焦于使标注结果更加精确，模型运行高效并能适用于更多的应用场景，所采用的主要方法包括相关模型、隐马尔科夫模型、主题模型、矩阵分解模型、近邻模型、基于支持向量机的模型、图模型、典型相关分析模型以及深度学习模型等。

2. 图像标注应用

实质上，图像标注在计算机视觉领域中起着至关重要的作用，其目标是为图像加上与任务相关的标签，而图像语义标注只是图像标注的一大类任务。图像标注的标签可以是基于文本的标签（分类，语义标注），绘制在图像上的标签（即边框），甚至也可以是像素级的标签。例如：

（1）目标检测　应用于目标检测的图像标注技术主要有两种：2D 包围框（图 7-3）和 3D 包围框（图 7-4），对多边形物体也可以使用多边形包围框。

图 7-3　2D 包围框

图 7-4　3D 包围框

（2）线 / 边缘检测　当需要标记不同的图像区域时，可以采用线 / 边缘图像标注技术，将一个区域与另外一个区域区分开，如图 7-5 所示。

（3）姿态预测 / 关键点识别　可以采用姿态预测 / 关键点识别图像标注技术，标注图像中重要的感兴趣的点，如图 7-6 所示。

图7-5　线/边缘检测

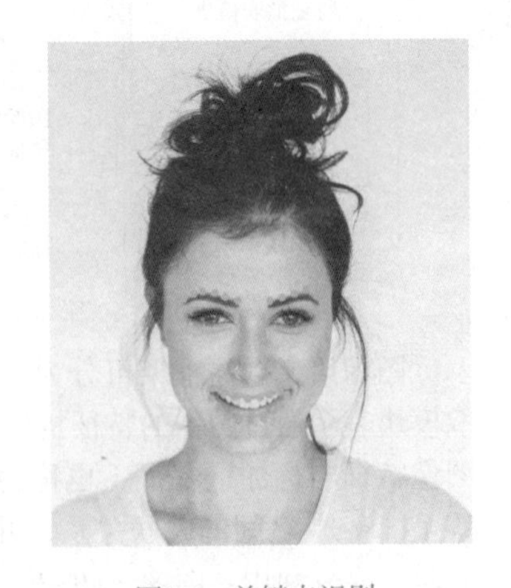

图7-6　关键点识别

（4）图像分割　图像分割是将一幅图像分割为多个部分的过程。图像分割常被用于在像素级定位图像中的物体和边界。

图像分割方法有很多种，如图 7-7 所示。包括：

图 7-7　图像分割

1）语义分割。像素级标注，图像中的每个像素都被分配一个类标签，主要用于环境背景非常重要的情况。

2）实例分割。在像素级别上标识图像中每个物体的每个实例，通常会忽略图像背景。

3）全景分割。结合语义分割和实例分割，所有像素都被分配一个类标签，而且每个目标实例都被唯一地分割。

（5）图像分类　图像分类不同于目标检测，目标检测的目的是识别和定位目标，而图像分类的目的是识别和识别特定的目标类，如图 7-8 所示。

图 7-8　图像分类与检测

随着图像应用的不断深化，将会出现更多新的图像特征以及描述子，标注技术也将呈现多样化，应用场景也更加广泛多元。

7.4.2　图像语义描述与理解

在日常生活中，人们可以将图像中的场景、色彩、人物位置与逻辑关系等低层视觉特征信息自动建立关系，从而感知图像的高层语义信息。而图像语义描述技术的本质就是将计算机提取的图像视觉特征转化为高层语义信息，使计算机生成与人类大脑理解相近的对图像的文字描述，从而实现对图像的分类、检索、分析等。

1. 图像语义描述

图像语义描述问题其实是一个视觉到语言的问题，融合了计算机视觉和自然语言处理，尝试用计算机完成图像到文本的“翻译”过程。其研究在给定一张或是一系列的图像时，计算机能自动给出每一幅图像的描述。描述需要包含图像中的主要物体、物体的主要特性以及场景等主要信息，可以理解为将一张图片翻译成文字描述，类似于小朋友的看图说话过程。这就需要计算机不仅能够理解图像的语义，并且有一定的语言表达能力。

近年来，随着大型图像数据集的产生和深度学习的发展，图像描述成为计算机视觉和自然语言处理领域的热点，先后出现了基于模板的图像描述方法、基于检索的图像描述方法、基于深度学习的图像描述方法等多种方法，其中基于深度学习的图像描述方法又可细分为基于注意力机制的方法、基于生成对抗网络的方法、基于强化学习的方法、基于密集描述的方法等。

2. 图像语义描述应用

虽然目前的图像语义描述技术本身具有一定的局限性，但在特定的场景下也取得了较好的应用效果，例如：

（1）图像检索　通过提取输入信息的深层语义信息，进而从数据库中检索得到最符合描述的图像，例如，人物特写、行人步态识别、商品检索等都是日常生活中的常见应用场景。

（2）教育领域　在儿童教育、视力受损人员的教育上，图像描述技术能提供大量图像描述样例，同时也能对回答的问题进行自动验证。

（3）医疗辅助　对于视力受损人士，图像描述可帮助他们理解图像内容，从而实现生活辅助的目的。

（4）医学影像分析　图像描述技术能够对输入的医学图像生成诊断结果，大大节省医护人员的图像解析时间。

（5）新闻媒体　通过引入带标签的图像－标题－描述三元组数据作为训练数据，可以得到新闻报道自动生成系统。

（6）智能交通　车载传感器接收到路况的图像信息后进行特征提取，最终得到实时的周围环境信息。

除此之外，图像语义描述技术可拓展应用于其他类似的领域。例如，在视觉空间，除了图像，还可以处理视频问题。在自然语言领域，也可用于机器翻译、语音生成、语音识别等。

3. 图像理解

美国德裔犹太学者潘诺夫斯基（Erwin Panofsky）在《视觉艺术的意义》一书中认为

对美术作品的解释分为三个层次：

1）解释图像的自然意义。

2）发现和解释艺术图像的传统意义即作品的特定主题的解释，称为图像志分析。

3）解释作品的更深的内在意义或内容，称为图像学分析即象征意义。

实际上，与上述类似，对于任何一幅图像来说，人类理解图像进而形成语义描述的过程如图 7-9 所示。

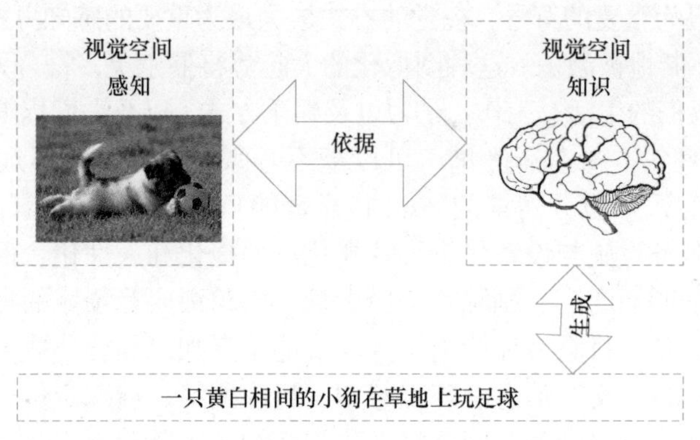

图 7-9　人类理解图像进而形成语义描述过程

首先视觉感官接受来自外界的图像信息，根据视觉特性识别图像中的场景、人物以及表现的主题，理解图像隐含的深层次意义与内涵，然后根据已储备的知识，选定与图像内容相适应的名词、动词、形容词、副词、介词等，进而组织成完整通顺的文本序列来进行文字表达。

更进一步，图像的语义可以分为视觉层、对象层和概念层。视觉层即通常所理解的底层，即颜色、纹理和形状等，这些特征都可被称为底层语义特征；对象层即中间层，通常包含了属性特征等，就是某一对象（人或物）在某一时刻的状态；概念层是高层，是图像表达出的最接近人类理解的东西。通俗讲，例如，一张图上有沙子、蓝天、海水等，视觉层是一块块的区分，对象层是沙子、蓝天和海水这些，概念层就是海滩，这是这张图表现出的语义。

从计算机信息处理的角度来看，目前，一个完整的图像理解系统可以分为四个层次：数据层、描述层、认知层和应用层。

1）数据层：获取图像数据。

2）描述层：提取特征。

3）认知层：图像理解。

4）应用层：完成图像分类、识别、检索、检测等任务。

在未来，随着需求的不断增加，图像语义描述技术将更加成熟高效，使计算机像人一样理解图像、评价书画艺术作品，应用场景也将不断拓展。

7.4.3　自然科学图像应用远景

如今，所谓的“图像”已经不再仅仅指静态的图片，而是一种全新的传播途径，其视觉的具象化与影像化改变了人们的思维。“图像”的概念已经延展到包括现代电子和声、光、摄影、摄像、网络多媒体等手段产生的能传达信息的图形符号，图形的表达由原来的物质的、单一的、平面的、静态的，走向了非物质的、互动的、立体的、动态的、声光电等多媒体综合。当然，这些变化有赖于科技革命，摄像摄影、电子技术、电影电视、计算机技术、网络通信技术等的不断发展，推动了图像时代的到来。

在未来，人们更多的是用视觉看图与听觉听音来理解这个世界中的事物，也意味着视觉符号将成为世界上最为重要的符号，视觉的方式成为最为重要的感知方式，让人们的眼球不断地被吸引，心灵不断地被激荡。这种图像化的大趋势将催生更多符合人类需求的图像处理技术，进一步改变人们的生活、工作、学习以及娱乐方式，以及人们周围所有的一切。

（1）智能自助服务生态逐渐优化　可以毫不夸张的预测，在不远的将来，人们日常工作、生活、学习和娱乐服务需求的 80% 将靠智能自助完成，智能自助服务生态将逐渐完善，而且，自助服务设施与设备将更加智能化、便捷化和人性化。例如，智慧灯杆串接各种已广泛应用于公园、商店、剧院、交通运输、旅馆饭店等场域的自助服务设备与设施和摄影摄像等传感设备，将顾客体验与服务环节的信息加以整合，成为联网、数据收集与影像分析的重要载体，将交互消息、环境感知、行动网络、追踪定位、人车流量数据与云端运算技术整合，将过去单纯的照明路灯转化为建构城市基础网络与大数据分析平台的基石。又如，智慧政务服务自助终端将触摸显示器、高拍扫描仪、高速打印机、身份证读卡器等专用设备进行一体化整合，提供查询、办理、缴费等自助服务，真正做到便民、利民、惠民。再比如，自助体检站可广泛用于基层医疗、健康管理机构、智慧药房、体检机构、企业学校卫生室、养老院及慢病管理等场景，甚至路边的健康驿站。民众刷身份证和刷脸可随时进入自助体检站进行自助体检，除可对心电、血压、血氧、体温、脉率、身高、体重、体脂、肺功能、尿常规等项目进行基础的健康检测外，还可利用各种医疗影像设备对心、肝、肺、胃等内部组织结构进行检测，结果可上传至智能云健康管理平台，生成健康检测评估报告，建立个人健康档案。用户可通过手机等终端随时查看个人的体检历史信息，方便实时监控健康状况。

（2）全球知识图库构建不断完善　人类从诞生到现在一直在努力认识世界，相关的知识数量在不断增长，而且增长的速度还在加快。从数量上看，根据联合国教科文组织统计，近年来人类积累的知识占人类有史以来积累的人类全部知识的 90%，而以前人类积累的知识只占 10%。从人类知识的增长速度来看，据有关专家测算，人类知识在 19 世纪每 50 年增加 1 倍，20 世纪中期每 10 年增加 1 倍，而自 20 世纪 90 年代以来每 3 至 5 年就增加 1 倍。然而，通过传统的学校教育传授的知识占人的一生所需知识的百分比已经从 20 世纪 40 年代的 80% 急剧下降到 20% 左右，并呈持续下降趋势。面对如此庞大的知识体系，人类个体的知识学习越来越感到力不从心，亟须更加有效的方法使学习者在有限的时间内能掌握更多的知识。未来，在脑计划研究的推动下，将发掘出更加有效的教育理念、方法和手段，使受教育者在人生各阶段的教育中快速获取应有的知识。另外，通过对人类知识体系进行深入研究，并借鉴以往的知识表示理论，构建以知识点、单元、课目、学科、领域等为基础的多维立体网络“知识空间”。而且，人类知识体系可拆分成一个个“知识图元”，形成完备的“知识图库”。学习者可根据需要选定“知识图元”进行循序渐进地自助学习，也可借助知识注入手段快速学习。在学习中或以后的工作生活过程中，遇到已有知识无法解决的问题，可通过脑机互联装置在多维立体网络知识空间中快速查询到某一知识点，由此进入知识空间获取解决问题的方法和相关的知识图元。

（3）人与机器协同工作各有分担　在过去的几十年，智能科学与技术，特别是人工智能的出现也导致了人类的集体焦虑。人们普遍的担忧是，随着机器人和计算机取代更多的人类工作岗位，是否会有大量的人员面临失业。而这种恐惧并非杞人忧天，毕竟机器人和计算机在执行某些任务方面比人类要好得多。人类必须清醒地认识到人工智能在哪些方面比人类做得更好，人类在哪些方面比人工智能做得更好。而且，并非所有的工作最终都会被人工智能取代，机器人的广泛应用也将催生机器人设计、制造、运输、安装、维修、保养等工作岗位。另外，在研究发展包括机器人在内的智能科学与技术或产品时，要时刻牢记任何科学技术都是为人类服务的，即使类似无人机用在侦查、定点清除、发射导弹等战争行为，也是由人类所决策。当人类摒弃了人与机器的对立态度，人类既能依旧作为智能系统的终极目的而发挥人类本质层面上的导引作用，又可以在个体层面上履行新的社会分工责任，也就是说，人有人的用处，机器有机器的作用，人类与机器协同工作，各有分担，但人类终将是世界的主宰，机器人将更加深入地融入人类的生产和生活中，以前是“人－设备－其他生物”的社会结构，将来这个结构有可能会变成“人－机器人－设备－其他生物”。

（4）虚拟世界与现实世界强关联　时至今日，人类个体、企业或组织、政府部门、国家不仅要在现实世界的环境中竞争，还要在计算机网络所构建的虚拟空间中竞争。随着万物互联时代的到来，与现实世界高度对应的虚拟世界将诞生，现实世界中万物经过技术改造，每一个微小变化都能由各种传感装置反映到虚拟世界中，而虚拟世界中的新理念与新设计可由现代科学技术与工程在现实世界中实现。对于每一个人类个体，在现实世界的某一个岗位奋斗的同时，也可以在虚拟空间中找到对应位置，根据自己的喜好扮演某种角色。对于企业而言，其设计、生产、管理与经营等各环节将融合感知、通信、计算和控制能力，实现企业信息世界与物理世界的深度关联和实时交互。对于社会治理而言，随着城市大脑建设的推进，区域性大脑、国家大脑，甚至是全球大脑将逐步完善，使城市治理、区域治理、国家治理乃至全球治理加速向数字化和智慧化迈进，图像应用也将更加普及。

思考题与习题

7-1　简述智能科学、智能技术的定义，两者之间有何关系？

7-2　人工智能概念何时提出？其定义是什么？

7-3　如何理解现代信息技术之间的关系？

7-4　各国脑计划有什么共同点？

7-5　如何理解“图像时代”？

7-6　何为图像语义标注？

7-7　何为图像理解？

7-8　结合自身经历，简述图像在社会治理中的应用。

7-9　放飞梦想，谈谈自己对图像未来的期盼。

参考文献

[1] 朱珍，陈荟慧. 智能科学与技术导论 [M]. 北京：机械工业出版社，2021.

[2] 朱敏，李兵. “图像时代”背景下的道德困境与反思 [J]. 辽宁大学学报（哲学社会科学版），2020，48（5）：8-14.

[3] 钱轶群. “读图时代”图像认知媒介的特征和发展趋势 [J]. 声屏世界，2021（1）：11-12.

[4] 季燕. 图像时代的童年审思 [J]. 教育评论，2014（11）：3-5.

[5] 刘晓陶，黄丹麾. 图像转向时代的艺术嬗变 [J]. 艺术广角，2018（5）：84-90.

[6] 王婷. 图像时代文学审美的变异 [J]. 皖西学院学报，2016，32（3）：135-138.

[7] 张成岗. “图像时代”的信息可视化：语境、进展及其限度 [J]. 装饰，2017（4）：12-15.

[8] 刘晓荷，董小玉，朱咏梅. 数字时代教育的图像转向与发展探讨 [J]. 中国电化教育，2020（3）：56-61.

[9] 马艳春，刘永坚，解庆，等. 自动图像标注技术综述 [J]. 计算机研究与发展，2020，57（11）：2348-2374.

[10] 苗益，赵增顺，杨雨露，等. 图像描述技术综述 [J]. 计算机科学，2020，47（12）：149-160.

[11] 马倩霞，李频捷，宋靖雁，等. 图像描述问题发展趋势及应用 [J]. 无人系统技术，2020，3（6）：25-35.

[12] 刘莉. 人类知识体系的发展对继续教育的影响 [J]. 继续工程教育，1999（1）：30-31.